ニュートン新書

# 化学が世界を変えた

## 歴史を動かした化学の物語

フランク・A・フォン・ヒッペル＝著
横田弘文＝監訳　中井川玲子＝訳

JN197866

The Chemical Age : How Chemists Fought Famine and Disease,
Killed Millions, and Changed Our Relationship with the Earth
by Frank A. von Hippel

キャシーと次世代の人々に捧ぐ

# 目次

# 序章

1921年、天才的な発明家トマス・ミジリーは、ガソリンにテトラエチル鉛を添加すると自動車のエンジンのノッキング（異常燃焼）が抑止され、性能が飛躍的に向上することを発見した。[1] だが、添加を行うとエンジンに酸化鉛がたまり、スパークプラグや排気バルブを傷めてしまう。この問題を解決しようと、ミジリーの研究チームは塩素と臭素の化合物を加えて内燃中に鉛と結合させ、鉛を含むガスを排気する実験を行った。そして1925年、理想的な鉛除去剤としてジブロモエタンを選び出した。この鉛除去剤の量産には海水から臭素を抽出する必要があり、ミジリーはさっそく適切な方法を開発した。[2] こうして完成した燃料は、販促のために赤色に着色され、エチルガソリンと名づけられた。[1]

ミジリーはエチルガソリン開発中に鉛中毒を患ったものの、療養後に回復した。[2] その間に、3カ所の生産工場で工員が死亡したり精神障害に陥ったりしたが、[3] スタンダード・オイル社とデュポン社はエチルガソリンの大量生産を続け、以後半世紀にわたり25兆Ｌもの有鉛ガソリンが自動車に給油された。[4] 鉛を含んだ排気ガスは世界中で大気汚染を引き起こし、その中で暮らす多くの子どもたちに、回復不可能な知能低下や衝動的・攻撃的な行動が見られるようになった。[5・6] 科学者たちはその後、鉛による大気汚染が神経に及ぼす影響と、幼少期に大気汚染にさらされた若者に見られる非行・凶悪犯罪・未婚妊娠の発生率の上昇を結びつけた。[7-15]

ミジリーが開発したもう一つの化学物質も同じような経過をたどった。１９２０年代の冷媒は毒性をもち、そのうえ発火や爆発を起こしやすかったため[16]、ミジリーの研究チームはその代替として、揮発性があり、不活性で毒のない化学物質を開発しようと、さまざまな化合物を合成した。そして１９３０年、わずか3日間の実験により、フッ素を炭化水素と結合させてジクロロジフルオロメタンを生成するという解決策を見出した。これがクロロフルオロカーボン（ＣＦＣ、フロン）の発明である。[16・17] ゼネラルモーターズ社とデュポン社はこの化合物をフレオンという名で市場へ送り込んだ。安全性をアピールしようと、ミジリーは記者会見で自らフレオンを吸い、その息でロウソクを吹き消した。[17]

フレオンとその後に開発されたほかのフロン類は、新しい安全な冷媒として普及したが、実はオゾン層(成層圏にあるオゾン濃度の高い層。太陽からの有害な紫外線が地表に届くのを防ぎ、地球上の生物を守っている)を破壊する原因であることがのちに判明した。ミジリーが初めてフレオンを生成してから半世紀近くを経た1974年、フロン類が地球にとって脅威であることをマリオ・モリーナとフランク・シャーウッド・ローランドが発見したのだ。[18] 地球環境保全に大きく貢献したこの研究により、二人は1995年にノーベル化学賞を受賞した。[19] さらに、彼らがフロンによるオゾン層破壊を発見した1年後、別の科学者が、フロンは地球温暖化を引き起こす温室効果ガスでもあることを証明している。[20]

環境歴史学者J・R・マクニールは、ミジリーを「地球史上、大気に最も影響を与えた生命体」と評した。[4] ミジリーが人々のためにと発明した製品は、おびただしい数の子どもたちの神経障害を引き起こし、地球を生物が住めない場所に変えていく原因になってしまった。けれどもミジリーは、自分の発明が引き起こした大問題を目にすることなく世を去った。1940年にポリオを発症して体が不自由になったのちも、常に発明家であり続けた彼は、ベッドでの寝起きを楽にする仕掛けを考案したが、1944年11月2日、55歳のときに、この奇妙な仕掛けのロープにからまって窒息死した。[17]

トマス・ミジリーの例は、化学者と化学技術者に関する長い歴史の一端にすぎない。彼らは解決の難しい問題に挑み、数々の驚くべき製品や活用法を生み出す一方で、意図しなかった深刻な事態をもたびたび引き起こしてきた。本書は、そうした歴史と飢餓や伝染病、敵軍を化学によって止めようとした科学者たちについて書かれたものである。なかには、純粋な意図から研究を始めたものの、悪の暗い深みにはまり込んでしまった科学者もいる。飢えや伝染病を防ぐためにつくり上げた化学物質がやがて悪い目的に使われたり、悪い目的でつくられた化学物質がのちによい目的に活用されたりしたケースも少なからず存在した。

この本はまた、人間の愚かさや偏見、奴隷制、大量虐殺の物語、民族離散や自然破壊の物語、飢えや病気のない世界を築こうと苦心する科学者たちの物語であり、最初の発見者になろうとする科学者同士の競争の物語、周りで起きている戦争に比べれば科学者同士の競争など些細なものにすぎないと気づいた者たちの物語である。さらには、化学物質は飢餓や伝染病や戦争の歴史とどのようにつながってきたのか、暮らしを脅かす害虫獣を根絶やしにしようとする人間の長い闘いはどのように歴史を形づくってきたのか、そして農薬や殺虫剤などの化学薬品と私たちの関係はどのように新たな環境意識の時代を切り開いたのか、といった複雑な物語でもある。

近年の出来事や古くは紀元前2700年の出来事にも触れてはいるが、本書が探究の中心とするのは1845〜1964年という時代である。歴史上の範囲としては、アイルランドのジャガイモ飢饉からレイチェル・カーソンの著書『沈黙の春』の出版をめぐる騒動までとなる。まずは科学者たちが飢餓を化学物質で防ぐという緊急任務を担うことになった悲劇から始め、人類がさまざまな伝染病に襲われた時代の出来事をたどる。その後の病原体の発見と生物による媒介の発見は、苦難を終わらせる手段をもたらした。媒介生物を殺す駆除剤の開発である。当然、このような化学物質の多くが武器にもなり得ることに科学者たちは気づき、国境を越えた近代戦の勃発とともに世界は混沌の波に巻き込まれた。その結果、駆除剤と化学兵器の複雑な相互関係は強固になり、化学メーカーは富と権力を蓄積していった。また、戦争中に化学物質が使われたことで、平時においても害虫・害獣駆除に化学物質が性急に使用されるようになった。化学上の多くの発見は、その間ずっと、飢餓や病気がより狭い地域に退き、多くの国が化学兵器を入手し、残留性汚染物質が地球上で最も辺鄙な秘境まで汚染するという新たな現実へと徐々に世界を導いていった。そして、農薬や殺虫剤などが人間や生態系の健康をむしばみ、時に人類に悲劇をもたらし、生物種を絶滅の危機に追い込むことに社会が気づき始めたところで本書は記述を終える。

化学を使って害虫獣や敵軍と戦った科学者とは誰だったのか？　新しい化学物質をつくり出す科学は、19世紀から20世紀にかけて、帝国主義の野望という文化的背景のなかで発展した。科学者たちは国家間の対立に巻き込まれ、称賛と名声の影響を受けながら、並外れた発見をするために並外れた危険を冒した。そうして生まれた新しい化学物質の人体と環境への有害性は、意図的な人体実験で判明する場合もあれば、鋭い観察者によって発見される場合もあった。

最も重要な観察者はレイチェル・カーソンである。化学物質の危険性を世界に警告した彼女の取り組みは、環境運動の先駆けとなっただけでなく、人間の健康がいかに自然の生態系に依存しているかを明らかにした。この取り組みのおかげで、人間を自然界の一部とみなす包括的な思想が育ち始めたのだ。私たちの未来にとって極めて重要なこの考え方は、農薬などの化学薬品の問題から生まれた。この本の狙いは、有毒化学物質と私たちの長い混乱を極めた関係のなかから、こうした思想が誕生した事実を伝えることだ。さあ、私たちの世界を、よきにつけ悪しきにつけケミカル・エイジ（化学時代）に引きずり込んだ人々の物語を始めよう。

**注意事項**

本書は、古いものでは14世紀にまでさかのぼる一次資料に依拠している。どの引用事項にも出典を記載した。記載がない場合は、同じ段落内の直前の引用と同じ出典である。また一次資料に加えて、英語以外の資料の英訳や、対象分野をまとめて扱った学術研究からの引用もある。

# 第1部

# 飢　饉

# 第1章

# ジャガイモ疫病

（1586～1883）

私は北アメリカで、かつては気高かった先住民の生き残りが暮らす保留地を訪れたことも、蔑まれ奴隷にされたアフリカ人たちが住む「黒人居住区」を探検したこともある。しかしアイルランドのエリスの泥炭地に住む人々の暮らしほど、果てしなく悲惨で不健康な有り様を目にしたことはなかった。[21]

――ジェームズ・H・トゥーク、1847年8月

ジャガイモは世界で4番目に多く生産され、一部の国では主食とされている重要な作物だが、害虫の被害を受けやすいために、昔からたびたび深刻な飢饉を引き起こす要因にもなってきた。ジャガイモとその害虫の物語は、商業のグローバル化の物語、飢饉と悪疫の流行の物語、植物の病原菌やジャガイモを食い荒らしたり病気を媒介したりする昆虫を殺す化学薬品の探索の物語でもある。この化学薬品とは、すなわち農薬である。農薬は100年以上にわたる飢えや病気との闘いの物語に織り込まれた存在であり、また農薬に触れることなく現代の戦争と環境破壊の歴史を語ることもできない。農薬の歴史をたどるには、ジャガイモそのものと、ジャガイモがアイルランドにもたらした飢饉

の話から始めるのが妥当だろう。

ジャガイモの原産地は南アメリカのアンデス山脈である。この地の先住民たちは、約８０００年前にジャガイモの栽培を始め、何千もの品種を生み出した。[22] 一つの畑で２０００品種ものジャガイモを育てたアンデス農民もいたという。16世紀、スペインの探検家がインカ帝国からスペインに持ち帰ったジャガイモは、北アメリカのフロリダへ伝えられ、入植者たちによってバージニアに運ばれたのち、再びヨーロッパにもたらされた。探検家のウォルター・ローリーに同行した天文学者トマス・ハリオットが、１５８６年にイギリスへジャガイモを持ち込んだのだ。[23] その数年後、著名な植物学者ギャスパール・ボアンは、ジャガイモに*Solanum tuberosum*という学名をつけた。*Solanum*は「安静」「鎮静」を意味するラテン語に由来した単語である。しかし、このイモに落ち着いた未来はなかった。

ヨーロッパでの本格的なジャガイモ栽培はアイルランドのコーク近郊で始まり、やがてヨーロッパ大陸の農場へと伝わった。しかし、猛毒をもつベラドンナと同じナス科の植物であることが、その評判に暗い影を落とした。[23] 当時はジャガイモをハンセン病などの原因と見る者も多かったのだ。険しい道のりではあったが、貴族たちの努力の甲斐もあって、ジャガイモは徐々に受け入れられるようになっていった。ウォルター・ローリーは女王エリザベス1世の説得に成功し、ジャガイモは王室の食卓に並ぶ栄誉を得た。けれども、この努力は失敗に終わった。1906年に出版されたジャガイモの歴史書には次のように記されている。「客は礼儀としてその新しい料理を食べないわけにはいかなかった。しかし、明らかに気に入らなかったようで、さかんにジャガイモの毒性についての話を広めた。そのため、この試みが続けられたという記録は見つからない」[24]。アイルランドではジャガイモ栽培が定着したが、イングランドでは1663年に王立学会が飢饉に備えて栽培を推進するまで普及することはなかった。

フランスではジャガイモの栽培が法律で禁止されていたが、統率力に優れた陸軍薬剤師アントワーヌ＝オーギュスタン・パルマンティエがジャガイモを広めようと奮闘した。戦争中にプロイセン軍の捕虜となったとき、ジャガイモを食べていたパルマンティエは[25・26]、フランスへ帰国すると、1772年にはパリ大学医学部にジャガイモが食用になることを承認させた。それでも大衆はジャガイモを受け入れようとせず、パルマンティエはその安全性を認めさせるために策略を練らなければならなかった。彼は国王ルイ16世の協力を得てジャガイモ畑に軍隊を駐留させ、人々の好奇心を煽った。[23]そして、ジャガイモを欲しがる人々から兵士が賄賂を受け取ることを容認するとともに、夜には見張りをなくし、簡単に盗みを働けるようにした。[25・26]

またパルマンティエは、ジャガイモ料理を並べて饗宴を催し、ベンジャミン・フランクリンをはじめとする有力者を招いて説得した。[23]ルイ16世もボタン穴にジャガイモの花を挿し、大規模な栽培を命じて普及に貢献した。１８１３年には、中央農業会はフランス帝国内で１００種を優に超えるジャガイモを栽培しており、ジャガイモはフランス語で「大地のリンゴ」と呼ばれるようになった。

ほかの作物が育たないような土地でも栽培できるジャガイモは、アイルランドではとりわけ重要な作物とされた。[21]イギリス人の地主たちは、肥沃な土地からアイルランド人を追い出し、イギリス市場向けの牛を放牧していた。泥炭地や山沿いの痩せ地でも育つうえ、栄養価が高く、大量に生産できるジャガイモが、爆発的に増加するアイルランド人口を支えていたのだ。１７７９~１８４１年にアイルランドの人口は１７２％増え、

800万人に達した。[21,27] アイルランドの人口密度はヨーロッパ最大となり、人口あたりの耕作面積は19世紀半ばの中国さえも上回っていた。[27]

人口の95％を占める小作農たちは、過密な島の痩せ地にぎっしりと植えられたジャガイモに、ほぼ全面的に依存していた。これがアイルランドにとって大きな弱みとなった。[21] 実際、人口があまりにも増えすぎたために、自給自足用に割り当てられる農地は細分化され、貧しい家庭ではジャガイモが唯一の食糧となっていた。ジャガイモの成功は、危険かつ持続的な依存関係をもたらした。歴史家セシル・ウッドハム＝スミスは、ジャガイモ大飢饉が起きた当時のアイルランド社会について次のように書いている。「細分化された耕作地、最下層に集中する人口、高額な地代、熾烈な土地の奪い合いといった社会構造のすべてが、ジャガイモによって生み出された[27]」

グローバル化の初期の産物であったジャガイモは、1845年に疫病に襲われ、史上最悪の飢饉を引き起こした。アイルランドの小作農の主食が、一夜にして有毒な腐敗物に変わってしまったかのようだった。あるアイルランド住民は次のように書き残している。「歴史上、我々の状況と並ぶ災いはなかった。すべての食物が熟す前に腐ったという記録はほかにないのだ[21]」

このとき、アイルランドの社会状況に対するイギリス政府の無関心が、数世紀にもわたる差別的政策と相まって破滅的な事態をもたらした。イギリス国教会とアイルランドのカトリック教会という宗教の違いに基づいた差別であった。１８２９年のカトリック教徒解放法により、アイルランドのカトリック教徒は議会に議員を送る権利をようやく得たが、それまでは１６９５年に成立したカトリック刑罰法のもと、「一連の残忍な制定法により、アイルランドのカトリックの破壊を目指していた」のだ[27]。カトリック刑罰法は、カトリック教徒が兵役や公職に就くこと、投票すること、土地を購入すること、さらには学校に通うことまで禁じていた。またカトリック教徒の土地は、所有者の死後、長男がプロテスタントに改宗しない限り兄弟全員に分割して相続させるという条項のせいでばらばらにされた。

１８２９年のカトリック解放以後も、大部分のアイルランド人の暮らし向きはよくならなかった。小作人はイギリスに住む地主に対し、燕麦や小麦や大麦を収穫して地代を払い、ジャガイモを食べて生活していた[21,27]。アイルランドの社会構造は、産業の育成や生産性の向上を阻害するものであった。たとえば小作人が土地を改良しても、その土地が地主の所有であることは変わらないばかりか、地代を上げる正当な理由にすらなり得た。小作人には改善や開発を行う動機が存在しなかったのだ。また、地代を十分に払っているかどうかにかかわらず、地主は自由に小作人を追い出すことができた。このことがアイルランド人の心に大きな不安と恨みを植えつけた。[27] 当時活躍した経済学者によると、地代は下層階級を「不安と恐怖のどん底」に押し込め続ける「強力な抑圧手段の一つ」であった。[27] いったん退去を命じられた小作農の家はとり壊された。廃墟に残ろうとしても追い出され、地べたの溝や穴に逃げ込むと、そこからも追い出された。イギリスの法の目には、彼らは虫けらのように映っていたのだ。実際、トーリー党の大法官であったクレア伯爵は、「没収は地主の一般的な権利である」と語っている。[27]

アイルランドの一部の地方では、ジャガイモの不作が何度も発生していた。とりわけ1728年、1739年、1740年、1770年、1800年、1807年、1821年、1822年、1830~1837年、1839年、1841年、1844年は凶作となり、種イモの多くを食べることになったため、飢饉と生産量の低下を引き起こした。[21,27] とはいえ、１８４５年８～９月にワイト島で発生し、地方へと広がったジャガイモの疫病に勝る被害はなかった。[27]

この疫病はメキシコで発生し、今から数世紀前に南下してアンデス山脈へ伝播したと考えられている。[28] おそらく１８４１～１８４２年に南アメリカからアメリカ合衆国の北部大西洋側諸州へ伝わり、１８４３年にフィラデルフィアとニューヨーク付近の沿岸州で最初に流行したのち、１８４３～１８４４年にアメリカ合衆国か南アメリカ、あるいは両方からヨーロッパへと渡った。

ウイルス病やフザリウム菌による乾腐病の被害に遭ったジャガイモの代わりに輸入されたジャガイモとともにベルギーに到達したのが最初かもしれないし、１８３０年代に始まったグアノ（肥料に使われる海鳥の糞）貿易の船が先に持ち込んだ可能性もある。[28] どちらにせよ、疫病はジャガイモを運ぶ貿易船のスピードで大西洋を横断した。[21,23] このスピードは重要な要素であったはずだ。蒸気船が大西洋を定期的に横断するようになったのは、アイルランド飢饉のわずか7年前、１８３８年のことだった。商人たちが船上での貯蔵のために氷を用いたことも、疫病菌には有利に働いた。[30,31]

疫病菌は、北アメリカでの流行の中心地であったバルチモア、フィラデルフィア、ニューヨークから、クリッパー船や蒸気船でアイルランドに運ばれたのだろう。その後、アイルランドのジャガイモ飢饉が起こるとすぐに、飢えと発疹チフスに苦しむアイルランド人たちがこれらのアメリカの都市へ流れ込んだ。しかし、アイルランドとは異なり、アメリカ社会はジャガイモに頼り切った生活をしているわけではなかった。アイルランドは、32県を束ねていたジャガイモという1本の縄を疫病に切断され、国全体をばらばらにされたようなものだった。仮にこの飢饉が計画的なものであったとしたら、これ以上ないほどうまくいったといえるだろう。政府は飢饉を「一時的・部分的」なものとする政策を打ち出すどころか、その対応によって「全般的・圧倒的」なものにしてしまった。[21] 1845年にはジャガイモはおよそ半分しか収穫できず、1846年になるとほぼ収穫がなくなり、多くの死者を出すこととなった。

疫病はあっという間にアイルランド中へ広まった。当時アイルランドを旅していたある司祭は、1846年7月27日に、ジャガイモ畑が「豊作の真っ盛りである」と記した。[32] その1週間後、同じ道を通りながら次のように書いている。「腐敗した大量の作物を目の当たりにして私は悲しみにくれている。あちこちで哀れな人々が腐りゆく畑の柵の上に座り、食べ物を失った惨状をひどく嘆き悲しんでいた」。大飢饉の翌年の収穫物が「ほんの数日の間に悪臭を放つ大量の腐敗物に変わってしまった」のだ。[21,27]

当時のイギリス政府（トーリー党政権およびホイッグ党政権）は、アイルランドを救う役割を担うには明らかに不向きであった。イギリスの指導者たちは、大きな援助を急に行えば自由貿易が混乱し、アイルランドの窮状とイギリス帝国の経済を悪化させるだけだと考えていた。また、イギリス人の不在地主が飢えた小作人を退去させる権利を守ろうとした。こうした政策によって、アイルランドでくすぶっていた火種は大火となり、飢えと病に苦しむ１００万人以上のアイルランド人が国外に脱出した。

飢餓や「飢餓熱」（発疹チフスと回帰熱）から逃れるため、多くのアイルランド人がイングランド、スコットランド、ウェールズ、イギリス領北アメリカ（カナダ）、アメリカ合衆国への移住を試みた。けれども、アイルランド人が生き残りをかけて乗り込んだ船が港に到着すると、４分の1か半分、あるいはそれ以上が飢えと伝染病ですでに死んでいることもあった。イギリス船エリン・クイーン号の船内を目にした者は、「その悲惨さは、アフリカ沿岸で見られるような、人を満載した不快な奴隷船に勝るとも劣らないものだった」と報告している。[21] リバプール、グラスゴー、ケベックシティ、モントリオール、ボストン、フィラデルフィア、ニューヨークといった港湾都市では、困窮したアイルランド移民が新たにスラムを形成した。これが発疹チフスの流行の中心地となり、移民たちは死に至る熱病の発生源として恐れられるとともに、そのみすぼらしさから軽蔑された。

アイルランド社会は、飢饉と病気の組み合わせに対して脆弱であった。飢饉と病気はそれぞれが互いを悪化させる役割を果たし、飢饉のたびに発疹チフスと回帰熱がアイルランド中で流行した。ジャガイモ飢饉の間に村々は壊滅し、死にゆく人々を助けようとした医師、看護師、司祭たちも驚異的な早さで発疹チフスと回帰熱に感染していった。どちらも人から人への感染を媒介していたのはシラミだったが、その事実はまだ知られていなかった。アイルランドの飢えた小作農たちは着替えすらもっておらず、シラミが湧いた不衛生な場所に寄り集まって暮らしていた。飢饉とそれに伴う伝染病は、「何世紀にもわたって続いていた悪弊をいきなり大災害に変えた」[27]のだ。飢饉が終わるまでには、１００万人を優に上回るアイルランド人が亡くなり、１００万人以上が国外に移住した。[21] １９０２年に飢饉の歴史を書いたアイルランドの作家は、この様子について「まるでアメリカと墓場が、この国の全人口を飲み込もうとしているかのようだった」と表現している。[21]

商業のグローバル化がジャガイモとその疫病をアイルランドにもたらした。アイルランドでは、イギリスが展開した小作制度によって、栽培できる作物が限定されていた。小作農が小さな借地で大家族を養うことができる作物はジャガイモだけだった。土地所有権や保証された借地権がなければ、世代を超えて富を蓄積することはできなかった。ジャガイモ疫病は最後の一撃となった。疫病が飢饉を引き起こし、飢饉が伝染病を招いたのだ。

１８４５年の状況は絶望的であった。ジャガイモ疫病も飢饉がもたらす伝染病も原因が解明されておらず、化学薬品で止めることはできなかった。微生物や植物病原菌の自然発生説を信じ、昆虫が病気を媒介することを知らなかった当時の科学者や医師たちは、解決に向けて悪戦苦闘した。彼らが試した方法は、アイルランド人には遅すぎたものの、それほどずれたものではなかった。科学的な思考の大きな転機がすぐそこまで来ていたのだ。

## 卵菌（1861）

1845年の秋に初めてジャガイモ疫病が発生したとき、首相ロバート・ピール卿はケイン、リンドレイ、プレイフェアという3人の教授に調査を要請し、ジャガイモの在庫を害から守る最善の方法を提案するよう命じた。その結果、人間の知恵と力が及ばない災いであることがわかった。科学や経験から導き出されたあらゆる手段が試されたが、正反対の方法を用いてもジャガイモは同じように溶けてしまったのだ。[32]

——チャールズ・トレヴェリアン（当時のイギリス財務次官）、1848年1月

すべての品種のジャガイモが疫病で壊滅したイギリスでは、何とか大飢饉を避けようと人々は必死になった。しかし疫病を止める手立てがなかったため、生産者は「病気を

寄せつけない生命力を備えた」新しい品種を発見することに専念した。[23] そして1850年代後半、ウィリアム・パターソンが、「素晴らしい品質の作物」であり、「この病気に対して実際に免疫性がある」パターソンズ・ヴィクトリアという品種を開発した。1869年の報告書で、パターソンは次のように書いている。「ジャガイモ疫病には直接的な治療法がないと私は確信している。これは植物内の大気の作用によるものであり、多かれ少なかれ常にその影響を受けているのである[23]」

残念ながら、パターソンの開発した品種やその他の品種は疫病に対する「当初の生命力」を次第に失い、彼らの抵抗は失敗に終わった。[23] パターソンズ・ヴィクトリアのほか、ニコルズ・チャンピオン（1870年代初期）、サットンズ・マグナム・ボナム（1876年）など、10～20年間にわたって目覚ましい成果を上げた多くの抵抗性品種が生み出された。そのため、1879年の不作の後には、カスカート卿が「新種の生産は国家的重要性をもつ」と述べている。[23] ほかの人々も同じように考え、たとえばフィンドレイが開発したブルース、アップトゥデイト、ブリティッシュ・クイーンなど、新たな品種がイギリスの農地で栽培されるようになった。

1902～1904年のジャガイモブームの際には、相場師が抵抗性品種の価格を吊り上げ、なかには重量あたりの価格が金より高くなったものまであった。新種の塊茎《かいけい》は、現在のアメリカドル換算で一つ500ドルに及び、塊茎1ポンドあたり800ドル、苗1本あたり20ドルで取引されることもあった。[23]ある新種の開発者は、一つの塊茎から発芽した1000本の新芽をこの値段で販売し、1万5000ドルを稼ぎ出したという。たとえば、次のような記録がある。「新しい品種に対する世間の欲求には際限がなかった。新種の大半は既存の品種に新たな名前をつけただけのものだったが、数多くの新種が市場に出回り、途方もない値段で生産者に購入されていった[23]」。また、ある農夫は1911年に、「新種をいくつか37・40ペンスで買ったが、残念なことに7ペンス半の価値もないだろう[23]」と書いた。アイルランドでジャガイモ品種の抵抗性について研究していた教授は、「当時市場に出回っていた品種も、これから市場に出てくるであろう品種も、この病気への耐性はない」と記している。[23]抵抗性のある新種も結局は疫病に負けてしまうため、ジャガイモを守るには別の手段が必要であった。だが、そのためにはまず疫病の原因を見つけ出さなければならなかった。

原因についてはさまざまな説が立てられた。ある者は、アイルランドの上空を白い蒸気が通ったせいだと考えた。それは船底にたまった汚水のような硫黄臭のする「乾霧《かんむ》」であり、ジャガイモを病気にする成分を含んでいたというのだ。[21]また、「空中を漂う極めて小さな虫」を原因と見る者や「大気中の病原体か一種の毒に起因するコレラに似た伝染病」と考える者もいた。[33]「電気の作用」だとした著名な医師は、１８４５年秋に次のように記している。[21]「この夏、雲が過剰に電気を帯びたが、過剰なぶんを大気に放出する雷がほとんどなかった。湿りがちで天候の変わりやすい秋に、この過剰な電気が水気が多く先の尖ったジャガイモの葉に引き寄せられたのだ」。電気原因説にはさまざまなものが現れ、たとえば発明されたばかりの機関車の煙と蒸気が起こした静電気によるという説もあった。[27]地球そのものに原因を求め、「死の蒸気」が地下深くにある「見えない火山」から放出されているせいだとする説[27]や、輸入されたグアノ肥料とともに持ち込まれたという（十分にあり得そうな）説[28]、ジャガイモが過剰な長雨に耐えられず、腐敗したとする説[27]も見られた。ある著名な研究者は、「弱い光、寒く不順な天候、絶え間ない雨といった不運な出来事の組み合わせが災厄をもたらした[33]」と書いている。別の研究者は、「長年このような伝染病が見られなかったという事実は、原因が複雑であり、天候の著しい変化や日光の化学的効力の不足など、同時に起こることがまれないくつかの条件が重なった結果であることを示している」と主張した。ジャガイモの病気は植物の組織内で自然に発生するものであり、避けようがないという見方が大勢を占めていた。

1847年、ジャガイモ栽培の専門家ジョン・タウンリーは、それまでに主張されたすべての説を批判し、この病気が大気による未知の影響から発生したとする説を証明するのは、「月光や妖精のせいだと証明するのと同じくらいに簡単なことだろう」と記した[35]。そして、疫病が突然現れたことから、国境を越えた人間がもたらした何らかの物質と関係があるはずだと指摘した。治療法を見つけるには、その破壊的な物質を探し出す必要があった。彼は次のように書いている。「すす、塩、石灰、エプソム塩が治療薬としてよく用いられ、煙、湯、炭酸、微量の銅塩、ヒ素、多数のアヒルなどの利用も提案された。病気を緩和する見込みが少しでもあるのなら、試してみればよい。だが、こうした方法に効き目があるとは到底思えない」

疫病の原因をつきとめたのは、彼の同時代人たちであった。なかでもベルギーの植物学者シャルル・モレンとイギリスの聖職者マイルズ・ジョセフ・バークリーがよく知られている。バークリーは菌類研究の第一人者であり、１万種以上の菌類を研究し、うち数百種については世界で初めて記述を残した。そこには１８３６年にチャールズ・ダーウィンがビーグル号の航海で集めたすべての菌類標本も含まれている。バークリーはジャガイモ疫病について、「おそらくしばらくの間、あまり注目されることもなく存在していたのであろう。いずれにせよ、大気の影響だと主張する人々が言うような、１年で生まれる種類のものではない[33]」と語っている。さらに「ボゴタでは雨の多い年に病気が起きることがよく知られており、先住民たちはほとんどジャガイモだけで生活している。〔中略〕この特異性は、植物界のほかの病気同様に、この病気はアメリカ大陸が起源であるというモレン博士の考えを裏づけるものである[33]」と述べる。

１８４５年夏、発病した植物に小さな菌が繁殖しているのを観察したバークリーは、この菌が疫病の原因であると次の冬に発表した[33]。しかし、菌類を単なる腐敗の結果とみなす大半の権威たちは、彼の説に非難と嘲笑を浴びせた。バークリーの論文を却下した人物の一人は、次のように記している。「この災いに対する確実な原因究明は絶望的に思える。〔中略〕世界は賢明にもその運命に身を委ねている。『治せないものは耐えなくてはならない』のであり、ジャガイモの病気もそうした災厄の一つである[35]」

辛辣な批判にさらされながらも、バークリーは自説を貫いた。「率直に言って、こうした権威たちに反対されている立場に疑念を抱くこともあるが、菌類説こそが真実であると信じている。〔中略〕時に全能者は、人間の目には卑しく映るこれらの道具によって目的を成し遂げることを喜ばれるのだ[33]」。バークリーは、タウンリーから多大な知的支援を受けた。タウンリーは、ジャガイモの活力を回復させ、菌に対する抵抗力をつけることを提唱していた[35]。残念ながら、菌を植えつける実験が成功しなかったために、バークリーは病害の前に菌が現れることや塊茎が感染する仕組みを証明できなかった[33]。結局、彼の考えは彼の主張を支える理論的な枠組みが成熟するには時間が必要だった。結局、彼の考えは15年もの間、放置されたままであった。

実は、アイルランドの飢饉のはるか以前、ヨハン・クリスチャン・ファブリシウスが1774年に発表した植物病理学に関する小論のなかで、植物病原菌の発見の枠組みは

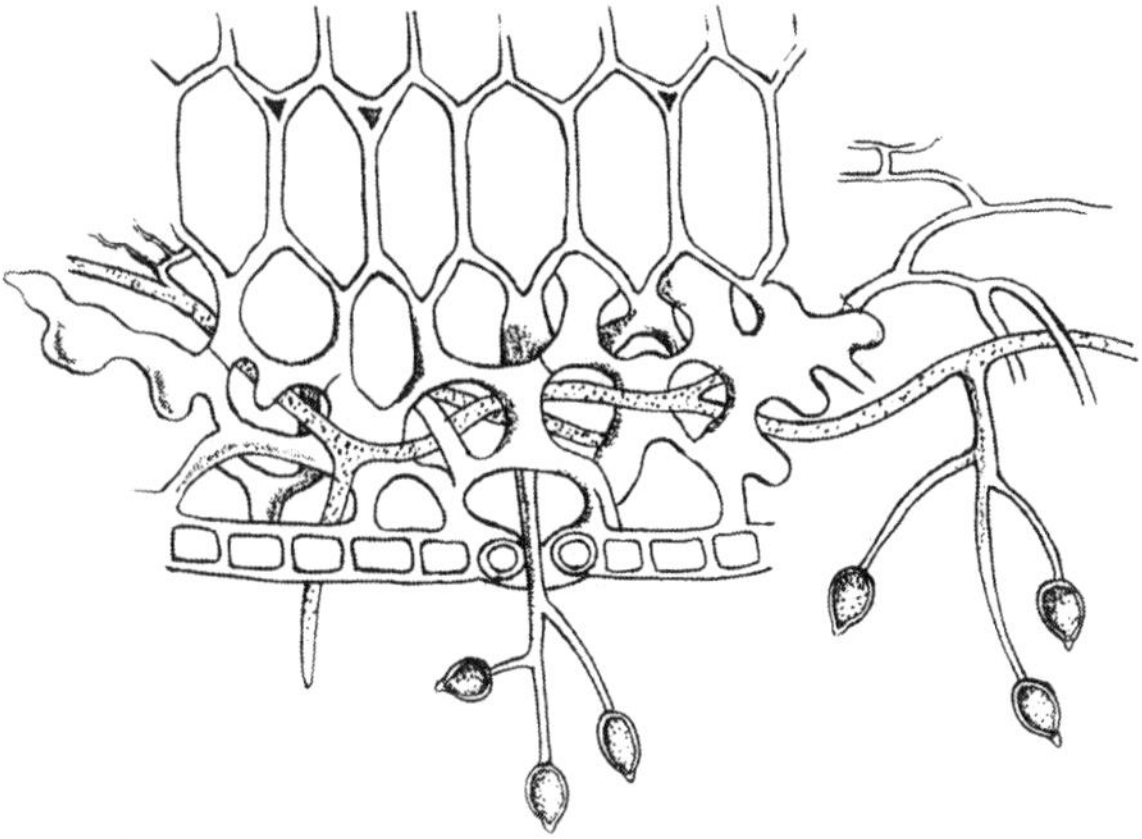

**図1.1**　バークリーによる、ジャガイモの葉の裏側から入り込むジャガイモ疫病菌の図。[33]

すでに構築されていた。[37] ファブリシウスは、病気になった植物の病斑に見られる菌類が、死んだ植物組織ではなく、別の生物であることを正しく推論した。残念なことに、彼の論文はそれから3世代にわたって科学界に拒絶され続けたが、[38] １８５０年代後半になると、菌類が別個の生物であることが科学者に認められるようになり、自然発生説は崩れ去った。

それ以前、自然発生説は何世紀にもわたって根強く信じられていた。古代には、たとえばアリストテレスが「乾いたものが湿ったり、湿ったものが乾いたりすると、動物の命が生まれる」と述べている。[39] アルケラウスは、ヘビは腐りかけた脊髄から生まれると記し、[40] ウェルギリウスはミツバチが雄牛の内臓から発生する様子を観察した。17世紀には、オランダの錬金術師ファン・ヘルモントが「沼地の底から立ちのぼる臭いがカエル、ナメクジ、ヒル、草などを生み出す[39]」と書いている。彼は、小麦をネズミに変えるには、トウモロコシの入った容器に汚れたシャツを入れておくだけでよく、バジルをサソリに変えるには、すり潰して日光にさらせばよいと語る。ところが、イタリアの医師フランチェスコ・レディが、ハエがつかないようにガーゼで覆った肉にはウジ虫が発生しないことを実験で証明した。そのため、自然発生説の支持者たちは、目に見える生物が自然に発生することはないと認めざるを得なくなったが、微小な生物にそれは当てはまらないとの見方をしていた。

顕微鏡の発明は、逆説的にではあるが、自然発生説の提唱者たちにとって強力な武器となった。当時の常識では、微生物のような「微小動物」の増殖は、植物や動物の腐敗によって起こるとされていた。[39] 1858年、フランス・ルーアンの自然史博物館館長フェリックス・アルシメード・プーシェは、煮沸処理した干し草を水と酸素の入った容器に入れ、逆さにして水銀槽につけておいても、微小な生命が自然に発生することを実験で証明したと発表した。水銀が外気の侵入を防ぐため、干し草の容器が汚染されることはないにもかかわらず、微生物が生まれたというのだ。プーシェはかなりの影響力をもっていたが、この証明はすぐに打ち崩されることになる。

　自然発生説は、ジャガイモ疫病の調査など、さまざまな研究の進歩を妨げていた。それを認識していたバークリーは、１８４６年に次のように指摘している。「私の主張が正しくないというのであれば、多くの人がそうしているように、衰弱した組織や病気の組織からの自然発生や曖昧な発生という考え方に頼ることになる。この問題は結局は謎に包まれたものではあるが、私の見る限り、ベールが取り除かれた部分はどれも、より高次の創造物を支配しているのと同じ一般法則を示しているように思える[33]」

　１８５９年、チャールズ・ダーウィンは代表作となる『種の起源』を発表し、そのベールを取り払った[41]。すべての生命は進化の過程でつながっているという考え方に理論的枠組みを提供したのだ。自然発生的に新しい生命が次々と生まれるのであれば、それは成り立たないことになる。ルイ・パスツールもまた、同じ年に自然発生をめぐる論争に加わった。パスツールの友人ジャン゠バティスト・ビオは、パスツールが自然発生を研究するつもりだと聞き、時間を無駄にするだけだと猛反対した。「抜け出せなくなるぞ」とビオは忠告した。[39]

だが、パスツールは実験を始めた。彼は首を細長く引き伸ばしたフラスコに熱した白金の管を取りつけ、空気が管を通過する間に、細菌が熱で死滅するようにした。[39] フラスコ内の殺菌済みのスープからこのようにして細菌を締め出すと、細菌は発生せず、スープが無菌状態に保たれることを証明したのだ。尿などの「腐敗しやすい液体」でも同じ実験をしたのち、彼は空気中から採集した塵《ちり》を殺菌済みのスープに入れると、塵に含まれていた細菌が繁殖することを示した。さまざまな条件下で実験を繰り返した結果、微生物が侵入しなければスープに生命は発生しないことが明らかになった。自然発生を否定する一連の実験により、パスツールは1860年にフランス科学アカデミーから「巧妙な実験によって自然発生の問題に新たな光を当てる努力をした人物」として賞を与えられた。[39]

しかし、これらの実験にさえ納得しない人もいた。プーシェは、もし小さな気泡にも細菌がいるならば、空気中の細菌は「鉄のように密度の濃い霧を形成するだろう」と主張した。[39]そこでパスツールは、標高が高く細菌がほとんど存在しない地域など、さまざまな場所の空気でスープを使った実験を行った。１８６４年の基調講演で、パスツールはプーシェの実験的研究を次のように批判している。[39]「この実験は申し分のないものだが、実験者の注意を引いた点についてのみ申し分のないものである」。プーシェの主張は間違いであり、「ファン・ヘルモントの汚れたシャツを入れた容器の実験と同じように、完全に幻想である。ネズミがどこから入ったのか私が教えよう」。パスツールは、水銀に付着した塵の粒子によって、微生物がプーシェのフラスコに入ったことを示した。

自然発生に関するあらゆる論拠を打ち崩したのち、パスツールはこう述べた。「反論を続ける人々は、間違いを認識する方法も避ける方法も知らないせいで、幻想や不適切な実験にだまされている。自然発生は妄想である[39]」。微生物が熱で死滅することなどを実証したパスツールの自然発生に関する研究は、低温殺菌（パスツーリゼーション）の技術のような形で大いに実用化された。[42]

パスツールは、5人の子どものうち3人に先立たれ、2人の死因が腸チフスであったことから、その治療法の研究に打ち込むようになった。[42] そして、牛乳が腐るときと同様に、病気が発症する際にも微生物が関与しているのではないかと推測した。1870年代に、パスツールと彼の研究上のライバルであったドイツのロベルト・コッホは、炭疽病を引き起こす微生物が存在することをそれぞれ独自に証明し、感染症の病原菌説を打ち立てた。[43] パスツールとコッホの対立は個人的なライバル関係の域を超えたものとなり、普仏戦争でフランスがドイツに破れた直後、二人は国家の威信をかけて激しい学術論争を繰り広げた。コッホは1905年にノーベル賞を受賞し、パスツールはノーベル賞の創設前に亡くなったが、そうでなければ間違いなく受賞しただろう。

細菌が感染症を引き起こすというパスツールとコッホの説は、微生物が体内に侵入するのを防ぐことが重要であるに違いないという考えにすぐに結びついた。この論理的推論にのっとり、1867年にはジョセフ・リスターが外科手術で使う新たな消毒方法を発表した。[44] 一方、炭疽菌、家禽《かきん》コレラ、狂犬病のワクチンを開発したパスツールは、1885年、狂犬病の犬に噛まれたジョセフ・マイスターという9歳の少年に初めてワクチンを投与し、彼を救った。[42]マイスターはのちにパスツール研究所に守衛として雇われ、命を救われた55年後、パスツールの墓を暴こうとするナチスに抵抗して自ら命を絶っている。

限りなく小さい生命体が一国の作物を消し去ったり伝染病を起こしたりするとは、当時の人々には想像もつかないことだった。パスツールは細菌が自然発生しないことと、人間の病気の原因であることを示し、その知的障壁を打ち破ったのだ。同じ原理が植物の病気にも当てはまることは疑うべくもなかった。

パスツールが自然発生を否定する画期的な実験を発表したのと同じ年に、もう一人の優れた微生物学者がアイルランドのジャガイモを枯らした病原菌を発見した。[38]１８５３年、まだ22歳だったアントン・ド・バリーは、さび病と黒穂病に関係する菌類が自然発生しないことや、菌類は病気の結果ではなく原因であることを証明した名著を発表し、注目を浴びた。彼はその後も、特定の菌類と植物の病気の因果関係を明らかにしていった。現代の菌学（菌類の研究）を確立した彼の研究は、パスツールの自然発生に関する研究の先駆けとなった。そのド・バリーが、１８６１年に*Phytophthora infestans*（疫

病菌）がジャガイモ疫病の病原菌であることを示した論文を発表した。[36・45]

ナポレオン軍にも加わった退役軍医カミーユ・モンターニュが、1845年8月30日にパリ哲学協会で疫病菌について初めて詳細に説明した。[36] ほかに提案された*Botrytis vastatrix*や*Botrytis fallax*といった名前よりも数日早く命名したためにモンターニュは競争に勝ち、この病原菌を*Botrytis infestans*と名づけた。この病原菌に関するモンターニュの記述は、バークリーの重要な論文のなかで発表された。[33] その後、病原菌の名は*Peronospora infestans*に変更され、[36] さらにこの病原菌とほかのペロノスポラ属の菌との重大な相違点を発見したド・バリーによって*Phytophthora infestans*と改名された。これは菌の習性にちなんだ新しい名前で、*phyto*は「植物」、*phthora*は「破壊者」、*infestans*は「攻撃的な」「敵対的な」「危険な」を意味する。

疫病菌はカビ（真菌）ではないが、卵菌類（ミズカビ）に属するカビ状の生物である。[46] ド・バリーは疫病菌の胞子をジャガイモの葉、茎、塊茎に接種し、ジャガイモが腐敗するまでの経過を観察した。[36] そして、植物がガス交換を行う小さな穴（気孔）を通って疫病菌がジャガイモの葉に侵入することを明らかにした（気孔は英語でstomaと呼ばれる。「口」を意味するギリシャ語に由来している）。その後、寄生菌の菌糸体（糸状菌の本体である栄養体の集まり）は枝分かれし、多数の菌糸が葉の細胞内に入り込んで栄養分を奪うのである。[23] 菌糸は気孔から出て外へ伸び、先端に西洋ナシの形をした子実体（胞子嚢《ほうしのう》）のついた枝を生成する。胞子嚢は簡単に枝から離れ、土の上に落ちたり風で舞い上がったりする。別のジャガイモの葉の上に付着すると、雨や露の水滴の刺激を受けて成長が促されるまで待機する。そこから先は二つの選択肢がある。一つ目は、発芽して気孔から葉の中に入り、また同じプロセスを繰り返すこと。二つ目は、感染性のある胞子を育てて放出することである。水滴に混ざった胞子は、土壌の粒子を伝って土の中のジャガイモにたどり着き、腐敗させてしまう。そのため、多くの人々がこの疫病を過剰な湿気に起因するものと考えたのだ。

感染したことは、「酸を薄めた液体が雨粒となって降ったかのように」葉に黄色や茶色の斑点が現れるまで、農民たちにはわからなかった。[21] 斑点が拡大し、黒くなったのち、葉は丸まって腐り、特有の不快な臭いを放つようになる。アイルランドのジャガイモ不作に関する報告には、その臭いのひどさを伝える描写がよく見られる。胞子嚢が先端にある分枝した菌糸をもち、腐敗した葉の組織に広がったカビは、畑に放たれた火が燃え広がるかのように、あっという間に畑じゅうのジャガイモを感染させることができる。バークリーは、疫病菌がジャガイモを破壊するきっかけをつくり、その感染後に「ほかの菌類が表面や腐敗した塊に定着して、腐ったアガリクス（ハラタケ科のキノコ）に似たひどい悪臭を放ち、細胞の結合が解け、微小動物やダニが現れ、ついには全体が腐敗しきった塊になる[33]」と指摘している。

１８４８年のアイルランドの夏は、１８４５年と１８４６年の夏と同じような事態となった。ある教区司祭は次のように書いた。「(7月)13日の朝、すべての人々が驚愕した。前日の夕方には、まったく無関心な人の心をも喜ばせるほど見事な姿であったジャガイモ畑が、まるで硫酸が振り撒かれたかのように、枯れて真っ黒になっていたのだ。国中が落胆し、混乱に陥った[27]」。ジャガイモ畑が「タールに浸かったように黒く」染まり、破壊された地域一帯には、以前と同じように「耐えがたい悪臭」が漂っていたという[27]。ジャガイモは「すっかり腐っているか、部分的に腐って虫が湧いているか、霜にやられた肉のようにあちこち茶色がかっているかであった[33]」。

19世紀後半には、多くの進化論者が「自然界のものには、たとえそれが非常に悪いものであったとしても、進化した目的があるのだ」という誤った主張をしていた。生命の進化には導き手がいるとする思想であり、天地創造の信仰と現代の進化論を融合させた見方であった。進化には目的があるという考え方は人々に安心感を与えた。人類が天地創造の頂点に位置するという思想と矛盾しないためである。こうした考えから、ジャガイモ疫病が弱い品種を枯らし、丈夫な品種の普及を促進する前向きな力であると見る人もいた。当時菌類は植物であると信じられていた。ド・バリーが疫病菌を発見してから9年後、あるジャガイモ栽培の専門家は、次のように書いている。「自然が数々のカビ類を生み出したことには目的がある。カビ類はそれぞれ完璧な植物であり、森のオークと同じように機能を果たすことができる。目的は間違いなく、病弱な株からの繁殖を防ぎ、弱った植物を分解して土壌を豊かにし、より健康な植物の発育を促すためである。〔中略〕ジャガイモの病気は原因というよりも結果なのであり、その品種が偶然に弱体化するのを防ぐためか、もしくはその品種を絶滅させることでジャガイモという種を増殖させるために現れたのだ[47]」

進化の目的や進歩に関するこうした考え方は、20世紀に入っても根強く残っていた。それはダーウィンが提示した進化論が誤って解釈されていたことによる。実際には、パスツール、コッホ、ド・バリー、ダーウィンは、特殊創造説や種の不変性といった長年信じられてきた思考の枠組みを打ち崩した。このような19世紀半ばのパラダイムシフト（生命は無生物から自然に発生するのではないこと、動植物の病気の原因が微小生物であること、生命は進化することなど）は科学的発見のスピードを加速させ、現在に至っている。

**ボルドー液（1883）**

1878年にフランスでべと病が発生して以来、私はペロノスポラ属の菌の研究をやめなかった。病気の進行を抑える弱点を何としても見つけたかったのだ。[48]

——ピエール・マリー・アレクシス・ミラルデ、1885年

ジャガイモ疫病の病原菌をデ・バリーが同定したことで、目指すべき目標がはっきり

した。疫病菌を殺す薬品を開発すれば、ジャガイモ飢饉を回避できるのだ。ところが疫病と戦うためのこの兵器は、ジャガイモと関わりのない奇妙な道筋をたどって開発された。

フィロキセラ（「葉の枯渇」を意味するギリシャ語に由来。日本名ブドウネアブラムシ）と呼ばれるアブラムシの仲間は、もともとアメリカ東部でブドウの葉と根から樹液を吸って生活していた種である。[36] １８５０年代、イギリスのワイン愛好家がアメリカからブドウの植物標本を輸入したところ、その木にフィロキセラが付着していた。アメリカのブドウとは異なり、ヨーロッパのブドウにはこの虫に対する抵抗性がなかった。１８６５年、フランスではフィロキセラの猛威によってブドウの木が枯れ、醸造所は壊滅的な打撃を受けた。いわゆる「フランスワイン大不作」である。その後の数年間、ヨーロッパのワイン生産量は激減し、最終的には約1万$km^2$のブドウ栽培が影響を受けた。フランスのブドウ園では、被害を食い止めるため、ブドウの木の下に生きたヒキガエルを埋めて毒を抜き取ろうとしたり、土壌に二硫化炭素を注入したりするなど、さまざまな試みがなされたが、いずれも効果はなかった。「植物シラミ」とも呼ばれるフィロキセラを止める手立ては、一つもないように思われた。

問題の解決に乗り出したのは、フランスの植物学者で菌類学者のピエール・マリー・アレクシス・ミラルデだった。彼はまさに適役といえた。１８５４年のコレラの流行で父親を亡くしたミラルデは、母親と弟妹を養うためにパリで医学を学んだ。[49]当時の医学部では、薬用植物の研究が必須とされていた。若き日の彼はハイデルベルク大学で学んだのち、フライブルクでデ・バリーのもとで働き、１８６９年にストラスブール大学の植物学教授に任命された。[50・51]翌年、普仏戦争が勃発すると、フランス軍に軍医として入隊するが、フランスは屈辱的な敗北を喫し、アルザスとロレーヌの大部分を失った。ストラスブール大学もドイツの大学となったため、[51]ミラルデは１８７２年にナンシー大学に移り、１８７４年にはフィロキセラの蔓延《まんえん》を調査するためにボルドーへ赴いた。そこでフィロキセラの研究に取り組み、１８７６年にボルドー大学の植物学講座に移籍した。

ミラルデは、フランスのブドウにアメリカのブドウを接ぎ木することで、フィロキセラに耐性のある交配種をつくり出した。[50]ところが残念なことに、１８７８年には、フランスに輸入されたアメリカ産のブドウの木が、同じくアメリカ由来のべと病という疫病菌のようなミズカビに感染していることがわかった。べと病はフィロキセラが繁殖しにくい場所に集中的に広がり、フランス全土のブドウ畑を壊滅させた。そのためミラルデは、フィロキセラからべと病に研究の焦点を移した。

１８８２年10月、ミラルデはメドック地区サンジュリアン村で、同じブドウ畑のなかでも、道路から離れた場所ではブドウが慢性的にべと病で腐敗しているのに、道路沿いではべと病が発生していないことに気がついた。[48] そして、感染していないブドウの葉の上で見つけた「粉砕された青白い物質」についてブドウ栽培者に尋ねた。[48] 通行人にブドウを盗まれないように、人の目につき、かつ苦い味がする石灰と硫酸銅の混合物を道路沿いに撒いていているという答えだった。[51] 幸運にも、この混合物がべと病からブドウを守っていたのだ。

この偶然の発見に基づき、ミラルデは硫酸銅や硫酸鉄と石灰を粉末にしたり溶かしたりしながら、さまざまに配合して実験を行った。[52] その結果、のちにボルドー液と呼ばれるようになる硫酸銅と石灰の混合液がべと病に有効であることがわかった。[51] ボルドー液は、植物やブドウに害を与えることもなかった。ミラルデは化学者ユリス・ガイヨンと

協力して、効果が最大限に発揮される正確な成分濃度を探り当てた。[51,52]

べと病菌は、ボルドー液で処理されたブドウの葉に付着すると、そのまま死滅するか、遊走子が発芽管を生成しても葉の表皮に侵入できないため、[52]感染することはない。ミラルデは次のように書いている。「葉は健康で美しい緑色であり、実も黒くて完全に熟している。一方、処理されなかったブドウはたいへん惨めな姿で、ほとんどの葉が落ち、わずかに残った葉も半ば乾燥している。実はまだ赤く、酸っぱいワインにしかならないだろう[48]」

またミラルデは調査の早い段階で、べと病の生殖体が水道水、雨水、露、蒸留水では発生するが、自宅の井戸水では発生しないことに気づいていた。[52]その理由は、ボルドー液を発明したのち、初めて明らかになった。銅製ポンプでくみ上げられていた井戸水には1Lあたり5mgの銅が含まれ、さらに周囲の岩から石灰が溶け出していたのだ。[52]偶然にも、ミラルデの井戸水は銅と石灰の両方を含む独自のボルドー液を生成していた。

ボルドー液は安いうえに効果的であった。50Lで1000本のブドウを処理することができ、材料費と人件費を合わせても5フランしかかからず、「ブドウの最も繊細な部分さえ、害を恐れる必要がなくなった」[48]。べと病菌は葉の中で繁殖するため、感染前に行わなくてはならなかったが、一度処理するだけでブドウをべと病から守ることができた[48・52]。ミラルデの研究は世界初となる市販の殺菌剤、さらに言えば植物病原菌を打ち負かす世界初の農薬を生み出したのだ[50・51]。

ミラルデは、シャトゥリ・ドゥ・ラ・フォス男爵らほかの研究者よりも先に発見したことを示そうと懸命だった。この混合物で処理されたブドウがべと病にかからないことを彼らも確認したが、それはミラルデの2年後であった[53]。ちょうどダーウィンが、独自に自然淘汰を発見したアルフレッド・ラッセル・ウォレスに遅れることを恐れて『種の起源』の出版を早めたのと同じように、ミラルデもあわてて研究結果を出版した[48]。そして、ボルドー液の発明者が自分であることをはっきりさせるために、いつ誰が何を発見したかを詳細な年表にまとめる必要があると考えた[53]。「私は銅による治療を考案し、最初に実験し、同様に最初にその実践を提案したという名誉を主張する。我々学究にとってこれは称号であり、大切な記念でもあるのでさらにつけ加えるが、私は１８７８年にジュール・エミール・プランションと同時に初めてフランスでべと病の存在を確認し、それ以来ずっと警戒し続けてきた[53]」

19世紀の公衆衛生研究という狭い世界のなかでは、科学者と国家の間で研究に関する言い争いがしょっちゅう起きていた。多くの人命が失われても無視される進歩がある一方、すぐに受け入れられ、普及したものもあった。ボルドー液は後者に当たり、あっという間にフランスのブドウからアイルランドのジャガイモにまで使われるようになった。実のところ、ミラルデはこの極めて重要な結果を予測していた。「ブドウのペロノスポラ菌と、ジャガイモやトマトの病気を引き起こす菌との間に見られる高い類似性から、今後、後者の病気に対する真の予防的治療が可能になることを期待する[48]」。ブドウに効いたものが、ジャガイモにも効くというのだ。アイルランドの研究者たちはこのアイデアを採用し、ジャガイモにボルドー液を散布して疫病菌と戦った。その結果、「この方法が病気の発生を完全に防ぐか、少なくとも被害を食い止めるために、計り知れない価値をもつことがすっかり証明された[23]」。

ボルドー液のつくり方は簡単である。5・5kgの硫酸銅と焼成した約3・6kgの生石灰をあらかじめ340〜450Lの水に溶かし、それぞれの溶液を混ぜて中和させるだけだ。ボルドー液を疫病の発生前に散布し始め、その後も定期的に散布しておきさえすれば、疫病が多発した年でもまともな収穫を得ることができた。ボルドー液が１８４５～１８４９年に使えていたら、アイルランドが悲惨な状況に陥ることはなかっただろうし、アイルランド移民が大量に発生することもなく、アメリカは違った姿になっていたことだろう。アイルランド移民が上陸した都市で発疹チフスが流行することもなかっただろうし、アイルランドとイギリスの間の激しい対立も生じなかっただろう。実は、大飢饉の最中に銅塩類をジャガイモに塗ってみた科学者もいたが[35]、濃度や混合物が適切ではなかった。

19世紀の農家が直面していたジャガイモの敵は、疫病菌だけではなかった。ほかにも夏疫病、ジャガイモそうか病、乾腐病（フザリウム病）、茎腐れ（リゾクトニア）、黒脚病、ヨーロッパイボ病など、さまざまな病気がジャガイモ畑に蔓延していた[23]。虫害も多く、ジャガイモノミハムシ、コロラドハムシ、スズメガの幼虫、ゾウムシ、ジャガイモシストセンチュウ、バッタ、さらには幼虫が自分の排泄物で身を隠すスリーラインド・リーフビートルという虫までいた[47]。昆虫の幼虫がジャガイモの中に入り込み、その通り道を病原菌がたどる場合もあった。疫病菌がジャガイモを追って世界中を旅したように、害虫の多くもジャガイモとともに旅をした。１８７０年にジャガイモ専門家が次のように書いている。「文明がロッキー山脈を駆け上がり、この地方でジャガイモが栽培されるようになると、コロラドハムシは栽培されたジャガイモを食べる習慣を身につけた。ジャガイモ畑からジャガイモ畑へ、年に約60マイル（約97km）のペースで東に進み、今ではインディアナ州からロッキー山脈の餌場に至るまでしっかりといついている。あと12年もすれば大西洋岸に到達するだろう[47]」

ジャガイモ農家は多くの敵に立ち向かわなくてはならなかったが、19世紀末の農家が納屋に備えていた化学薬品はボルドー液だけではなかった。塩化第二水銀、ホルムアルデヒド、パリスグリーン（花緑青）、ヒ酸鉛、ヒ素を混ぜた糠《ぬか》といったほかの殺虫剤も使われていた[23]。また、ボルドー液はジャガイモ疫病の予防だけではなく、ほかの病原菌にも効果があり、ジャガイモ栽培はますます成功を収めるようになった。ある専門家は次のように言っている。「どこで栽培しようが、病気があろうがなかろうが、この混合液を使用すれば大きな収穫を得られるという理由から、筆者はその散布を推奨することに正当性を感じている」[23]。別の専門家は、コロラドハムシとその幼虫を殺すためにヒ酸鉛を加えたボルドー液を「自由かつ積極的に」使うことを勧めた[23]。そして、「敵を側面から攻撃して危機に陥らせる」ために、混合液をあらゆる方向から散布すべきだとしている。

ジャガイモの病気を化学的に予防・治療する技術の進歩と、鉄製のけん引式噴霧器、乗用耕うん機、ジャガイモ植付機、ジャガイモ掘取機などの農業技術の進歩によって、北アメリカやヨーロッパでは収穫量が増加していった[23]。産業革命とともに農薬散布の機械化も進み、新製品が次々に売り出された。農薬散布によって収穫量が増加したことは明らかだった。１９１２年に行われたアメリカの学者の計算によると、ジャージー島のジャガイモ畑で栽培中にボルドー液を５回散布し、１回あたり１・25ドルの費用をかけると、４０００㎡あたり約13ｔの収穫があった。一方、２回しか散布しなかった隣の畑は、疫病によって焼け焦げたようになってしまった。

熱心な生産者たちは、「大柄な男性の手にすっぽりと収まる大きさ」のジャガイモをつくろうと奮闘した[23]。また、コロラド州で発行された一般向けの小冊子には、「アングロサクソン民族にとってパンと肉の次に重要な食べ物はジャガイモである」とある[23]。こうした需要があるなかで、殺虫剤を使った効率的な生産方法は大きな利益をもたらした。20世紀初頭、ワシントン州産のジャガイモの需要は1tあたり10ドル以上の価格を維持しており、農家は4000㎡あたり15~20ドルの純利益を確保することができた[23]。農薬がもたらした大規模な農業革命によって、1845年の飢饉の半世紀後には利益に焦点が移ったのだ。

1845~1849年のアイルランドのジャガイモ飢饉は病原菌の探索を促した。パスツールが1861年に自然発生を否定し、同年にド・バリーが疫病菌がジャガイモの腐敗を引き起こすことを発見。その20年後には、ミラルデが世界初の有効な殺菌剤を開発した。ボルドー液はまずヨーロッパのブドウ畑を救い、ジャガイモ飢饉を抑止し、ついには世界のジャガイモ産業の利益を向上させるに至った。ミラルデは人間の手で魔法のように効く化学薬品をつくり出せることを証明したのだ。飢饉や伝染病との闘いの扉が開かれ、多くの優秀な科学者たちが、人類に差し迫った問題を克服するためにその扉へ飛び込んでいった。

# 第2部

# 伝染病

# 第2章

## マラリア

（紀元前2700～1902）

現代の「病原菌説」の観点からすれば、長い鼻をもつ昆虫による虫刺されが、パスツールの注射と同じように細菌やその他の病原菌を人の血液に感染させ、特定の熱病を発生させているという可能性は検討に値する。[54]

――アルバート・フリーマン・アフリカヌス・キング、1883年

マラリアはアフリカで人類の祖先とともに進化し、解剖学上の現代人がユーラシア大陸へ、のちに世界各地へ移住する際にも同行した。[55] マラリアは、農業の始まりとともに形成された多くの集落を壊滅させた、おそらく古代の人類にとって最初の、そして最も致命的な感染症だった。[56] 水源のそばに築かれた村や都市は、マラリアを媒介するハマダラカの繁殖地に隣接していたうえ、農業によって人口密度が高まっていたため、感染が加速度的に拡大した。

マラリアが周期的な発熱を繰り返しながら進行することは、早くも紀元前2700年頃の中国の医学書に記されている。[55] また、ギリシャの医師ヒポクラテスも、紀元前5世紀にマラリアについて詳述している。彼は病状を診断する際、「季節の全体的な特質、

とりわけ天の状態」「患者の夢」「腸内にたまったガスが静かに通過するか、音を立てて通過するか」といった多くの要素を考慮した。[57] インド、アッシリア、アラビア、ギリシャ、ローマ帝国など、古代のほかの地域の高名な学者たちもこの病気について研究し、湿地との関連性を指摘した。[55] その結果、マラリアは「湿地熱」と呼ばれるようになった。

湿地帯との関連性からマラリアの感染を説明する多くの仮説が生まれたが、そのほとんどは、ヒポクラテスが考え出した「ミアズマ（瘴気《しょうき》）」に関するものだった。大地から出る有毒な気体が病気を引き起こしていると考えたのだ。[55] イタリア語で「悪い空気」を意味するマラリアという名がこの病気につけられたのは、そのためである。[58] マラリアの原因としての瘴気は、文学のなかにもよく登場しており、たとえばシェイクスピアの『テンペスト』には、「太陽が沼地や干潟から吸い上げるあらゆる感染よ、プロスペローに降りかかれ、少しずつ病気にしてしまえ」とある。[59]

マラリアの「治療法」にはさまざまなものがあり、魔術的なものも多かった。３世紀のローマ皇帝カラカラの侍医であったクィントゥス・セレヌス・サンモニクスは、マラリア患者に対し、「アブラカタブラ」と書かれたお守りを9日間身につけたのち、それを東の方角へ流れる小川へ肩越しに投げ込むよう勧めた[60]。その後、ライオンの脂肪を患者の皮膚に塗ったり、黄色いサンゴと緑色のエメラルドで飾ったネコの皮を首に当てたりもしたという。

古代の人々は、蚊がマラリアの感染に果たす役割を理解していなかったものの、病気のパターンを観察し、それに応じて行動を変えていた。ローマ帝国では沼地の排水が試みられ、アッバース朝の政府は排水によってバグダッドのマラリアを減らすことに成功している[56]。東南アジアの人々は、蚊の通り道の上に高床式の住居を建設した。マラリアはまた、文化的景観をもつくり出した。湿地や低地とマラリアとの関係から、山間部の人々の多くがマラリアの季節には高地にとどまるようになり、低地に住む人々との文化的な隔たりが拡大した。

アフリカ奴隷貿易によってアメリカ大陸に渡った致命的な種類のマラリアは、旧世界から伝わったほかの病気とともに先住民を襲い、その大半を滅ぼした[56]。アフリカからの奴隷は、マラリアに対する遺伝的抵抗力をもち、多くの熱帯病への免疫を獲得していたため、彼らがアメリカ大陸にもち込んだ病気による人口減少が、奴隷貿易をますます加速させた。結局、アフリカ人奴隷は、免疫をもたない先住民の奴隷やヨーロッパの年季奉公人に取って代わる存在となった。病気に対する抵抗力が奴隷への転落を後押ししたのだ。また、熱帯病に対する遺伝的・後天的な抵抗力があったために、アフリカ人は奴隷船の乗組員としてもよく雇用されていた。

マラリアはほかの病気とともに、アメリカ植民地での政治的な出来事の方向性を決定づけた。1655年、イギリス軍はジャマイカでスペイン軍を圧倒したが、翌年にはイギリス兵のほとんどがマラリアや赤痢で倒れた。[56] 17世紀に入ると、北アメリカの植民地では、マラリアによる死亡者数がほかのどの病気よりも多くなった。[61] 1794～1795年にかけて、イギリスは奴隷の反乱を鎮圧するためにフランスの植民地であるサン・ドミンゴに侵攻したが、マラリアと黄熱で10万人の兵士を失った。その影響でイギリスの力が弱まり、元奴隷たちは1801年にハイチを建国した。[56] 翌年、フランスがハイチに侵攻したときにも、6万人いたナポレオン軍の兵は、マラリアと黄熱に襲われて1万人以下にまで減ってしまった。

ヨーロッパの王国間の戦争、アフリカの植民地戦争、アメリカ南北戦争、第一次世界大戦、ロシア内戦・干渉戦争、第二次世界大戦など、歴史上の多くの戦争でマラリアは同様の事態を引き起こした。[56] 1864年のイギリスの西アフリカでの一連の戦いについて、マラリアが戦争に及ぼす影響を研究する歴史家は、1910年にこう書いている。「敵の姿を見たこともなく、一粒の火薬も使わなかったのだから、とても戦争とは呼べない。我々の軍は病気に負けたのであり、その多くは予防可能だった」[62]。1895年にマダガスカルへ侵攻したフランス軍は、戦闘で13人、マラリアで4000人以上の兵士を失った。[63] 第一次世界大戦のマケドニア戦線では、フランス、イギリス、ドイツの軍はマラリアによって3年間もまひ状態に陥り、フランス軍の兵士の80%近くがこの病気で入院した。イギリス軍は16万2512人がマラリアで入院したが、戦闘による死傷者や捕虜、行方不明者は2万3762人だった。戦争が終わるたび、感染した兵士たちが帰還し、蚊に刺され、各地で新たな流行が起こった。

戦争を引き起こした政治的状況さえも、ある程度はマラリアのせいだったといえるだろう。たとえば、マラリアの発生率が高かったアメリカ南部の州では、アフリカ人が病気にかかりにくいことから奴隷制度の経済的な重要性が高まった。アフリカからの奴隷が増えるほどマラリアも拡大し、結果として生じた南部と北部の疫学的な格差が政治的な差異を生んだ。

同じような症状を引き起こすほかの病気とマラリアを臨床的に区別することはできなかったが、17世紀初頭には、イエズス会の修道士たちがマラリア研究の大きな障害となっていたこの問題を解決していた。南アメリカの木の皮が「間欠熱」と呼ばれていたある種の発熱、つまりマラリアに効果があるとペルーの先住民から学んだのだ。これはキナノキの樹皮で、治療を受けたペルー総督の妻の名にちなみ、「シンコーナ」と呼ばれていた。イエズス会は１６４０年頃キナノキの樹皮をヨーロッパに輸入したが、ほとんどの科学者がその治療法を嘲笑した。[64] しかし、この発見のおかげで、18世紀初頭の賢明な研究者たちはマラリアをほかの病気の発熱と区別し、病気の経過をより正確に把握できるようになったのである。[65・66]

あるイギリス人軍医は、キナノキの樹皮をめぐる論争についてアメリカ独立戦争中に次のように書いている。「ヘッセン人の傭兵は皆、樹皮を激しく嫌った。一方、イギリス軍医のなかには、ごく控えめに使用する者もいた。〔中略〕ヘッセン人の連隊のなかには、ジョージア州での1年間の軍務の間に、この病気とその影響で3分の1の兵を失ったものがあった。ほかにも4分の1以上を失った連隊がある一方、20分の1程度にとどまった連隊もあった。これらの連隊はすべて同じ任務についており、全員が他国からアメリカに渡っていた。死亡率にこれほどの差が出た理由は、樹皮の使い方の違い以外になさそうだった[67]」

1820年、フランスの化学者ピエール・ジョセフ・ペルティエとジョセフ・ビアンネメ・カヴェントゥが、キナノキの樹皮に含まれる四つの有効成分のうち、キニーネとシンコニンを抽出した[56・64・68]。たちまちキナノキ農園とキニーネ抽出が大きなビジネスとなった。ヨーロッパとアメリカではキニーネを製造する化学会社が次々に設立され、近代化学産業が誕生した。キニーネは、特定の病気を治療するためにつくられた最初の西洋医学の薬となり、現代に至る製薬産業に道を開いたのだ[56]。キニーネの普及により、ヨーロッパによるアフリカ植民地化やアメリカによる先住民の征服の勢いが増すことになった。

17世紀後半に顕微鏡が発明されるまで、マラリアの病原体そのものを発見することは不可能であり、実際に発見されるまでにはさらに2世紀以上もかかった。まず、研究者たちは1850年代に、メラニンと呼ばれる黒い色素の粒子がマラリア患者の血液中に存在することを顕微鏡を使って発見した[69]。その後、1870年代にパスツールとコッホが理論的な準備を整えた。病原菌説が確立されたおかげで、炭疽、回帰熱、結核、肺炎、腸チフス、ジフテリア、破傷風、アジアコレラなどの病原菌が、1890年までに立て続けに発見された。細菌学者はマラリアの原因となる微生物も探索したが、この微生物は細菌ではないため、細菌のなかに犯人を探し求めても無駄であった。

マラリアの病原体を発見する重要な糸口になったのは、マラリア患者の血液中に含まれるメラニンだった。メラニンに焦点を当てたフランスの陸軍軍医シャルル・ルイ・アルフォンス・ラヴランは、1870年、25歳のときに医療助手として普仏戦争でフランス軍に従軍し、その輝かしい経歴をスタートさせた[69]。戦後、ラヴランは軍医学校の軍陣医学講座で職を得た。それまでは彼の父親が務めていたポストであった。1878年、アルジェリアのフランス軍病院に派遣された彼は、メラニンがマラリア患者だけに見られるのかどうか、つまり診断基準として使えるかどうかを調べようとした。そしてマラリア患者の血液を詳細に観察した結果、1880年にそれまで知られていなかった生物を発見し、それがマラリア原虫であることを突き止めた。[70] ラヴランはこの寄生虫を視覚化するための染色剤をもっていなかったが、寄生虫が赤血球の中で成長し、赤血球を破壊することで、色素が赤から黒へと変化してメラニンが生成されることを発見した。[69]

ラヴランは、マラリアの寄生虫が細菌ではなく、原生動物に属することを明らかにした。1882年にイタリアの湿地帯に移り住み、そこでもマラリア患者の血液中に同じ寄生虫を発見した彼は、これこそマラリアの病原体であると確信し、この結論を1884年に出版した。[71] 当初、ほかの科学者たちは彼の説に懐疑的であった。しかし、研究結果が再現されたことで、1889年には事実として認められ、ラヴランにはフランス科学アカデミーからブレアン賞が授与された。[69]

ラヴランがタイミングよく原生動物(原虫)に焦点を当てた感染症研究の新分野を立ち上げたおかげで、その一種であるトリパノソーマ(「体をえぐるもの」という意味のギリシャ語に由来)が動物や人間の多くの病気を引き起こしていることがわかった。なかでも、睡眠病の原因解明は大きな成果であった。[69] さまざまな種類のハエがトリパノソーマの媒介となるため、この発見は殺虫剤の標的をはっきりさせることにもつながった。ラヴランは１９０７年にノーベル賞を受賞し、パスツール研究所に熱帯医学研究所を設立するために賞金の半分を寄付した。

ラヴランは、１８８０年に発見した人間に寄生するマラリア病原体が、治療法を見つけるスタート地点にすぎないことを理解していた。次の目標は、人体の外に存在する寄生虫を見つけることだった。彼は湿地の水、土、空気を調査したものの、無駄に終わった。汚い沼地の水を被験者に接種してマラリアに感染させようとした科学者もいた。[65] しかし沼地には寄生虫がいなかったことから、ラヴランは１８８４年に、寄生虫は蚊が運んでいるに違いないと結論づけた。[69] 結局のところ、罹患者の血液中から別の人の血液中に寄生虫が移動するには何らかの媒介者が必要であり、沼地ならどこにでも蚊がいるからだ。ほかの高名な科学者たちもほぼ同じ時期にこの考えにたどり着いた。

熱帯医学の父として知られるスコットランドの医師パトリック・マンソンは、１８７６年に中国で、象皮病（リンパ系フィラリア症）の原因となる寄生虫フィラリアを媒介するのが蚊であることを突き止めた。[72] マンソンの庭師が感染したとき、彼は庭師が寝ている間に蚊に血を吸わせたのち、庭師と蚊の両方から寄生虫を発見し、フィラリアのライフサイクルを明らかにした。驚いたことに、フィラリアの胚は日中は体の奥深くの血管の中に潜み、日没から深夜にかけて末梢の血中に大量に現れるのだ。「フィラリアの習性が蚊の習性に適合しているのは、自然の驚異である。胚はちょうど蚊が食事をする時間に血液中に現れる」[73]。フィラリアの研究に基づいて、マンソンは1894年、蚊はマラリア感染の犯人でもあるという仮説を立てた。[74] 当時イギリスに住んでいた彼は、自分でその考えを検証できなかったため、「私の仮説を、マラリア患者と吸血虫が多いインドなどにいる医学者に注目してもらいたい」と述べている。[74]

コッホもまた、蚊がマラリアを媒介すると推察していたが、その仮説を発表しなかった。[65] こうした仮説は、実はもっと以前、19世紀初頭にすでにあった。[54] 昆虫がマラリアを媒介するという見方が2000年以上前から存在したという記録もあり、イタリアの農民は何世紀も前から蚊のせいにしていた。[58] コッホは、中央アフリカ高地の住民も同じ見方をしていることを発見した。エチオピアでは、毎日硫黄で体をいぶしているからマラリア地帯を安全に通過できると象狩りたちが言っていたという。[75] 同様に、シチリア島の硫黄採掘者のマラリア感染は、ほかの職業に従事する住民の感染に比べてごくわずかだった。また、4万人が住んでいたギリシャのある都市は、地元の硫黄鉱山が閉山した後、マラリアによる死者が増えて衰退した。

蚊の仮説を最も進展させたのは、アルバート・フリーマン・アフリカヌス・キング（父親がアフリカの植民地化に魅せられていたため、このように名づけられた）であった。ジョン・ウィルクス・ブースがエイブラハム・リンカーンを狙撃したとき、アメリカ陸軍の軍医補だった24歳のキングは現場となったワシントン市のフォード劇場にいた。瀕死の重傷を負った大統領を治療しようとした三人の医師のうちの一人だったのだ。[76]

キングは、マラリアの発生地と蚊のライフサイクルとの密接な関連性に基づいて、1883年に独自に蚊の仮説を提唱した。[54] 彼の分析の大半は的確だった。「細菌は針の先に100万個乗るくらいに微小である」[54]

キングによる蚊の仮説の展開は、当時としては最も綿密なものだったが、なかには、自然には目的があるとする19世紀の空想的な考えに基づいた分析もあった。たとえば彼は、マラリアの原因は瘴気ではないと主張し、「どのような自然環境であっても、その土地の空気を吸うことが、危険の警告もなしに死の原因となるようにはつくられていない」と述べている。[54] ヘビの威嚇音のように、自然は危険を警告してくれるものだ。「人間は本来、女性や花のような美しいものを愛する。とはいえ、ヘビもまた美しい。表面の滑らかさ、先細った形、優雅な弾力性、絶対的な対称性、うねるような動きといった、女性の美しさの要素のすべてをヘビも同じように備えている。だが、私たちは片方を愛し、もう一方を嫌う」

キングは、マラリアの感染に蚊が関与している可能性を徹底的に検証し、蚊の駆除をはじめとする一連の防護策を提示した。しかし、実験主義者ではなく、自分の考えを検証する手段をもっていなかったため、[77] 世間からは無視された。

## ハマダラカ（1894〜1902）

世の中が新しい考えを理解するまでには、それがどれほど重要でも単純でも、少なくとも10年はかかるといわれる。蚊がマラリアを媒介するという見方も最初は嘲笑され、人命を救う方策は軽視され、嫉妬され、反対された。[78]

――ロナルド・ロス、1910年

蚊の仮説を実験的に発展させたのは、意外な人物だった。イギリスの科学者ロナルド・ロスは、将軍の息子として生まれ、平凡な成績で学業を終えたのち、1881年に医務官となってインドに赴任した。[69・79] その1年前にはすでにラヴランがマラリアの寄生虫を同定していたが、インドの僻地にいたロスは最先端の科学に触れられなかったため、寄生虫が関係していることを知らなかった。[65] 1889年、ロスはマラリア感染の地理的パターンが旧来の瘴気説と矛盾していることに気づき、この病気を詳細に研究してみたくなった。彼はまず、「腸内の自家中毒」という仮説を論文にまとめて発表した。[80-84] 1892年にはラヴランが寄生虫を発見したことを知ったが、1894年にイギリスに帰国し、恩師からラヴランが正しいと説得されるまではそれを信じようとしなかった。この恩師はロスに、マンソンと連絡をとるように勧めた。[65]

マンソンはロスに寄生虫を見せ、蚊の仮説を語った。[65] ロスは、マラリアの感染経路の特定がいかに重要であるかよくわかっていたので、この仮説に「直ちに強い衝撃を受けた」[65]。そして、ラヴランが同じ考えであったことを思い出し、それをマンソンに伝えた。ロスは、蚊の仮説を「この病気を数多く経験してきた野蛮な部族も信じていた」ことに注目した。[85]「侵入経路がわからなければ、不十分な経験則に基づいて予防策を講じるしかないが、それがわかれば、最も困難な場所であっても伝染病を根絶できるかもしれない[65]」

ロスとマンソンはある計画を立てた。ロスはインドに戻り、(どの蚊が原因になっているのかわからなかったため) さまざまな種類の蚊にマラリア患者の血を吸わせ、蚊の組織内や蚊が卵を産む水の中にいる寄生虫を追跡することにしたのだ。[65] そうすれば、寄生虫が水から人間に移る仕組みを解明できるはずだった。だが、この計画は誤った考えに基づいていた。蚊が卵を産んで死ぬまでに1回しか血を吸わないため、人間から水にしか寄生虫を運ぶことはできず、その後の感染は水の摂取によるものに違いない、とマンソンは思い込んでいた。[74]

ロスは１８９５年にインドに戻り、マラリア感染率の高いインド兵連隊の医務官を務めた。[65] 19世紀後半のイギリス領インドでは、干ばつによる大飢饉（１８７６～１８７８年、１８９６～１９００年）が発生し、[56] イギリス政府はアイルランドのときと同様にこの問題を「市場原理」に任せたため、１２００万人から２９００万人のインド人が死亡した。アイルランドと同じくたいていの死因は熱病であったが、インドの場合はマラリアによる熱病であった。

ロスは、隔離した状態で蚊を飼育し、マラリアに感染していないことを確かめたうえで、マラリア患者の血を吸わせた。そして、蚊の体内で寄生虫が成長する過程を時系列で観察するために、吸血後のさまざまな時点で蚊を解剖した。[65] しかし、顕微鏡を使った過酷な作業を経て、１８９５年末には蚊の組織からマラリアの寄生虫を見つけることはできないと気づいた。[86] ロスはがっかりしながらも、目標に先入観をもってはいけないと悟った。蚊の中の寄生虫と人間の中の寄生虫は同じ姿をしていないのかもしれないのだ。「寄生虫の多くが自在に変化することは、自然が寄生虫の利益のために極めて大きな変化をも命じることができるという警告である[65]」

ロスの熟練した技術をもってしても、1匹の蚊の全組織から寄生虫の細胞を探し出すには少なくとも2時間はかかった[65]。彼はこの点について、1000倍に拡大すると「蚊は馬ほどの大きさに見える」と表現している[65]。また、マラリア患者の血を吸った蚊と、健康な人の血を吸った蚊を見比べる必要もあった。「自分が探している対象の姿形について何の手がかりもなく、調べている昆虫が感染するのかどうかもまったくわからなかった。姿を知らないものを、そこにあるのかどうかわからない媒体の中から探そうとしていたのだ[65]」

ロスとマンソンは、蚊がひとたび水に寄生虫を運ぶと、その水が人間の感染源になると考えていた。これを確かめるため、ロスは1895年、マラリア患者を刺した蚊を水の入った瓶に死ぬまで入れておき、理論上は水を汚染させた[65]。そして、その水をインド人のボランティアに飲ませ、マラリアに感染するかどうかを観察した[87]。同時代の多くの実験者とは異なり、ロスは人体実験の倫理面を考慮していた。「マラリア熱を適切に治療すれば、たいてい軽度の病状で済むため、この実験は正当である[65]」。22人の被験者のうち3人がマラリア水にわずかに反応したが、結論を出すことはできなかった。被験者の多くがインド社会の下層カーストに属しており、報酬で酒を飲みすぎたために、以前かかったマラリアが再発した可能性があるとロスは考えたのだ。

やがてロスは、マラリアを人から人へ媒介しているのは沼地の水ではなく、蚊ではないかと考えるようになった。蚊が淀んだ水の中で繁殖することや、湿地と関係していることはわかっていた[65]。彼は蚊の関与を明らかにするため、さまざまな実験を試みた。疑わしい種類の蚊に、血液中に3種類のマラリアが検出された患者を刺させたのち、ボランティアであるバンガロールの病院の外科医助手を「かなりの回数」刺させた[65]。しかし、助手が感染することはなかった。

ロスはその一方で、自分の発見を否定しようとするイタリア人科学者（主にアミコ・ビニャーミ、ジュゼッペ・バスティアネリ、ジョバンニ・バッティスタ・グラッシ）との対立に気をもんでいた。また、コレラの流行に対処する公務に忙殺されていたうえ、マラリア実験の結果が思わしくないことに落胆していた。「失敗に失敗を重ねながらバンガロールでの滞在が終わりに近づき、自然と自分の研究の根本を考え直さざるを得なくなった[65]」。しかしマンソンは、蚊の仮説を早く証明するようにロスに釘を刺した。（ラヴランを含む）フランスの科学者やイタリアの科学者がロスのすぐ後を追っていたからだ。マンソンは手紙でロスに伝えている。「急いでイギリスに栄誉をもたらしてほしい。〔中略〕危機は迫っていて、今にも燃え上がりそうだ」[88]

ロスは、インドの最もマラリアが多い地域に研究拠点を移すことにした。しかし、インド政府は、アフリディ族との戦いが始まったことを考慮し、医務官としての役割のほうがはるかに重要であると見て、その要請を却下した。[65] そこでロスは、ためていた2カ月の休暇と私財を使ってニルゲリーヒルズ（インド南部のニルギリ山地）でマラリアの調査を行った。当地では標高約1700ｍのレストハウスに寝泊まりし、標高の低い場所には日中しか行かないように注意していたが、マラリア地帯を一度訪れただけで体調を崩してしまった。彼は自分でキニーネを用いて治療し、2週間後に回復した。蚊は非常に少なかったが、その地域のほぼ全員が感染していることがわかった。この調査中にロスは新種の蚊を1匹発見した。それがまさに探し求めていた蚊であることは、もちろんまだ知らなかった。

軍の基地に戻ったロスは、ニルゲリーヒルズで見つけた新種と似た別種の蚊を発見した。[65]どちらもアノフェレス属（「無益な」という意味のギリシャ語に由来）の蚊であった。だが、蚊の分類に疎く、関係資料も入手できないロスは、そのことを知らなかった。彼は名前を特定しないまま、２種類の蚊の見た目や行動を詳細に記述した。そして、これらの蚊を「まだら羽の蚊（ハマダラカ）」と呼んだ。

アノフェレス属（ハマダラカ属）の蚊は大量に生息しており、部隊のマラリア発生率も高かったが、検査に必要な幼虫を見つけられなかったため、[65]ロスはもう一度実験をやり直すことにした。以前検査した種の幼虫を再び集めて成虫に育て、マラリア患者を吸血させた（患者は皆、蚊に刺される訓練を受けていたが、迷信深いインドの現地民にとっては難しい要求だった）のち、さまざまな時点で蚊を解剖したのだ。しかし、芳しい結果は得られなかった。[65]彼は、蚊の各器官、排泄物、腸の内容物に至るまで、さらに注意深く研究した。一日の終わりにはほとんど目が見えなくなってしまうほど過酷な作業だったという。顕微鏡のネジは汗で錆び、接眼レンズにはひびが入った。「両手で顕微鏡を使っているとハエの大群がたかり、私を苦しめた」[65]

１８９７年８月、ロスはついに決定的な発見をした。[89]助手がハマダラカの幼虫を数匹見つけ、これらを育ててマラリア患者の血を吸わせた。何度か解剖をしくじった後、生き残った2匹の蚊を調べることができた。1匹目の蚊を調べても何も見つからず、あきらめかけたとき、その蚊の胃壁に色素細胞を発見した。[65] もう1匹の蚊の胃壁にも同じ細胞があった。「この2匹の観察結果によってマラリアの問題は解決した」とロスは書いている。「確かに、これで物語が完結したわけではないが、手がかりは得られた。未知だった二つの事実、つまり関与している蚊の種類と、蚊の体内における寄生虫の位置や姿が一挙に判明したのだ。大きな困難を乗り越えることができた。その後に得られた多くの重要な結果は、すべてこの手がかりから得られたものだ。まるで子ども向けの簡単な作業のようだった[65]」

ロスは大いに喜んだ。「秘密の泉に触れ、扉が大きく開き、道は光の中へと続いている。科学と人類が新たな領土を得たことは明らかだった[65]」。次の重要なステップは、寄生虫のライフサイクルの研究だった。経験豊富な部下、病院での実験に慣れた患者たち、新たに発見したハマダラカ属の繁殖地が揃っていたため、ロスはこの作業を数週間でやり遂げられると確信していた。だが、何の前触れも説明もなく、政府はロスを約

1600kmも離れた僻地に転勤させた。「この残酷な仕打ちの効力は、他人には理解してもらえないだろう[65]」

一方、ライバルのイタリア人たちは、科学雑誌でロスを激しく非難した。マラリアの感染経路の解明を競うなかで、ロスの発見のあら探しをして、疑惑の目が向けられるようにしたのだ。ロスはこう書いている。「私の観察結果を貶める矛盾を見つけるために、私信さえも一字一句が綿密で悪意のある分析にさらされるはめになるとは思いもしなかった。すべての知識をこれらの出版物から学んだ人たちが、この目的のためにあらゆる策略を駆使してきたのだ[65]」

5カ月間もいらだち続けたのち、ロスはようやくマラリアの研究に復帰することができた。マンソンがインド政府やインド医療団に働きかけて、ロスを1年の任期でマラリア専門の研究職につけさせたのだ[65]。しかし、ロスはそこでも困難に直面した。今度は官僚主義や科学者同士の対立、適切な蚊がいないことなどではなく、暴動が原因だった。当時、インドでは腺ペストが猛威を振るっていた。ロスが新しいポストに就く直前、インド政府は実験的にカルカッタ市民にペストの予防薬を接種しようとした。これが

「ヨーロッパ人の多くがリボルバーで武装して出歩かざるを得なくなる」ほどの大規模な暴動を招いた[65]。ロスによれば、「無知な民衆は、イギリスがペストの予防接種ではなく、ペスト菌を接種しようとしているのだと考え、ヨーロッパ人のハキム（医師）を見ただけで恐怖におののき、わずかでも接種しようとすればすっかり取り乱した[65]」という。その後、ロスは病院のマラリア患者を研究に使うことを禁じられた。

　そこでロスは、マラリアにかかったインド人の物乞いにお金を渡し、研究に参加させようとした。しかし、「血液を検査するために指に針を刺そうとすると、彼らはたいてい金を置いたまま、松葉杖を手に取って、何も言わずに逃げ出していった[65]」。ロスは次に、マンソンの勧めで、人間のマラリアによく似た鳥類のマラリアの研究に乗り出した。人間のボランティアではなく鳥に感染させるのなら、「殺人だと非難される」心配がないからだった[88]。

　ロスは飼育していた蚊に、感染したヒバリ、スズメ、カラス、ハトなどを刺させ、マラリアを媒介することを確かめた[65]。また、蚊にさらに多くの血液を与えると、数日どころか1カ月でも生き続けることが判明した。これは重要な発見だった。蚊が人から人へ病気を媒介するのに十分な期間を容易に生きられることがわかったからだ。この発見は、ロスがマラリア原虫の詳細な発生過程を解明する際だけでなく、ほかの者が黄熱の感染経路を発見する際にも役立った。

ロスは急いで綿密な報告書を作成し、「これらの観察結果は、パトリック・マンソン博士が説いた蚊のマラリア媒介説を証明するものである」と結んだ。[65] しかし、またしてもイギリスの官僚に妨害され、インド担当の国務大臣の許可を得なければ調査結果を発表できなくなった。そこでロスは、マンソンに出版を依頼した。この出版によって、「それまでほとんど信用されていなかった」ロスの研究はようやく注目されるようになった。[65] 同じく批判を浴びていたマンソンは、ロスの成果を詳細に紹介した記事のなかで、「私は、病理学界のジュール・ヴェルヌだと非難されたり、『思弁的な思考』に支配され、『先入観という占い棒に導かれている』とささやかれたりしてきた」と書いている。[90]

ロスの知名度が上がり、研究の重要性が認識されても（インドのマラリアによる死亡者数は1日1万人と見積もられていた）、政府はロスの援助要請を却下した。[65] ラヴランやマンソンをはじめとする専門家が、ロスの研究を蚊のマラリア媒介説の証明として認めたにもかかわらず、政府はロスの研究が「確認」されるまで支援しなかった。ロスは、政府の支援がなかったために研究が1年以上遅れ、インドでの適切な予防措置の展開も数年は遅れたと推定している。「実際のところ、人は何か不可解な理由から、自分たちを滅ぼす大病の原因究明がとてつもなく重要だとは決して認めようとしないのだ[65]」

そうした状況下でもロスは研究を続け、1898年7月、マラリア原虫の胞子が蚊の唾液腺に集まっていることを発見した[65,91]。蚊に刺されると、唾液とともに胞子が血液中に入り込み、マラリアに感染するのだ。彼はその後、マラリアに寄生された蚊に健康な鳥を吸血させることで、蚊が寄生虫を媒介することを実験的に証明した[91]。「毎年何百万もの人を殺し、大陸全体を闇で覆っている大病の正確な感染経路が明らかになった[65]」。ロスはこの重大な発見をマンソンに電報で伝えた（二人は1895～1899年に200通以上の手紙を交わしている[79,92]）。

ロスにはもう一つ重要な仕事が残っていた。人間も鳥と同じようにしてマラリアに感染すると証明することである。ところが、別の病気の研究を任されたために、またしても仕事が滞った。その間に多くのライバルたちが、ロスがイギリスやフランスに送った標本を大急ぎで分析し、彼の発見を再現しただけでなく、その功績が自分たちのものであると主張した。[65] 数年の間は、ロスの研究成果がライバルのイタリア人たちの功績として認められていた。ロスは彼らの実験が「性急で信頼性に欠け」「仮説の好みに惑わされて」「根本的な誤りに陥っている」と書いている。[65] 彼らが称賛されていることに、ロスは憤っていた。「発見とは発見することである。類似の事実を確定させたり、細部を補ったり、美しいイラストを公表したり、すでに確実な事柄を正式に証明したりすることは有用ではあるが、発見ではない[65]」

イタリア人のアミコ・ビニャーミは、1898年末に感染した蚊から人間を感染させることに成功した。[93] 多くの人は、ビニャーミが蚊による人間へのマラリア感染を初めて実験的に証明したとみなしたが、先に鳥類への感染を実証していたロスは、わかりきった実験結果だったと考えていた。「ビニャーミの実験は、あらかじめ成功が確信できるような形式的なものにすぎなかった[65]」

1898年末、ロスはカルカッタに戻ってマラリアの研究をすることを許された。だが、過酷な仕事とストレスで体力を使い果たし、健康を損ねてしまった。[65]「一つのテーマについて、長い間不安を抱きながら研究を続けたが、それに伴う労苦や失望、そして成功さえも、私には重すぎたのだ[65]」

イギリス政府はロスの研究にほとんど関心を示さなかったが、興味をもつ者も現れ、まもなくコッホをはじめとする著名な科学者たちが積極的に追跡調査を行うようになった。[65] ロスが発見した蚊による感染を最初に再現したのはコッホだった。彼はイタリア人たちと同様に、自分が蚊の仮説を証明したのだと主張したが、[65,88] ノーベル賞の選考ではイタリア人ではなくロスを支持した。[88]

1900年、マンソンは（イタリアで良性のマラリアに感染し、イギリスに送られてきた）ハマダラカに、長男のパトリック・サーバーン・マンソンを刺させた。実の息子という稀有なボランティアだった。[58,94] パトリックはマラリアを発症し、（医学校の卒業試験に合格する数日前に）キニーネによる治療で回復したが、9カ月後にマラリアが再発し、さらに狩猟休暇中に2度目の再発を経験した。世界初となる実験的なマラリアの再発例だった。[79,95,96] この実験は、イタリア人たちがすでに行ったことの再現だったが、マラリ

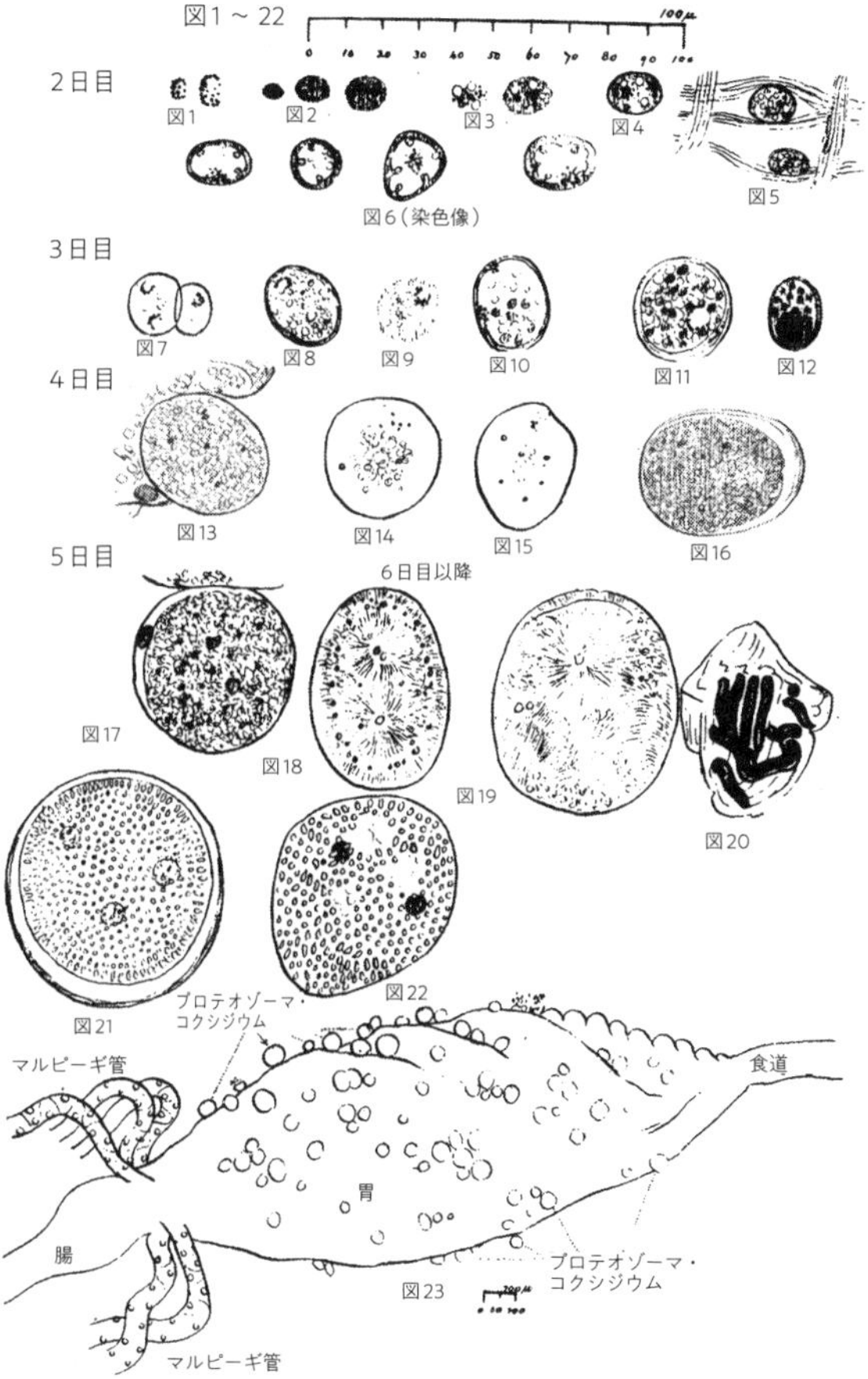


**図2.1**　蚊の体内で育つマラリア原虫を描いたロスのスケッチ（図23は発生から6日目の原虫が入った蚊の胃袋）。[65]

アのないイギリスで行われ、実験以外で偶然マラリアに感染した可能性がなかったため、蚊の仮説に懐疑的だった人々を納得させることができた。マンソンの息子は、マラリア実験の2年後にクリスマス島で銃の事故により亡くなっている。まだ25歳の若さだった。[58・96]

マンソンはまた、イタリアのマラリア地帯で蚊の排除実験を行った。マラリアが蔓延《まんえん》するなかでも、蚊が入れない小屋で夜を過ごしたボランティアたちは、マラリアにはかからなかった。[94] 1900年にイタリアで行われたさらに大規模な実験では、蚊のいない場所で過ごした113人の鉄道作業員はマラリアにかからなかったが、蚊のいる場所で過ごした作業員50人のうち49人は発病した。[97] 一方、コッホも素晴らしい業績を上げ続け、ジャワ島のアンバラワ渓谷では、子どもは流行性のマラリアにかかることが多いが、大人はかからないこと、つまり免疫を獲得していることを発見した。[98]

その後、コッホらは熱帯地方でヨーロッパ人入植者に感染するマラリア原虫の発生源が、現地民の子どもであることを発見した。そのため、イギリス、ドイツ、フランス、ベルギーは、特に熱帯アフリカでヨーロッパ人の隔離を推し進め、時にはヨーロッパ人の家の近くにある現地民の小屋を取り壊すことさえあった。[99] ナイジェリアでマラリアを研究していたあるイギリス人は、次のように書いている。「ヨーロッパ人を現地民から完全に隔離することが、この病気から確実に逃れられる唯一の方法である[99]」。また、コッホはドイツ領東アフリカで、キニーネがマラリア原虫を殺すことを発見した。キニーネはドイツの植民地化を推進するために利用されるようになった。[56] ほかの植民地大国も、キニーネによる治療と隔離政策を併用した。

一方、ロスはマラリア研究を続けるための追加任務を政府から得られず、やむなくイギリスに帰国した。出発前、彼は自分の研究結果に基づき、蚊帳《かや》の使用やハマダラカの駆除によるマラリア予防をインド政府に進言した。[65] 助言は無視されたが、ロスは単に蚊が人から人へとマラリアを媒介することだけでなく、淀んだ水の中で繁殖する特定の種類の蚊が犯人であるという研究結果が重要であることを理解していた。ロスは「ハマダラカを駆除すればマラリアを根絶できる」と興奮気味に書いている。「我々は何と優れた武器を手中に収めたことだろうか[65]」

リバプール熱帯医学学校の最初の講師として新たな地位と設備を得たロスは、

1899年8月、マラリアに関する重要な研究を完成させるために西アフリカの植民地シエラレオネへ出発した。「私はついに（ホメロスの『オデュッセイア』に登場するオデュッセウスのように）、対立する神々が仕掛けた数多くの災難を乗り越え、故国イタケーにたどり着いた」[65]。そして、わずか2週間のうちに、感染したハマダラカを見つけ、その中のマラリア原虫を特定し、吸血実験を行い、ハマダラカが淀んだ水たまりでしか繁殖しないことを立証した。[100・101]「危険な蚊がハマダラカ属に限定されることがわかれば、問題はかなり単純化される。ハマダラカ属の蚊すべてに宣戦布告すればよいのだ。聡明なヨーロッパ人なら誰でも、この属の幼虫を見分けられるだろう[85]」

処理しなければならない水たまりを判別するには、ハマダラカの幼虫の存在を調べるだけでよかった。[65] ロスの研究チームは、熱帯地域で採用するべき効率的な公衆衛生の原則を定めた。ハマダラカが繁殖する水たまりの排水や「殺蚊剤」（蚊を対象とした殺虫剤）による処理、ヨーロッパ人の隔離、網戸による公共の建物の保護、マラリア患者の隔離、個人での蚊帳の使用などである。[100] ロスはまた、誤った感染経路を意味する「マラリア」という病名を、アメーバ状の病原体とその血液への感染を意味する「Hæmamoebiasis」

に変えようとしたが[101]、定着しなかった。彼はさらに、「蚊」を意味する古英語（gnat）を用いた「gnat-fever」という病名も提案している。

新しい技術の発展によって、感染者や蚊が急速に移動するようになり、マラリアはかつてないスピードで拡大した。ヨーロッパ人が植民地化を進めたアフリカなど熱帯地域では、鉄道網が発達するとともにマラリアの発生率も上昇した。とりわけ鉄道技術者はマラリアに苦しめられた[101]。線路を敷設する際には、盛り土をするために路線に沿って一定の間隔で穴を掘る。人が寄りつかなかった地域を横断して蚊にとって理想的な繁殖地ができ、餌となる人間たちも供給されるようになったのだ。マラリア原虫は感染者の体内にとどまったまま世界中に張りめぐらされた鉄道網を移動し、新たな地域に広がっていった[56]。

マラリアが国家の繁栄に与えた影響について、ロスは次のように述べている。「マラリアが非常に多い地域では成功するはずもない。金持ちはそうした場所を避けるし、その他の人々も病のせいで重労働ができないからだ。そのような地域は、少数の惨めな住民を除き、ほとんどの人に見捨てられることになる[78]」。そして、マラリアのせいで「ほかの地域と比べて、熱帯全域が文明の完全な発展には不向きとなっている」と強調する。[78] ロスは1902年にノーベル賞を受賞し、受賞スピーチのなかでこう述べた。「マラリアは、特に肥沃で、水が豊富で豊かな土地、つまり人間にとって最も価値のある土地に発生する。そこでは野蛮な現地民だけでなく、文明の開拓者である農園主、商人、宣教師、兵士も確実に襲われる。野蛮さの主要かつ巨大な支援者となっているのだ。未開の砂漠も、野蛮な民族も、地理的な困難も、この病気ほどには文明にとって有害ではない[65]」

ロスは、アフリカでのマラリアの発生率が特にひどいことを知り、次のように言う。「広大で肥沃なアフリカ大陸全体を人類から奪ったといっても過言ではない。我々が暗黒大陸と呼んでいる土地は、マラリア大陸と呼ばれるべきだろう。何世紀もかけてアジア、ヨーロッパ、アメリカに押し寄せてきた文明の波は、この死の海岸でむなしく砕け散ってしまった[65]」

目覚ましい科学的業績を上げたのち、ロスは防蚊運動を精力的に行い、蚊の幼虫を駆除する改良型の安価な殺虫剤の開発が必要だと訴えた。「高等動物を傷つけずに幼虫を殺すことができ、地面の窪みに撒いておけば、水たまりが生じても長期間幼虫が生息できなくなるような、安価な固形物でなければならない」[101]。しかし、今回も政府が積極的に取り組むことはなかった。

ロスは、蚊の生息する水たまりの水を抜くか、当時の最も優れた殺蚊剤であった灯油で駆除することを勧めた[101]。彼以外に、テレビン油、硫酸鉄、タール、石灰、ペパーミントオイルなどをオリーブオイルに混ぜて使うように提案した者もいた。イギリス政府は、蚊の撲滅は不可能であるとロスに通告した。しかし、エジプトやキューバの町でこの方法を試したところ、マラリアが80％減少したという研究者の記録が残っている。ハバナでは、１９０１～１９０２年に行った蚊の駆除活動により、１７６０年以来続いていた黄熱の発生率が激減した[65]。ロスは１９０２年に次のように書いている。「この問題をめぐる闘いは、もともとの問題と同じくらい厳しいものだった。だが、それも今や終わりを迎えようとしている[65]」

エジプトやキューバでは成功したものの、使用できる殺虫剤はまだ不完全だった。

１９０１年にナイジェリアを訪れたイギリスのマラリア調査団は、殺虫剤を使って家を燻蒸すると、「蚊よりもヨーロッパ人を追い出すことになる可能性が高い」と報告している。[99] 重要な転機となったのは、「パリスグリーン」と呼ばれる顔料から蚊の幼虫駆除用の殺虫剤が開発されたことだった。パリスグリーンは、1868年にアメリカでコロラドハムシに対して初めて大規模な殺虫剤散布を行った際に使用されたもので、[102] ピレトリンという除虫菊の花から抽出した天然成分を添加すれば、蚊の成虫も殺せるようになるのである。[56] とはいえ、ピレトリンは短時間しか効かないため、大規模に使用することはできなかった。

マンソンとロスの共同研究は残念な結末を迎えた。マンソンがロスの医師としての臨床能力を批判したせい（およびマンソンの貢献をロスが軽視したせい）で、二人の関係が険悪になったのだ。結局、ロスはマンソンを名誉毀損で訴えた。[88] ロスは、同僚やライバルとの関係に悩まされながらも、あるいは悩まされたからこそ、医学研究の明るい未来に希望を抱いていた。「人類にとって最大の敵である病気の研究ほど、人類全体にとって重要な事業はない。将来、物語が結末を迎えるとき、この分野の熱心な学生が、私に与えられた以上の支援を受けることができたならば、私の労苦は十分に報われたと

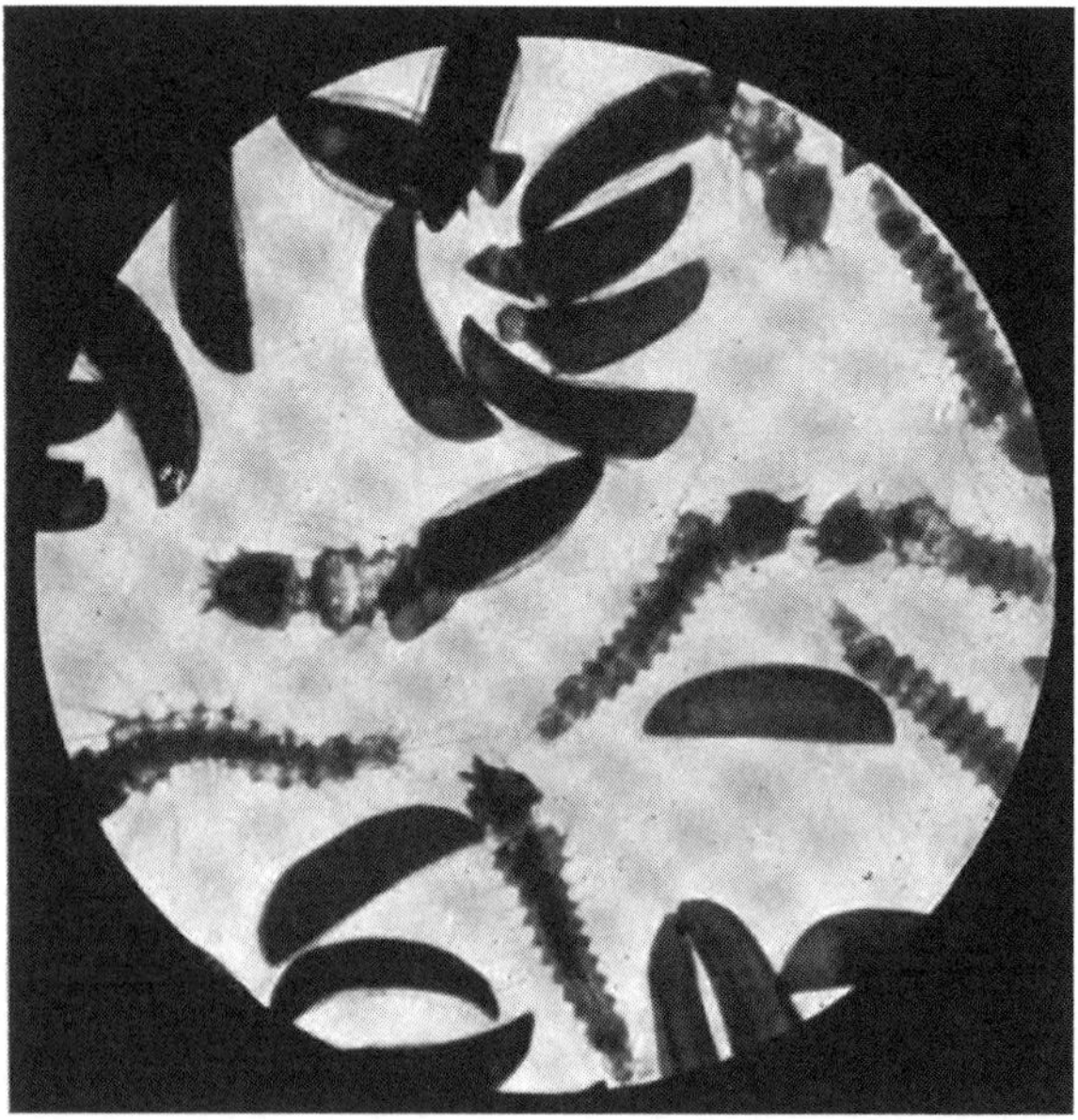

**図2.2**　1901年にナイジェリアを訪れたイギリスのマラリア調査団が撮影した写真。ハマダラカの幼虫が孵《ふ》化《か》した後のさまざまな段階が確認できる。[99]

いえるだろう[65]」

# 第3章

# 黄熱（1793〜1953）

私は夕方になると朝を待ち望むようになった。朝が来て、その日の仕事の見通しがつくと、今度は夕方になるのを待ち望んだ。[103]

——ベンジャミン・ラッシュ（フィラデルフィアの医師）、1794年

黒吐病《こくと》とも呼ばれる黄熱の話は、マラリアの話とよく似ている。アフリカで発生したこの病気は、ヨーロッパ人による植民地化の障害となった。[104] 黄熱は兵士、商人、入植者、奴隷とともに新世界に渡り、[105] アメリカ大陸の先住民に大きな打撃を与えた。[104] 免疫力の高いアフリカ人奴隷の価値が上がり、奴隷制度はさらに強固になった。黄熱はまた、新世界の植民地の政治的状況にも影響を与えた。最も大きな影響を受けたのは、誕生まもないアメリカ合衆国であった。

1793年、サン・ドマング（現ハイチ共和国）で奴隷の反乱が起き、フランス人入植者たちは逃亡を余儀なくされた。夏にフィラデルフィアに到着した人々のなかには、黄熱に感染している者もいた。その船内の水桶には、密航者が隠れていた。黄熱を媒介するネッタイシマカの幼虫である。8月にはフィラデルフィアで熱病が発生し、11月初

旬までにフィラデルフィアの人口の10%が死亡した。[106]

財務長官アレクサンダー・ハミルトン夫妻が9月5日に発病し、ほかの有力者たちも次々と発病した。[106] 経済的に余裕のある人々は、説得されるまでもなく逃げ出した。人口の40%がフィラデルフィアを去り、残ったのは貧しい人々や病人、そして勇敢にも人助けのためにとどまった人々であった。この災厄のニュースが広まると、東海岸の町や都市は、フィラデルフィアから人や物を入れまいとした。デラウェア州ミルフォードに入ろうとしたフィラデルフィアの女性は、タール羽の刑（さらし刑の一種）に処せられた。また、近隣の町の住民はフィラデルフィアからやってくる船を沈めた。

フィラデルフィアの医師や医療従事者のほとんどは逃げ出した。元奴隷たちが新たに設立した「自由アフリカ人協会」だけが病人を助けるボランティアの看護組織だったが、危機が去ったのちには、価格を吊り上げたり盗みを働いたりしていたと非難された。[106] 政治評論家のマシュー・ケアリーは、流行が収まった1793年11月に出版されベストセラーとなった本のなかで、多くの犠牲を払いながら働いた黒人看護師たちをさんざんにけなしている。「看護師の需要が極端に高まると、黒人のうち最も下劣な者たちがこの機会に飛びついた。1晩の看護に2ドル、3ドル、4ドル、なかには5ドル請求する者もいたが、本来は1ドルで十分に足りるはずだ。病人の家で略奪していたことが発覚した者すらいた」[107]。このような人種差別的な批判は、黒人作家によるものも含む奴隷制反対の記事を発表し、感染流行時に市政を監督する委員会にボランティアで参加していたケアリーらしくないものだった[106]。

　自由アフリカ人協会のリーダーを務めたアブサロム・ジョーンズとリチャード・アレンは、１７９４年1月にケアリーに対する反論として『１７９３年にフィラデルフィアで起きた大災害時の黒人たちの行動に関する物語、および最近の出版物で投げかけられた非難に対する反論』[108]を出版した。これは、アフリカ系アメリカ人が人種差別的な非難に異議を唱えた最初の書物として知られている[106]。自身も元奴隷であったジョーンズとアレンは次のように言う。「必要なときに少しも援助をしなかったにもかかわらず、私たちの仕事に対する報酬については好き放題に非難する多くの声に、非常に心を痛めている[108]」

　確かに高額な報酬が支払われる場合もあったが、それは病人たちが看護師を雇うために競り合った結果だった。当の自由アフリカ人協会は、人々を助けたせいで負債を抱えていた。ジョーンズとアレンは、もしケアリーがこの町から逃げ出さなかったとして、病人の看護や死者の埋葬のために何かしただろうかと問うている。白人による窃盗には触れず、黒人を泥棒と決めつけて「より黒くしようとする」理不尽な企みに彼らは失望していた。「私たちが模範とするべき白人の多くが、人類を震え上がらせるような行動をとっている」。たとえば、「ある白人は、死体を持って家の前を通ったら撃つぞと脅してきた。３日後、私たちはその人を埋葬することになった」。多くの場合、隣人や友人は互いに助け合おうとせず、白人患者の世話をして体調を崩した黒人看護師は路上に放り出され、孤児は捨てられた。ジョーンズとアレンは、「悪名は消すよりつけるほうが容易である」として、黒人による英雄的行動を一つひとつ検証した。

　黄熱のせいで黒人が非難されたのは、これが初めてではなかった。実際、著名な医師のなかには、黄熱と奴隷貿易との関連性に着目し、黄熱の原因は「黒人の体から出る瘴《しょう》気《き》」であると推測する者もいた。[105]「黒人の体の構造と、排泄器官としての皮膚のより広範な機能により、限られた空間、特に湿度が高く暖かい環境のなかに閉じ込められると、彼らは空気を最も不快で不潔な状態にしてしまう。事実、このように汚染された空気を吸い込むことほど、吐き気と憂鬱をもたらすものはない[105]」。この医師は、黒人によって空気が汚染されることで、白人の間に黄熱が流行するのだと結論づけている。

病人を治療するためにとどまった最も著名なフィラデルフィアの医師は、独立宣言の署名者の一人であるベンジャミン・ラッシュだった。アメリカ初の独立黒人教会を創設しようとするジョーンズとアレンの活動を支援していた人物である[109]。病人の診療は悪夢のような作業だった。「荒れ狂い、見るも恐ろしい」患者について、ジョーンズとアレンは次のように書いている。「患者たちは血を吐き、恐怖で身も凍るような叫び声を上げ、〔中略〕なかには理性を失い、逆上して暴れ、強いけいれんを起こして死んでいく者もいた[108]」。ラッシュはこう伝える。「ある患者は、夜中になると目を覚まし、揺らめくほのかなロウソクの明かりに浮かぶ(部屋の片隅で眠る)黒人看護師のほかは、誰の姿も目にすることがなかった。また、隣人や友人を墓に運ぶ霊柩車の音以外、何も聞こえていなかった。このような患者に効く薬などあるだろうか[103]」

流行の始まりとともに逃げ出した人々のなかには、新しい国家の首都フィラデルフィアに住んでいた建国の父たちもいた。ジョージ・ワシントンは、ジェームズ・マディソンに宛てた手紙に、連邦政府の主要人物のほとんどが突然「欠席せざるを得ない私的な事情」を抱えるようになったと書いている。[110] しかしその数日後には、ワシントン自身もフィラデルフィアを離れ、マウント・バーノンの屋敷に戻ることを決めた。このとき陸軍長官ヘンリー・ノックスに政府の運営を任せたが、ノックスもまた逃げ去った。

ワシントンがフィラデルフィアを放棄したことで、憲法上の危機が発生した。トマス・ジェファーソンとマディソン（この感染流行で未亡人となったドリー・ペイン・トッドとのちに結婚している）が、フィラデルフィア以外の場所でワシントンが議会を召集することはできないと主張したため、この非常時に連邦政府が閉鎖されたのだ。[106,110] そのようにした理由は明確だった。イギリス国王がかつて、予告なしに遠隔地で議会を召集するという政治的策略をとっていたからである。流行がやや収まると、建国の父たちは近くのジャーマンタウンに集まった。ジェファーソン、マディソン、ジェームズ・モンローは、人であふれ返った酒場の床やベンチで寝泊まりするしかなかった。[106] 安全が確認されたのち、フィラデルフィアに議会が召集され、緊急時にはフィラデルフィア以外の場所でも大統領による議会の召集を認める法律が成立した。
この危機の間、連邦政府だけでなく、ペンシルベニア州政府やフィラデルフィア市庁も、議員の死や逃亡によって機能がまひしていた。市長のマシュー・クラークソンは市内に残り、非合法の臨時委員会をつくって市政に当たらせた。[111] 委員会のメンバーは、「自宅の煙突の煙以上のことはほとんど知らないような人たち」であったという。[106] このような者たちが、伝染病によって空白となったリーダーたちの穴を埋め、統治者の役割を果たしたのだ。
翌年の1794年、フィラデルフィアで再び黄熱が流行し、1796年、1797年、1798年にも発生した。[106] 黄熱の影響を受け続けることで行政機能の低下が予想され、フィラデルフィアは政府の所在地としての魅力を失ってしまった。ジェファーソンはラッシュに宛てた手紙に、「黄熱は我が国の大都市の成長を妨げるだろう」と書いているが、それが必ずしも悪いことだとは考えていなかった。都市とは「人間のモラル、健康、自由にとって有害なもの」だからだという。[112]
ジョン・アダムスも伝染病のプラス面について指摘している。当時はちょうど、アメリカとフランスの関係をめぐる議論が緊張の頂点に達しており、新しい共和国を不安定にしかねない恐れがあった。だが、病気が流行したせいで政治的対立の重要性が失われ、そうした激しい論争も霧散してしまった。アダムスはジェファーソンに宛てて次のように書いている。「フィラデルフィアのクエーカー教徒でさえも、最も冷静で堅実な者たちは、黄熱以外の何ものも政府に対する全面的な革命から合衆国を救えなかっただろうと述べていた[113]」

多くの有力者が、フィラデルフィアの不潔な水道を感染源とみなして非難したため、市は市営水道が必要だと判断した。１７９９年にベンジャミン・ラトローブによって建設されたこの水道が、アメリカ初の市営水道となった[114]。汚染された水は黄熱の原因ではなかったが、水道が建設され、多くの井戸や貯水槽が撤去された結果、蚊の繁殖地はなくなった。

ラトローブは、アメリカにおける最初の専門的な建築家であった。フィラデルフィアの水道を完成させたのち、ワシントン市の国会議事堂の建設を監督し、それが１８１４年にイギリス軍によって破壊されると、臨時の議事堂の建築を担当した。その後、

1820年にニューオリンズで流行した黄熱によって亡くなっている。[114]

黄熱が初期のアメリカ政治に与えた影響よりも、フランスのアメリカ植民地にもたらした運命の逆転のほうがさらに重要であろう。フランスは、北アメリカ大陸への進出に先立って、ハイチに軍隊を駐留させるつもりでいた。しかし、ハイチの奴隷の反乱とフランス人入植者の逃亡により、その計画はつまずいた。ナポレオン・ボナパルトは、1801年のハイチの反乱に対して、義弟のルクレール将軍に強大な兵力を与えて派遣した。[106] フランス軍は元奴隷から支配権を奪うために15万人のハイチ人を虐殺したが、その後、ルクレールを含む約5万人の兵を黄熱で失った。[115] 生き残った数千人の兵は逃げ出し、独立を回復したハイチの奴隷たちが世界初の自由黒人の共和国を誕生させたことで、フランスは西部の軍事拠点をなくした。弱体化したナポレオンは後退し、1803年にルイジアナ植民地をわずか1500万ドルでアメリカに売却した。[115] その結果、アメリカの国土は倍以上となった。この新領土は現在の15州にまたがり、東西はミシシッピ川からロッキー山脈、南北はメキシコ湾からカナダにまで至っている。

19世紀後半、1881年から1889年にかけてフランスが行ったパナマ運河の建設は、黄熱とマラリアで３万人の労働者が死亡したために失敗に終わった。[106] 運河の掘削とフランス人の使った水槽が無数の蚊の幼虫を育てる温床となり、世界中から集まった労働者が蚊の食料と感染流行の発生源になった。この状況もアメリカにとってはプラスに働いた。アメリカは１９０４年に運河建設を再開し、大西洋と太平洋を結ぶ海運を可能にするアメリカ大陸の運河領有権を獲得した。20年近く前にフランスが失敗した事業をアメリカが成功させることができたのは、マラリアや黄熱を媒介する蚊の発見のおかげだった。

とはいえ、アメリカも黄熱には大いに悩まされている。フィラデルフィアを襲ったのちにも、黄熱は19世紀を通じて国中で猛威を振るい続けた。[116] １７９１～１８２１年には毎年マンハッタンを襲い、１８５８年にも大流行を起こした。[106] 当地ではアイルランド移民が疑われ、病気のアイルランド人は停泊したばかりの船からスタテン島の海洋検疫病院に運ばれた。１８５８年９月１日には、黄熱を恐れるあまり１０００人もの暴徒がこの病院から病人を追い出し、病院を焼き払った。[117] 彼らは医師の家や近隣の病院にも放火し、警察や消防が火を消すと、再び戻ってきてすべてを焼きつくした。

19世紀には、ボストン、ボルチモア、モービル、モンゴメリー、ノーフォーク、ポーツマス、サバンナ、チャールストン、ジャクソンビルでも黄熱が流行した。[106] 1853年にはニューオリンズで8000人が亡くなり、1873年と1878年にはメンフィスで7000人が死亡している。[118] ニューオリンズでは、19世紀中に黄熱の流行が39回も起きた。アメリカ南部の港湾都市では、1850〜1900年の間、ほぼ毎年黄熱の流行があった。発生しなかったのはそのうち7年のみで、1861年は南北戦争中の北軍による封鎖があったために、南部は黄熱の被害を免れている。[119]

黄熱の感染を抑える対策はとられていたが、病原体や媒介生物には効果がないものばかりであり、ほとんど意味をなさなかった。たとえば、南部で黄熱が流行した際、南部の郵便物はホルムアルデヒドで燻蒸された。[106] 感染者の侵入を防ぐために、線路を壊したり橋を燃やしたりした南部の地域もあった。[120]

アメリカ南北戦争の死傷者の死因は、ほかの多くの戦争と同じく、主に病気であった。この戦争では、黄熱を生物兵器として使おうとする動きもあったようだ。[121] 南軍の二重スパイによると、ケンタッキー州の医師ルーク・プライアア・ブラックバーンは、バミューダ諸島の黄熱患者に汚染された衣類を送らせ、北部の都市で黄熱の流行を引き起こそうとしたという[122]。彼は同じ方法でリンカーン大統領を暗殺しようと企て、汚染された衣類の小包を送ったとされる。

戦後、ブラックバーンはアメリカ南部で発生した黄熱流行のうち数回にわたって感染者を治療した。１８７３年にメンフィスで流行した際には英雄と呼ばれたが、それは「すでに死んでいるか絶望的な状態にある妊婦の胎児に洗礼を施すため、帝王切開を行うことを申し出た」唯一の医師だったからだ[123]。この点において彼は、「母親への浅はかな同情心から、神によって運命づけられた二つの生命を人間から奪ってしまうことがよくある」ほかの医師たちとは対照的だった。また、対立する医師が自分の診療の邪魔をしていると非難し、公衆の面前で杖を使って相手の頭や肩をたたくことでも知られていた。こうした行為が当時の人々からは称賛されたのだ[123]。彼はまた、流行中に治療した12人家族のうち唯一生き残った10歳の少女の面倒を見ることを約束した。ところが、故郷ルイビルの街中を少女を連れて練り歩き、一緒に新聞に登場させた後、カトリックの寄宿学校に入れてしまい、結局一銭も支払わなかった。このとき、彼はすでにケンタッキー州の知事になっていた。

「黄熱」という病名は感染者の皮膚の色に由来し、「黒吐病」という呼び名は字義通り吐血することからきている。18世紀後半、植民地であったジャマイカでの黄熱の症状を説明した医師は、病気が進行するにつれ、「黄色みがあっという間に増し、たいていは全身がオレンジのような色や、アメリカ先住民の皮膚のように濃い色になった。言いようのない不安に襲われ、嘔吐が止まらず、ついにはコーヒーのかすのようなものを吐くという恐ろしい症状まで表れた。〔中略〕それは煤《すす》のように真っ黒であることが多かった」と記している。[67] また、フィラデルフィアの医師は次のように言う。「患者は常に吐き気をもよおし、黒っぽいフレーク状の物質を吐き出す。少量の場合もあれば、何パイント、何クオート、何ガロンも吐くこともある。〔中略〕四肢は冷たくなり、皮膚は縮み、体は死臭を帯び、胸、首、顔、腕、そして多くは全身のいたるところが濃い黄色になり、やがて生命活動が停止し、腐敗した肉の不快な塊だけが残される[124]」。これほど的確に症状を説明しているにもかかわらず、1804年に発表されたこの論文の著者は、いかなる描写力をもってしても患者の表情を伝えることはかなわず、「ラファエロやホガースの筆を挫き、シェイクスピアの努力をあざ笑う」ほどであると述べる。

熱病の区別がつきにくいことは、医師たちを大いに悩ませ、治療が失敗に終わる要因にもなった。マラリアがキナノキの樹皮によって臨床的にほかの熱病から区別できるようになったのちも、ほとんどの熱病に対してはまだ原始的な治療が行われていた。18世紀後半のある医師は書いている。「医学者は２００年以上もの間、推測から推測へと渡り歩いてきたが、いまだこれらの推測が終わりに近づく見込みはない[67]」

黄熱に対してはさまざまな治療法が試された。それは瀉血《しゃけつ》だったり、からし浴だったり、紅茶、塩、ブランデー、ラム酒などに浸した毛布で体を包むことだったり、アヘンとワインの投与だったりした。また、頭を剃って体を温水に浸した後、冷たい塩水をバケツで頭にかけることも行われた[67,125]。医師たちは水銀や毒草を投与して嘔吐や下痢を誘発し、患者から病気を取り除こうとした[124]。１８７８年にメンフィスで流行したとき、地元の新聞は読者に対して、冷静になり、悪いウイスキーを避け、いつも通りの生活を続けたうえで、「できるだけ明るく振る舞い、できるだけ笑う」ように勧めた[106]。ある著名な医師は、「飲酒、夜更かし、ギャンブルでの興奮など、あらゆる種類の放蕩は病気の蔓《まん》延《えん》を助長し、死亡率を高める」と述べている。[126]

医師の間では、各々が推奨する治療法の効果をめぐって激しい論争が巻き起こっていた。ベンジャミン・ラッシュは積極的に瀉血することを好んだ。これは、ベンジャミン・フランクリンから渡された[106]ある医師の手紙[127]に、バージニア州で黄熱が流行した際に役立ったと記されていたことから採用した治療法だった。フィラデルフィアでの流行時、ある著名な医師(ラッシュのプリンストン大学での同級生)はラッシュの極端な瀉血について、「蚊があなたの足から血を吸うのと同じくらいの気軽さで」ヘルメットを満杯にするほどの血を抜いていると言って批判した。[109] また別のある医師は、「市民の多くをあの世に送ってしまう悪質な治療法」だとした。[106] こうした批判に対して、ラッシュは反発した。彼は妻への手紙にこう書いている。「同業者の妬みや憎しみが最近激しさを増している。彼らは自分たちの過ちを恥じ、自分たちの殺人を悔やみ、世間に許しを請う代わりに、罪の意識と狂気をすべて、彼らを有罪にした人物を罵ることに注ぎ込んでいるのだ[128]」

ラッシュの瀉血と下剤による治療を受けようとする人は非常に多く、患者は路上で瀉血しなければならないほどだった。彼は自由アフリカ人協会の協力を得て800人の瀉血を行った。[108]彼のほかにも瀉血を治療法として採用する医師はいた。ある医師は「採血は大量に、オンス単位ではなくポンド単位で行ってもよいだろう」と書いている。[124]

フィラデルフィアでは、酢に浸したハンカチを鼻に当てたり、火薬を燃やして空気を浄化したりするなど、さまざまな予防策がとられた。[106]病気を予防するためにタバコを吸う人もいれば、ニンニクをかじる人、家の中でマスケット銃を撃つ人、床を土で覆う人もいた。一部の医師は、自分たちが自由に使える手段が貧弱であることを理解していた。「我々の医学の通常手段は貧弱であり、何か効果的なことができるとしたら、専門家に共通する意見としては、ほとんど無謀に思える手段によってのみである」[67]。病気の進行が進むと、「我々の仕事は、死体を蘇生させようとするも同然のことばかりになった」。しかし、一般市民は「精神的に落ち込む」べきではなく、「最も悪質な伝染病でも死亡率が25％を超えることはほとんどないと覚えておくべきだ。つまり、4人のうち3人は回復する見込みがある[126]」と述べている。

1870年代に病原菌説が登場すると、黄熱の専門家の多くは、黄熱もまた生物によって引き起こされると推論したが、発見は不可能に思えたため、挫折してしまった。1876年に、ある黄熱の研究者は次のように書いている。「毒が無形で、計量できず、どの感覚にも認識できないのであれば、その毒の本質に関する明確な知識を得ることはできない[129]」

当時の医療では、いったん感染するとその進行を止める方法がなかったため、病気の予防が重視された。ルイジアナ州のある医師は、恐ろしい黄熱感染が繰り返し発生するなかで、1878年に「どこにでも存在する病原菌を、その生息環境を害することなく、下等な生物のみを破壊する何らかの薬剤で攻撃すること」が目標だと記している[116]。この「見えない敵」を攻撃するために、亜硫酸ガス、硫酸鉄、石灰、希釈した石炭酸（フェノール）が消毒剤として使われた[116・126・130]。残念ながら、費用のかさむこうした取り組みは効果が出なかった。というのも、駆除すべき害虫は、衣類に付着した「羽のない微小動物」ではなく、蚊が媒介するウイルスだったからだ。

1878年の流行では10万人以上のアメリカ人がこの病気にかかり、その5分の1が死亡した。これを受けて、アメリカ合衆国議会は原因究明と解決策の発見のために黄熱委員会を発足させた。[131] １６９３年にボストンで初めて発生して以来、アメリカの領土内ではそれまでに少なくとも88回にわたって黄熱の流行が起こっていた。ほぼすべての症例が西インド諸島から船でもち込まれたものであり、「これまで用いられてきた換気、消毒、浄化といったあらゆる方法を駆使しても、黄熱が驚くほどしつこくまとわりついてくる」ため、船は特に危険視された。委員会は、「黄熱は生命を脅かし、商工業を破壊する敵とみなして対処するべきものである。〔中略〕地球上のどの大国を見ても、アメリカほどの災厄を被っている国はない」と述べる。また、黄熱は特定の条件下で「しばしば流行に至らないことがある」というが、その因果関係を明確に示すことはできず、「黄熱の流行を引き起こす未知の要因が発見されれば、人類にとって大きな恩恵となるだろう」と結論づけている。

## ネッタイシマカ（１８８０～１９０２）

陸軍長官の命により、キューバ島で流行している感染症について科学的調査を行うため、キューバ・ケマドスのキャンプ・コロンビアで会合する軍医委員会の組織を指示する。委員は以下の通り。

アメリカ陸軍軍医ウォルター・リード少佐
アメリカ陸軍軍医補ジェームズ・キャロル
アメリカ陸軍軍医補アリスティデス・アグラモンテ
アメリカ陸軍軍医補ジェシー・ラジア

委員会は、陸軍軍医総監からリード少佐に伝えられる指示全般に基づいて行動すること。[132]

――特別命令第１２２号、陸軍本部、１９００年5月24日

この恐ろしい伝染病の原因を覆う不可解なベールを取り除き、合理的で科学的な土台の上に据えることが、私と私の部下たちに許された。〔中略〕人間の苦しみを和らげる取り組みに、いつか何らかの形で参加することを許されないものだろうかと

いう、二十数年来の祈りが届いたのだ！[133]

――ウォルター・リード、１９００年12月31日、妻エミリーへの手紙

マラリアの場合と同じように、黄熱と蚊の関係を指摘する鋭い観察者は、そうした考えが真剣に取り上げられるようになるずっと前から存在していた。アラバマ州で働いていたジョサイア・ノットは、１８４８年に黄熱の毒やほかの「瘴気病」の毒が昆虫によって媒介されているという仮説を立て[134]、大気中の毒物によって流行のパターンを説明することには無理があると指摘した。「１８４２年と１８４３年に発生した黄熱が、天候の影響を受けながら1カ月以上にわたって家から家へと移動していく様子は、徴税人を思わせた。どちらも風向きは気にしないが、雨の中の移動は好まないからである」。同様に、１８５４年、フランスの科学者ルイ＝ダニエル・ボーペルテュイは、蚊が人を刺すときに汚染物質を撒き散らし、黄熱を引き起こしているのだと考えた[135]。しかし、彼の仮説の検証を任された委員会は、「正気の沙汰とは思えない」と断じた[132]。

ノットの考えを聞いたほとんどの人は却下したが、キューバの医師カルロス・フィン

レイは実験的に研究する価値があると考え、*Aedes aegypti*（ネッタイシマカ）という種に集中して研究を行った。黄熱が流行する地域には、繰り返し血を求めるネッタイシマカが共通して生息しており、この種が流行の発生時に近い気温で活動的になることに注目したのだ。[136] 彼はフィラデルフィアの流行について書いたベンジャミン・ラッシュの本を読んで以来、蚊が原因だと考えるようになったという。ラッシュが「蚊（病気が発生する秋につきもの）が異常なほど多かった」と記していたからだ。[103]

1880年、フィンレイは蚊に黄熱患者の血を吸わせた後、自分を含む5人の健康な人を刺させた。[136] すると、被験者の一人が軽い黄熱を発症した。だが、蚊が黄熱を媒介するというフィンレイの発表は、人と人との接触によってのみ感染すると考える者たちからの激しい非難を浴びた。蚊の仮説が真剣に受け止められるようになるまでには、それから20年を待たなければならなかった。

皮肉なことに、人から人への感染方法に対しては、ペンシルベニア大学の医学生であったスタビンス・ファースによって1世紀近くも前に反証されていた。1802～1803年の間にフィラデルフィアで黄熱が流行した際、ファースは黄熱の患者から黒い吐瀉物《としゃぶつ》と血液を採取し、自分の手足につくった傷口にそれを塗った（ネコやイヌでも同じ実験を行った）[124]。また、鉄製のスキレットで吐瀉物を焼いて煙を吸ったり、吐瀉物を錠剤にして飲み込んだり、採取したばかりの吐瀉物や血液を食べたり、吐瀉物を右目に点眼したりした。しかし、こうした方法では発症しなかったため、さらに黄熱患者の血液、唾液、汗、胆汁、尿などを自分に注射した。

ファースはこれらの実験を根拠に黄熱は伝染しないという論文を書き、１８０４年に発表した。彼はこの結論が最も重要な点であると考えていた。なぜなら、「人は熱を出すとすぐに大切な友人や親戚から見捨てられる。妻は夫の部屋を、夫は妻の部屋を、子どもは親の部屋を、親は子どもの部屋を避け、報酬目当ての思いやりのない黒人や、酔っ払ったような看護師の世話になる」ことになるからだ[124]。彼はまた、黄熱が伝染しないことを証明すれば、経済に大きな打撃を与えている検疫法が廃止されるだろうと見ていた。しかし、１世紀後の研究で明らかになるように、ファースは部分的にしか正しくなかった。体液からは感染しないという直観は、血液を除くなら正しかったといえる。ファースはどういうわけか、血液の注射実験でも感染を免れていた。また彼は偶然にも、黄熱を撲滅するために淀んだ池を破壊したり、草地の水を抜いたりする方法を提案している。とはいえ、それは蚊の駆除が目的だったのではなく、清潔な環境をつくる必要があると考えたからだった。

フィンレイは、誰にも相手にされなかった時期にも蚊の仮説をあきらめず、むしろ公衆衛生の役に立つと信じて自説を発展させた。彼は黄熱に感染した蚊を使って健康な人にワクチンを接種すれば、黄熱に対する免疫ができるのではないかと考えていた[137]。キングやコッホがマラリアについてそうした見解を述べていたからだ[75]。フィンレイは67人に予防接種を試み、彼らに免疫を与えたと主張した[138]。しかし、このうち4人は黄熱を発症し、1人が死亡した。さらに、イエズス会とカルメル会の司祭49人に対して実験を繰返し、蚊を接種していない司祭32人と比較した。その結果、接種しなかった司祭のうち5人が黄熱で死亡した。「感染した蚊は、健康な被験者を刺した後、その感染力を部分的に、もしくは完全に失っているように見える。だが、同じ蚊が黄熱患者を連続して刺すと、感染力はさらに強まるようだ[138]」。被験者は皆、黄熱が蔓延する環境に住んでおり、フィンレイには患者が蚊に黄熱をうつせる期間（感染後3日間）も、蚊の中の病原体の潜伏期間（蚊が感染力をもつ前の10日から16日間）もわからなかったため、決定的な結論は出せなかった。[139]

１９００年、アメリカ陸軍軍医総監ジョージ・スタンバーグは、キューバにアメリカ陸軍黄熱委員会を設立した。このときキューバは米西戦争でアメリカの手に落ちたばかりだった。委員会設立のきっかけとなったのは、キューバ遠征中にアメリカ兵の間で黄熱が流行したことである。アメリカ軍がキューバをはじめとする熱帯地域の占領を成功させられるかどうかは、黄熱との闘いの結果次第であった。スタンバーグは、アメリカ陸軍軍医のウォルター・リードを委員長に任命した。

努力家で優秀だったリードは、17歳のとき、バージニア大学でわずか1年で医学博士号を取得し、その1年後にはニューヨーク市のベルビュー医科大学でもう一つ医学博士号を取得した。[140] ニューヨーク市で医師として働いたのち、アメリカ陸軍の軍医補となった彼は、多くの開拓地で勤務し、有名なアパッチ族の戦士ジェロニモを治療したこともあった。あるときリードは、大やけどを負った4歳か5歳の先住民の捨て子を助けた。彼はその女の子を快復させ、自分の子どもたちの世話をさせることにした。１９０６年にリードの伝記を書いた作家は、この慈善行為についてこう書いている。「この子が大人になりかけた頃、野蛮なアパッチの血が騒ぎ出した。〔中略〕15年間の親切、優しさ、上品さが、この人種の残酷で欺瞞《ぎまん》的な性格を変えられなかったことを十分に証明した後、彼女は逃げ出したのだ[140]」。リードは18年間にわたって主にアメリカの開拓地で軍務を果たしたのち、少佐の階級でワシントン市の陸軍医学校に勤めていた。

リードの指揮のもと、委員会にはほかに3人の軍医が参加した。まだ34歳だったジェシー・ラジア、そしてジェームズ・キャロル、アリスティデス・アグラモンテである。ラジアは、蚊がマラリアを媒介するという2年前の発見についてすでに知っており、1881年にフィンレイが発表した「蚊が黄熱を媒介する」という仮説の論文も読んでいた。1878年にパトリック・マンソンによって蚊が象皮病を媒介することが発見され[72]、1892年にセオボールド・スミスとフレデリック・キルボーンによってマダニが牛をバベシア症に感染させることがわかり[141]、1894年にデビッド・ブルースによってツェツェバエがアフリカ睡眠病を媒介することが明らかにされるなど[142]、その頃には病気の媒介者となる昆虫がほかにも見つかっていた。ラジアは、フィンレイの黄熱に関する実験の欠点を認識していた。彼の実験によって結論は出せず、対照実験によって再現する必要があった。一方、スタンバーグとリードは、蚊の仮説が突飛すぎると考えていた。スタンバーグに言わせれば、それは「無駄な調査」であった。[143]二人はイタリアの細菌学者ジュゼッペ・サナレリが提唱した病原菌説の研究を優先させた。

サナレリはちょうどその頃、黄熱患者から細菌を発見していた。彼はそれを*Bacillus icteroides*（黄疸菌）と名づけ、[140・144]マウス、モルモット、ウサギ、イヌ、ネコ、サル、ヤギ、ヒツジ、ロバ、ウマといった数多くの動物を使って実験を行った。[144]また、（本人の許可を得ずに）５人にその微生物を注射し、うち３人が死亡した。この実験により、黄熱の原因を特定したサナレリは一時期、科学界の有名人になった。[106]彼は次のように豪語している。「今までは不明瞭で間違って捉えられていた発症メカニズムのすべてを、まったく予想外の観点から照らし出すには、数は少ないが非常に成功したこれらの実験で十分である[144]」。とはいえ、彼の人体実験を犯罪とみなす者もいた。いずれにせよ、黄熱患者の血液を調べたリードの委員会が、その細菌が実は血液サンプルに混入した豚コレラの一種であったことを突き止めると、サナレリへの称賛は鳴りを潜めた。[132・137・145-147]

本人に知らせずに被験者を医学研究に利用したのは、サナレリだけではなかった。彼より1世紀ほど前、エドワード・ジェンナーは赤ん坊だった自分の息子を豚痘《とんとう》と天然痘に感染させたのち、有名な天然痘ワクチンを開発した。その子は健康を害したまま育ち、21歳で亡くなった。[143] スタンバーグとリードは、1895年の共同研究で、孤児院の子どもたちを対象とした天然痘ワクチンの実験を実施した。[148] 彼らはまた、自分の体を使った実験も行っていた。その代表例は、自分の尿道（および末期の患者3人の尿道）に淋菌の培養液をこすりつけるスタンバーグの実験である。しかし、この実験では彼を含め、誰も感染しなかった。

サナレリの説が崩れたことから、リードは蚊の仮説の検証に時間を割くことをラジアに許可した。委員会のメンバーは、研究を進めるためには人体実験が必要であることを認めるとともに、ほかの人を危険にさらすのであれば、自分たちも被験者にならなければいけないという倫理観をもっていた。[149] しかし、4人の委員のうち自分を被験者にすることが可能だったのは、当初はラジアだけだった。リードはワシントン市での仕事があり、キューバ生まれのアグラモンテには免疫があると思われ、キャロルは島での別の任務で手が離せなかった。

　ラジアと数人のボランティアたちは、黄熱患者から吸血した蚊に自分の腕を刺させた。[132]だが、発症はしなかった。キャロルは蚊の仮説に懐疑的だったが、結局はラジアの蚊のうちの1匹に自分の腕を差し出した。この1匹が蚊の感染力を証明し、キャロルは実験によって感染した最初の人間となった。しかし委員会には、蚊に刺されたことが感染の原因であると決定的に証明することができなかった。[137,145]二人目の感染者は、ウィリアム・ディーンという不運な兵士だった。ラジアがテントで蚊を用意していたとき、たまたま入ってきたのが彼だったのだ。[132]「先生、まだ蚊をいじっているんですか？」とディーンが言うと、ラジアは「そうなんだ。ひと刺しされてくれるかい？」と尋ねた。ディーンは「もちろん。そんなの怖くないですから」と答えた。ディーンが感染したことで、委員会は蚊が黄熱を媒介していることを確信した。[137]キャロルは死にかけたが、最終的にはキャロルもディーンも回復した。キャロルは憤慨し、委員会のメンバーが自ら被験者となって蚊の実験をしていたときにリードがいなかったのはあまりに都合がよすぎる、と妻への手紙に書いている。[149]委員会は実験の中止を決めた。

ラジアはその後、意図通りか否か、蚊に刺されて黄熱に感染した。[132, 137] マサチューセッツ州で第2子を出産し、療養中だった妻のメイベルは、「ラジア博士は今晩8時に亡くなりました」という電報を約2週間後に受け取った。[149] 彼女は夫が黄熱にかかったことを知らなかったので、死に至った経緯を聞こうとしてキャロルに手紙を書いた。「夫がどのようにして黄熱にかかったのか、もっと詳しく知りたいところです。昨日受け取ったウッド将軍からの便りには、黄熱患者を刺したばかりの蚊に自分の体を刺させたと書かれていいます。将軍の勘違いである可能性はないのでしょうか？　夫が仕事を愛していたことは知っていますが、仕事への熱意からそこまでするとはとても思えません」[150]

ラジアの日誌を読んだリードは、彼がわざと感染したと推測したが、自殺とみなされたりすれば彼の家族が生命保険金を受け取れなくなるかもしれなかった。[143] その日誌はリードのオフィスから消え、次に現れたのは50年後のことだった。

リードは大急ぎで、蚊が黄熱を媒介する証拠の詳細をまとめて発表した。[137] だが、この記事は大きな非難を浴びた。1900年11月2日の『*Washington Post*』紙の社説には、次のように書かれている。「これまで黄熱に関する愚かで無意味な話が発表され続けて

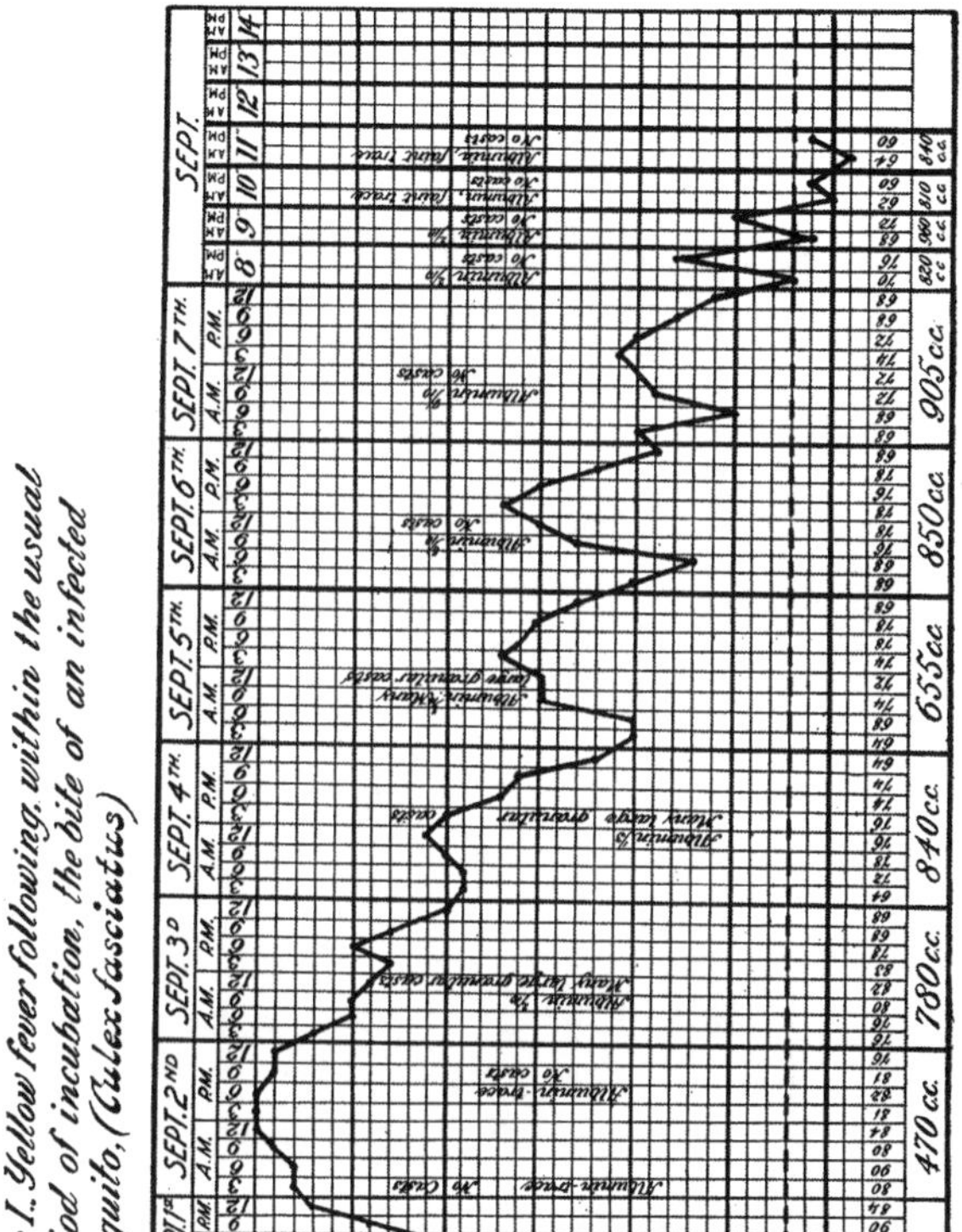


**図 3.1**　キャロルの体温表。[137]「通常の潜伏期間内に、感染した蚊（ネッタイシマカ）に刺されて黄熱に罹患した場合」との見出しがついている。

きたが、そのなかで最も愚かなものは、蚊の仮説が生み出した議論と理論だろう[106]」

生き残った3人の委員は、さらなる研究が必要であることをよく理解していた。アグラモンテは言う。「実験的な二つのケースと偶発的な一つのケースだけでは十分な証拠にならず、こうしたわずかな証拠に基づいた意見に医学界が必ず疑いの目を向けるであろうことは、十分にわかっていた[132]」。リードには、疑う余地なく蚊の仮説の正しさを証明する必要があった。彼はキューバの新しい施設「キャンプ・ラジア」で適切な実験を行うため、1万ドルの予算を確保した。

実験には健康な兵士が選ばれ、検疫にかけられた[132]。その後、3人の兵士は蚊を遮断する網戸で保護された「汚染服舎」に20日間収容された。彼らには、黄熱犠牲者の血や黒い吐瀉物、汗、糞尿などに浸されたマットレス、枕、枕カバー、シーツ、毛布、タオル、衣類が与えられた。初日に汚れた衣類の詰まったトランクを開けたとき、一人は吐き気をもよおした。しかし、彼らはそこにとどまり、「言語に絶するような汚物と強烈な悪臭のなかで、ほとんど眠れずに夜を過ごした[132]」。汚物や吐物にまみれたものをずっと使っていたにもかかわらず、彼らも後から実験に加わった者たちも、黄熱に感染する

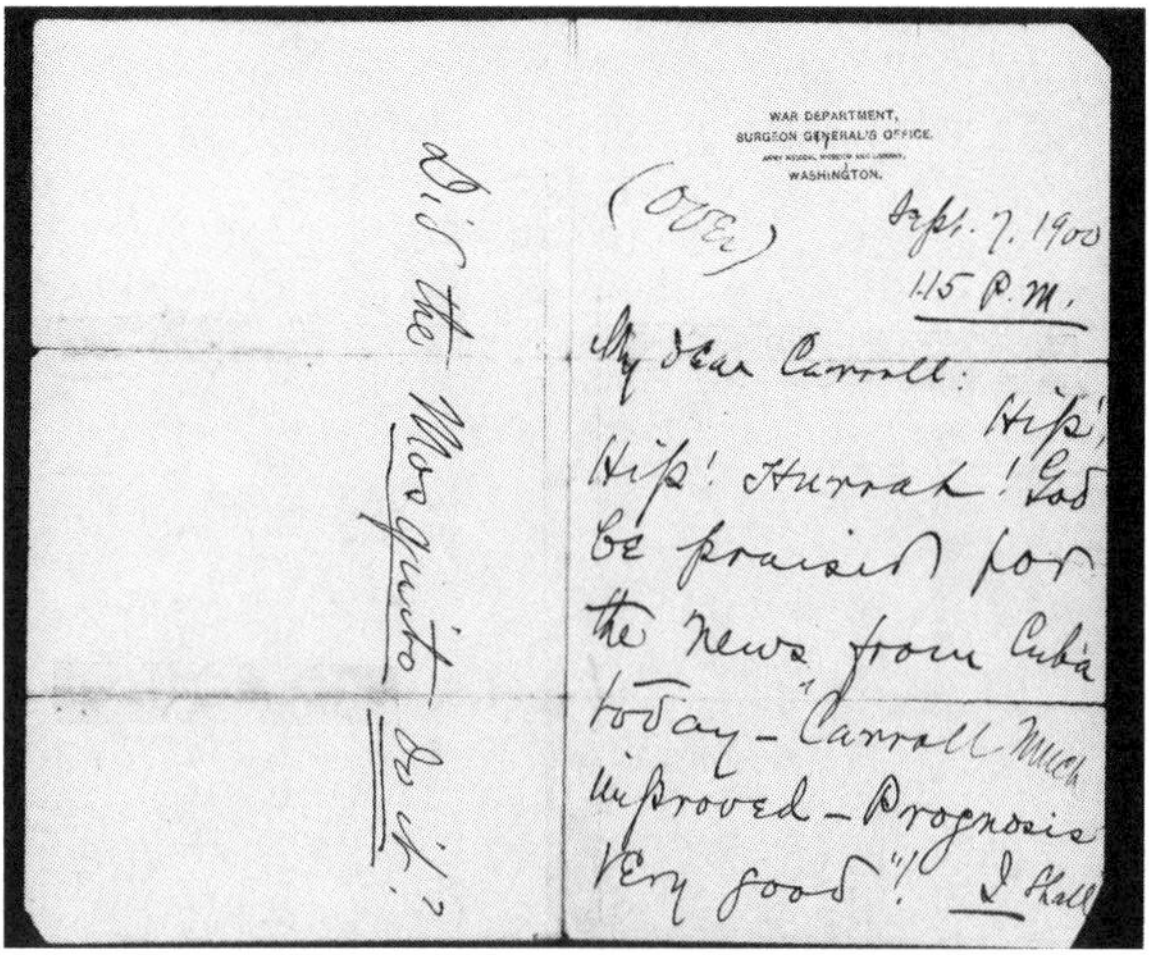
WAR DEPARTMENT,
SURGEON GENERAL'S OFFICE.
WASHINGTON.

(Over)

Sept. 7. 1900
1.15 P.M.

My dear Carroll:
Hip, Hip! Hurrah! God be praised for the news from Cuba today — Carroll much improved — Prognosis very good!
I shall

Did the Mosquito do it?

**図3.2**　ワシントン市滞在中にキャロルが回復したことを聞き、リードが送った手紙。「親愛なるキャロル。万歳！　今日キューバから、キャロルが大分よくなり、予後も良好だという神に祝福された知らせが届いた」。裏面には「蚊がやったのか？」と書かれている。（バージニア大学のヘンチ・コレクションより）

ことはなかった[151]。委員会が予想した通り、黄熱は汚染された衣服や布団、空気を介して広がるわけではないのだ。長年にわたって黄熱患者の遺品は捨てられたり燃やされたりしてきたが、この実験により、それが資源の無駄づかいであったことが証明された。

ほかのボランティアは、殺菌された寝具が備えられた「蚊舎」に収容された[132]。アグラモンテは、病院で黄熱患者の血を吸った蚊をこの建物に運び入れ、ボランティアを刺させていた。感染した蚊の入った虫かごをバッグに入れ、馬車で行き来していたとき、馬が蒸気式ローラーを見て驚き、すごい勢いで坂道を駆け下り始めた。馬車は横転し、彼は道路に投げ出された。「しかし、蚊は無事だったので、キャンプ・ラジアに到着後、キャロルに引き渡し、その後の世話を頼んだ」とアグラモンテは言う[132]。この実験の対照群として、二人のボランティアが建物内に蚊を入れない点以外は同じ条件のもとで過ごしたが、黄熱に感染することはなかった。

委員会は、蚊の実験のボランティアを探すのに苦労した。「数人の男性が被験者になると言ってくれていたが、いざそのときになると、誰もが蚊に刺されるより『汚染服』の実験のほうがよいと言い出すのだ[132]」。そこでアグラモンテは、波止場に降り立ったスペイン人移民をキャンプの軽作業に採用した。「彼らは十分な食事を与えられ、テントをあてがわれ、蚊《か》帳《や》の下で眠った。仕事といえば1日8時間、休憩を挟みながら敷地内の小石を拾い集めることだけだった」。この間にアグラモンテは彼らの経歴を調べ上げ、未成年者、不健康な者、熱帯に住んでいた者、扶養家族がいる者などを解雇した。そし

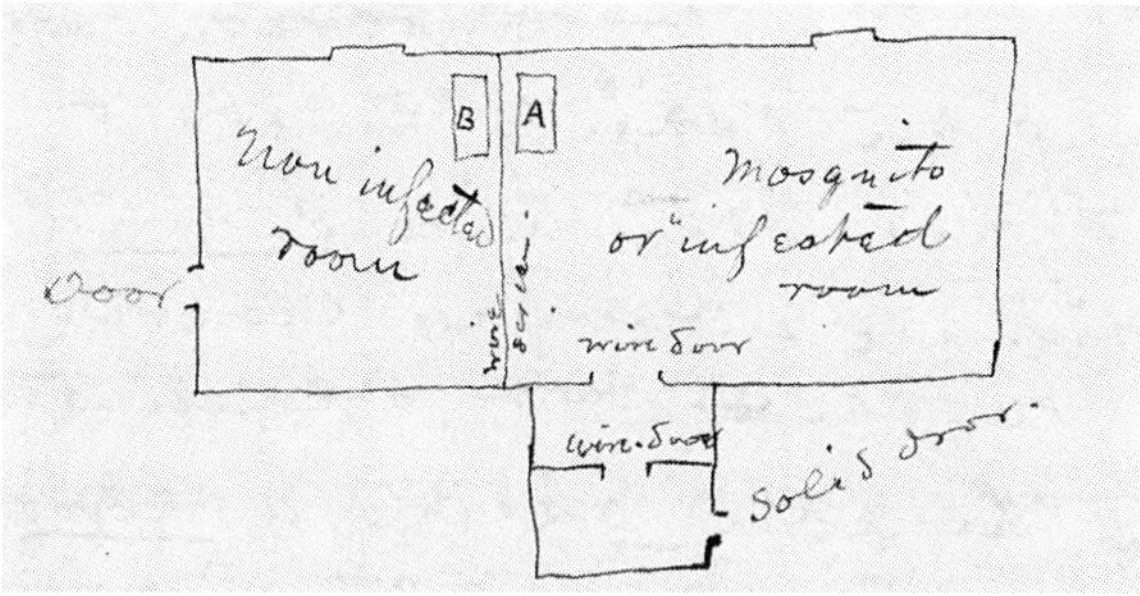


**図3.3**　リードが作成したキャンプ・ラジア2号舎の間取り図。1900年11月27日に妻に送った手紙に描かれたもの。（バージニア大学ヘンチ・コレクションより）

て残った者に対し、蚊舎で刺されたら１００ドル、病気になったらさらに１００ドル与えることを告げた。「もちろん、葬儀費用がかかる可能性については口にしなかった」。研究チームは、その後の人体研究では標準となるインフォームド・コンセントを人体実験において初めて採用したのだ[149]。

蚊に刺されたボランティアの一人、陸軍二等兵のジョン・キッシンジャーは、無償で実験に参加した最初の人物であると同時に、最初に発病した人物でもあった[132]。対照実験で黄熱に感染したのは、彼が初めてだった。一命はとりとめたものの、彼はその後の人生を病人として過ごすことになり、精神障害も患った。[143]キッシンジャーより後に感染したボランティアのなかには、彼と一緒に報酬を断った元ルームメイトのジョン・モランもいた。[118]モランはアメリカに移民したアイルランド人で、10歳から自活し、21歳のときにアメリカ陸軍病院隊に入隊した。[152]モランの熱が急激に上昇したとき、リードは「モランさん、今日は私の人生で最も幸せな日の一つです」と伝えた。[153]モランはキッシンジャーと異なり、完全に回復した。

汚染服舎にいたボランティアのなかには、蚊の実験にも参加した者がいた。[132]彼らは汚れた衣類や寝具に触れても病気にならなかったが、感染した蚊に刺されると発病した。リードは妻に手紙で伝えている。「一緒に喜んでくれ。ジフテリアの抗毒素やコッホの結核菌の発見を別にすれば、これは19世紀の科学界で最も重要な仕事とみなされるだろう。大げさでも何でもなく、黄熱の素晴らしい伝染方法の証明を天が許してくれたことに、私は快哉を叫んでいるのだ[140]」

スペイン人移民のボランティアのなかに蚊舎から黄熱病棟に運ばれる者が出ると、ほかの移民ボランティアたちはパニックに陥って逃げ出した。[132]リードは次のように書いている。「それまで冗談めかして蚊を『食卓を飛び回る無害な小バエ』にたとえていた気のいいスペインの友人たちが、突如として科学の進歩にまったく興味を示さなくなった。自分たちの利益さえも一瞬で忘れ、キャンプ・ラジアとの関係を断ち切ってしまったのである。個人的には、彼らが去ったことを多少なりとも嘆いたが、我々の管理の及ばないところに身を移した彼らは、最も適切な判断をしたのだと思わざるを得なかった」[154]。ハバナでは、ボランティアの骸骨がぎっしり詰まった石灰窯があるという噂が流れたり、アメリカ人が移民に毒物を注射していると報道されたりしていたが、実際に亡くなったのはラジアだけだった[132]。

委員会の任務はまだ終わっていなかった。蚊の実験に成功し、黄熱の病原体が感染者の血液中にあることを確信した彼らは、血液の注入実験を始めた[132]。まず患者から２㏄を採血し、ボランティアに注射する[155]。ボランティアが発病したのち、その人から１・５㏄の血液を採取し、ほかのボランティアに注射すると、また発病した。この実験をさらに数人のボランティアに対して行ったが、発病しなかったのは一人だけだった[132]。病原体が血液を通じて人から人へ伝染することによって、人間は流行時の病原巣となっていたのだ。

また、別のボランティアに患者の血液0・5ccを注射したところ、黄熱にかかった。続いて、以前黄熱に感染したことのある4人のボランティア（キッシンジャー、モランほか2名）に患者の血液を注射したが、誰も発病せず、彼らが免疫を獲得していることが立証された。[151] リードは自分が最後のボランティアになると決めていたが、実験の直前に名乗りを上げたジョン・アンドラスという男性が代わりを務めることになった。患者の血液を注射されたアンドラスは死にかけたが、やがて回復した。しかし40年後、彼は体が麻痺してワシントン市のウォルター・リード病院に入院することになった。黄熱の影響が脊椎に残っていたせいだとアンドラスは確信していた。[143]

アグラモンテは次のように報告している。「こうして蚊を使った実験は終了した。やむなく人間を対象とした実験となったが、幸いにも死者を一人も出さずに、黄熱に対する標準的な衛生管理方法を一変させることになった」[132]。蚊を防ぐという対策の効用は今や明白となった。「単に蚊から病人を守り、蚊を大規模かつ徹底的に駆除し、蚊の繁殖を防ぎさえすれば、地域社会での流行を根絶できるのだ。この災いを永遠に取り除くために必要な措置は、それだけである」[132]

実験のわかりやすさは、リードの委員会を支持する科学的合意を引き出した。『*Washington Post*』紙も蚊が黄熱を媒介することを認めるようになったが、「学術的な証明のために多くの人を殺すのではなく、媒介生物の根絶に専念するべきではないのか」と委員会を批判した。[143] 実際、１７９３年の流行時に、フィラデルフィアのある住民が水桶の中にいる蚊の幼虫を殺すべきだと提案していた。[106] だが、彼のアイデアは人々の起こした騒ぎに紛れて消えてしまった。

フィンレイはパトリック・マンソンに、リードはロナルド・ロスになぞらえられた。[143] フィンレイはノーベル賞の有力候補に7回も挙げられながら、ついに受賞することはなかったが、キューバで最も有名な医師となった。その功績を称えるパーティーで、彼は自分の研究を次のように要約している。「20年前、確かな兆しに導かれ、未開の土地に足を踏み入れた私は、そこで粗い石を発見した。それを拾い上げ、有能で忠実な同僚であるクラウディオ・デルガド博士の助けを借りて、注意深く磨きながら調べ上げた結果、ダイヤモンドの原石を発見するという結論に達した。しかし、誰も私たちの言葉を信じようとはしなかった。それから数年後、この仕事に精通した専門家からなる委員会が設立され、短期間のうちに、その輝きに誰もが目を奪われるような宝石を原石から取り出した[156]」

アグラモンテは、フィンレイが黄熱の蚊による感染説を唱えたことを評価していたが、フィンレイの実験は意味がなかったと考えていた。「フィンレイが考えた根本的な真実（蚊が感染を媒介するという事実）は、発表された当初、多くの間違いや仮説、推測に包まれていたが、アメリカ陸軍委員会の手で徹底的に見直され、穀物と籾殻《もみがら》が選り分けられるまで、科学の目からは隠されたままであった。結局、フィンレイとデルガドの実験は籾殻の一部だったのだ[157]」

任務が成功してまもなく、リードは自分が正当な評価を受けられないのではないかと心配になり、妻に宛てた手紙のなかで「スタンバーグは20年前から黄熱の原因は蚊である可能性が最も高いと考えていたという論文を書くだろう」と予想している[140]。案の定、スタンバーグは１９０１年に発表した論文で発見を自分の功績として提示したうえ[139]、昇進を正当化するために利用した。昇進申請書には、次のようにある。「黄熱が蚊によって媒介されるという重要な発見が、私の主導のもとでなされた事実にご注目いただきたく存じます。一連の見事な実験で事実を証明したウォルター・リード少佐とその部下たちの名誉をいささかも損ねるつもりはありませんが、公式記録にある通り、調査は私の推薦に基づいて行われたものであり、委員会のメンバーは私が選出した者たちです。また、私は委員長に対して個人的に指示を与え、この実験的調査の方向性を示し続けてまいりました[143]」

キューバでの黄熱研究は継続された。フィンレイと彼の同僚であるファン・ギテーラスは、蚊に1回刺された場合は軽度の黄熱で済み、複数回刺されると致命的な病状に陥るのではないかと考えていた[143]。そのため、彼らは感染した蚊に人々を刺させることで、免疫を獲得させようとした[158]。リードは委員会の研究結果から、1回刺されただけで死に至る可能性は十分にあると確信していた。「哀れな誰かが死んだ後に、彼らは考えを改めるだろう[143]」。ギテーラスはリードの研究方法で42人のボランティアに対して実験を行い、3人が死亡した。そのうち1人は実験に志願したアメリカ人看護師であった[145,158]。リードはこう書いている。「ギテーラスの不運を聞いて非常に残念に思う。命を失った彼の精神的苦痛は十分に理解できる。結局、少数の犠牲がより効果的に多くの人々を守ることにつながるのだろう」[143]。ギテーラスの研究は、黄熱の病原体の株によって死亡率が異なること、一度目は軽度で済むという仮説が間違いであることを証明した。これについて、キャロルは次のように述べる。「死亡率の高さから、蚊に刺されたことが症状を引き起こしたのは疑いようがない。私が担当した最初の死亡例の検死では、特徴的な病変の存在が確認された[145]」

キャロルは、黄熱の病原体を同定するため、ギテーラスと共同で実験を行った。しかし、この病原体が蚊や注射を介して血液中で感染することは、すでに広く知られていた。これが研究の障害になった。「ギテーラス博士の実験で発生した死亡事故の騒ぎで、被験者を集めるのが非常に困難になった[145]」。ギテーラスからは、蚊を使った意図的な感染はもはや正当化できないと言われたが、キャロルはそのように思わなかった。

キャロルは、黄熱に感染した蚊を使ってさらに数人を罹患させたのち、患者の血液をろ過して細菌を除去し、ボランティアに注射した。その結果、ボランティアは病気になった[145]。黄熱の病原体は、細菌とは違ってフィルターを通過するほど小さく、顕微鏡でも見ることができないようなものだったのだ。キャロルは、人間の病気が「ウイルス」

によって引き起こされることを初めて証明した人物となった。[159]しかし、ウイルスという用語はまだそうした意味で使われておらず、極微細なこの生物を見ることも不可能だったので、言葉で説明することはできなかった。蚊が媒介するウイルスが実証されたのも、このときが初めてだった。

## アシビ株（１９００～１９５３）

黄熱はこの世代のうちに完全に消滅し、次の世代は黄熱を歴史的な興味のみが知る絶滅した病気とみなすようになるだろう。我々が過去に存在した三つ指の馬のような動物をそう見ているように、彼らは黄熱の寄生虫を地上に再び現れる可能性のないものとして見るのだ。[160]

——ウィリアム・クロフォード・ゴーガス、１９１１年

リードの委員会は、特定の種類の蚊が黄熱を媒介することは発見したが、病原体そのものを見つけたわけではなかった。委員会は、大きな論争を経て、黄疸菌が病原体であ

るとしたサナレリの仮説を否定することができた。1901年に開催されたアメリカ公衆衛生学会の会合で、リードは委員会の画期的な成果を発表した。[161] それはウィリアム・マッキンリー大統領が胸と腹に銃弾を受けて亡くなったわずか2日後のことだった。マッキンリーの死因を毒弾によるものと誤って診断した麻酔医ユージン・ワスディンは、大統領の死に立ち会ったのち、会合にやってきた。

ワスディンは、サナレリの主張する細菌を研究するために任命された大統領委員会のメンバーであり、黄熱の原因は黄疸菌であると確信していた。彼は会合で次のように主張した。「リード博士はその生物がまだ発見されていないと言うが、事実ではない。生物はすでに発見済みであり、またサナレリの生物を黄熱の原因と認めても、リード博士の蚊による伝染の証明が否定されるわけではない[162]」。ワスディンは、蚊による感染を衣服などほかの感染経路に続いて起こる二次的なものとみなし、リードの発見はすべてサナレリの細菌の挙動で説明できると述べた。実験を終えたばかりのリードは、腹に据えかねて反論した。「この問題に尽力したワスディン博士には敬意を表するが、黄疸菌を黄熱の原因と考えるのは、もはや時間の無駄だと言わざるを得ない[162]」

マッキンリー暗殺やリードとの対立からほどなくして、ワスディンは精神障害を患い、１９１１年に52歳で精神病院で亡くなった。[163] リードはノーベル生理学・医学賞の有力候補とされていたが、１９０１年の第１回はエミール・アドルフ・フォン・ベーリング（ジフテリアの研究）、１９０２年の第２回はロナルド・ロス（マラリアの研究）が受賞した。リードは１９０２年に虫垂炎がもとで亡くなった。[118] 51歳だった。キューバ軍を統括していた将軍は、リードの追悼式で、「今後、黄熱がポトマック河口からリオグランデ河口まで検疫が行われるほど猛威を振るうことはないだろう」と述べた。[118] アーリントン国立墓地にあるリードの墓には、「彼は黄熱という恐ろしい災いを人間の支配下に置いた」と刻まれている。

キューバでの人体実験は中止され（ただし、蚊を使った実験も血液を使った実験も、よそのほかの研究者らによって再現や改良が行われた）[145]、スタンバーグが支持していたキャロルの昇進も却下された。[143] １９０７年、議会特別法により、キャロルは少佐の地位を得たが、黄熱にかかって心臓が弱り、その年の暮れ、妻と５人の子どもを残して53歳で亡くなった。[118,132]

アメリカ政府は記念碑を建造して、リードと研究チームのメンバー、彼らに協力したボランティアたちを称えた。1793〜1900年の間にアメリカで発生した黄熱の推定患者数は50万人にのぼり、流行による経済的損失が1億ドルを超える年もあったことを考えれば、ふさわしい名誉であった[118]。リードの委員会によって問題が解決されたことを受け、議会はボランティアと未亡人たちに月146ドルの支払いを補償した。だが、スタンバーグの後任の陸軍軍医総監は、その額に対して批判を加えた。「貨幣の購買力が現在よりもはるかに大きかった時代に、予防接種の発見者であるジェンナーに3万ポンドの助成金が与えられた。100年以上前のイギリス政府のこうした姿勢と比較すれば、今回のわずかな支給額がいかに恥ずべきものであるかがわかるだろう」。1929年、議会は結局、22人のボランティア（またはその未亡人）に金製の名誉勲章と1500ドルの年金を授与した[152]。

キャロルの死後、委員会のメンバーで生き残っているのはアグラモンテだけとなった。彼は金銭的な補償は受け取らずに、ハバナ大学で細菌学と実験病理学の教授職を続けた。「自分の努力から生まれた多くの善を思い、心の底から満足して、人生が無駄ではなかったと感じるようになったことが十分な報酬といえる。こうした見方は大方正しいと私は思っている」[132]

１８８０年に始まったフィンレイの実験も、１９００年の黄熱委員会の実験も、キューバで行われた。そのため、キューバはその成果の恩恵を最初に享受した。黄熱委員会の成功を受けて、リードの友人であったウィリアム・C・ゴーガス少佐は、直ちにハバナでネッタイシマカの駆除活動を開始した。[164]繁殖地を破壊し、殺虫剤を広範囲に使用したのだ。

ネッタイシマカの雌は、下水道、貯水槽、樽、側溝、池、外便所、缶、水路など、たまり水に卵を産みつける。兵士たちは、小さな水たまりに対しては、水を抜いたり、潰したり、運搬したりし、多量の水に対しては、蚊の幼虫が呼吸できないように灯油を散布した。ゴーガスのチームは、１９０１年３月に最初の報告書を出すまでに、ハバナで蚊の幼虫がいる場所を2万６０００カ所発見し、処理した。彼らは水槽に網を張ったり、池に蚊を食べる魚を放ったりしたほか、黄熱患者を蚊帳のなかに隔離し、感染した蚊を殺すためにその部屋をピレトリン（除虫菊由来の殺虫成分）、タバコ、硫黄などで燻蒸した。5人編成のチームで大きな家でも2時間で燻蒸できた。住民への啓蒙活動を通じて水場から蚊を排除したのち、政府は敷地内に蚊の幼虫がいた場合に10ドルの罰金を科すなどして、個人的な努力も促した。

1900年頃の殺虫剤は、灯油、ピレトリン、タバコ、硫黄などの天然物に限られていたが、ゴーガスはそれらを効果的に活用した。駆除活動が行われる以前、ハバナは1世紀半もの間、毎年のように黄熱の流行に襲われており[147]、その死亡者数は過去47年間で3万5952人に及んでいる。しかし、蚊の駆除活動が開始されて3カ月もすると、黄熱がほとんど発生しなくなり、マラリアの感染率も急速に低下した。[147・164] 活動開始から10カ月後、蚊の幼虫が生息する水場は当初の2万6000カ所から300カ所にまで減少した。これまでに行われた媒介生物の駆除任務のなかで、最も成功した事例といえるだろう。

1905年にニューオリンズで黄熱が発生すると、アメリカ公衆衛生局はゴーガスが提唱した灯油を殺虫剤として使う積極的な蚊対策を実施した。こうした取り組みは、アメリカ国内だけでなく、その後すぐに世界各地で行われるようになり、テキサス州、イギリス領ホンジュラス、ブラジルなどで成功を収めた。[132]

また、パナマ運河建設に対するアメリカの関心は、米西戦争をきっかけとして20世紀初頭に頂点に達した。当時、パナマはコロンビアの一部だった。さらに、太平洋艦隊の船で大西洋艦隊を増強する際、南アメリカ大陸の先端を回る必要があった。アメリカは運河建設を進めるため、パナマを横断する権利と鉄道を売りたいフランスや、運河の商業的利益を失いたくないパナマ人たちと共謀し、コロンビアに対して革命を起こさせた。１９０３年11月、アメリカは新国家パナマを承認し、運河地帯の永久租借権を認めさせる条約を直ちに締結した。パナマに対しては、資金提供とコロンビア軍の攻撃からの保護が約束された。

翌年、ゴーガスは運河建設を進めるために排水と殺虫剤の使用を積極的に行った。[165]１８８０年代にフランスが運河建設に失敗した際には、労働者の30％が黄熱やマラリアの発熱に苦しんだが、アメリカによる建設中に病気にかかった労働者は２％にすぎなかった。[106]ゴーガスのチームは、わずか2年でパナマの黄熱を根絶やしにしたのだ。

とはいえ、ゴーガスのパナマでの活動は、政治的には危ういものだった。いまだ多くの人々はリードの委員会の成果を無視しており、ゴーガスの駆除活動を無謀と考えていたのだ。陸軍長官ウィリアム・H・タフトらは、セオドア・ルーズベルト大統領にゴーガスの解任を働きかけたが、ルーズベルトは米西戦争時にキューバで黄熱の恐ろしさを目の当たりにしていたので、タフトの勧告に従う前に、友人のアレクサンダー・ランバートの助言を仰ぐことにした。[166]

ルーズベルトは言う。「彼らは、ゴーガスが水たまりに油を流し込んで蚊を殺すことばかりに時間を費やしていると言っている。ションツ委員は、ゴーガス少佐がパナマシティやコロンを清掃しておらず、相変わらず悪臭がひどいと主張し、解任を勧告している。陸軍長官はこの件を検討し、勧告に同意している[166]」。大統領委員会は、黄熱やマラリアが悪臭や汚物によって蔓延するという古い考えに立ち返っていた。一方、ランバートはルーズベルトに科学的な説明をし、蚊対策をすることなく運河建設はできないことを強調した。これに感銘を受けたルーズベルトは、1914年に最初の船が運河の閘門《こうもん》を通過するまで、ゴーガスを運河地帯の医務官として留任させた。

この当時、ゴーガスはアメリカ医師会の会長をすでに6年間務めており[166]、第一次世界大戦中と1918年のインフルエンザの大流行時には、アメリカ陸軍の軍医総監として活躍した。1920年に新しい黄熱委員会の一員となり、アフリカでの研究に向かう途中、イギリス国王ジョージ5世に謁見するためにロンドンに立ち寄ったが、そこで脳卒中を患い、病院で国王から爵位を授与された数週間後に息を引き取った。彼の妻は次のように書いている。「世界から黄熱をなくし、熱帯地方を白人にとって安全な場所にするという夢の実現が目前に迫っていただけに、突然の中断はさぞかし無念だったことでしょう[166]」

1920年に組織された黄熱委員会に参加したエイドリアン・ストークスは、1927年にロックフェラー財団がナイジェリアに派遣したチームに参加し、「この病気の原因となる生物の単離を試みる」ことになった[167]。その頃には、感染症の研究は人体実験だけでなく、モデル動物を効果的に使うようになっていた。黄熱に適切なモデル動物を開発する必要があった研究チームは、適切な種を見つけるために、黄熱患者の血液をモルモット、ウサギ、ラット、マウス、アフリカオニネズミ、イヌ、ネコ、ヤギ、チンパンジー、数種のサルに注射した[168]。その中から、黄熱にかかりやすいことがわかったアカゲザルがモデル動物に選ばれた。

1927年6月30日、ストークスの研究チームは、罹患して一命をとりとめたアシビという男性から血液を採取し、イギリス領ゴールドコースト（現ガーナ）の都市アクラにある研究室に戻ってアカゲザルに注射した[168]。そのサルは死に、解剖の結果、黄熱だったことが確認された。死んだサルの血液を別のサルに注射すると、やはり死んでしまった。この実験を30匹のサルに対して繰り返し行ったが、生き残ったのは1匹だけだった。次に研究チームは、サルを蚊に刺させてサル同士で黄熱を伝染させた。サルが黄熱ウイルスの病原巣であることがわかり、熱帯雨林に隣接した都市部で人間に感染の流行が発生する仕組みが説明できるようになった。さらに、個々の蚊は生きている限り感染力を維持し、3カ月以上生き続けるということもわかった。リードの委員会も、以前に同種の重要な発見をしていた。リードはこう記している。「住人が立ち退いた建物にも、誰もいなくなった町の感染地域にも、黄熱の病原体が数カ月間残っているという事実はこれまで何度か文献で指摘されてきたが、それを初めて説明することができた[155]」

ストークスは、1927年9月15日にアシビ株の黄熱に罹患した。サルに噛まれた手の傷口が、感染した血液に偶然触れてしまったためだとされる。[169,170] 彼はラゴスの病院のベッドから、自分を刺した蚊に実験用のサルを刺させるとともに、自分の血液をサルに注射するように共同研究者たちに頼んだ。どちらの実験でもサルは黄熱を患って死亡した。[171] また、自分が死んだら必ず解剖するように同僚に求めた。[143] 彼が命を落とし、解剖が行われた結果、黄熱の陽性が確認され、皮膚から感染した最初の事例として記録された。[172] ストークスの死後まもなく、同僚たちはその発見を発表した。筆頭著者の栄誉はストークスに与えられた。[168]

ロックフェラー財団のほかの4人の研究者も、調査中に黄熱で亡くなった。うち一人は日本の有名な細菌学者の野口英世であった。[169,173] 彼は、*Leptospira icteroides* という細菌が黄熱の原因であるという誤った結論によって、10年近く研究者を混乱させていた。[172] ストークスは黄熱の原因がその細菌ではないことを実証し、最終的な証明として、死の床で著名な医師と野口の支持者に自分を診察させた。[171] ストークスが「黄熱がレプトスピラではなく、ウイルスによって引き起こされていると認める覚悟はできましたか？」[171] と尋ねると、その医師は次のように答えた。「あなた方が正しいと信じています。私には説明できませんが、あなたが黄熱にかかったのは、そのウイルスというものに実験室で感染したからでしょう」

しかし、野口は粘り強く主張を続け、自分でレプトスピラを接種し、黄熱から身を守ったつもりになっていた。その後、アクラの研究室で独自に研究を始め、自分が間違っていたことに気づいた。キャロルの言う通り、黄熱は細菌によって引き起こされるものではなかったのだ。ストークスの死後まもなく、野口も黄熱にかかってアクラで亡くなった。野口が黄熱に感染した理由について、研究者は二つの説を唱えている。一つは、重大な誤りを発見したのち、科学的に切腹、つまり自殺するために故意に感染したという説[172]。もう一つは、研究室でずさんに管理されていた実験用ケージから蚊が逃げ出し、野口を刺したとする説で、こちらのほうが有力視されている。

それからほどなくして、研究者たちは、黄熱を媒介する蚊がネッタイシマカだけではないことを発見した[174]。奴隷商人は新大陸に航海したときに、(感染した奴隷の体内にいた)病原体とその媒介生物(ネッタイシマカ)の両方を運んだ[104]。黄熱の病原体が初めてアメリカ大陸にもち込まれたのは、おそらく17世紀半ばのことである。その後、感染した蚊がアメリカ大陸の人間やサルに病原体をうつし、この病気の恒久的な病原巣が形成された。やがてアメリカの熱帯地方にもともと生息していた蚊の一部も、病気を媒介するようになった。さらに悪いことに、ネッタイシマカは黄熱を媒介するだけでなく、ほかの二つの病気にも人間を感染させた。デング熱とチクングニア熱（「チクングニア」はスワヒリ語で「前かがみで歩く」という意味）である。どちらも黄熱ウイルスに似たウイルスによって引き起こされる感染症だった。[175,176]

ワクチン開発の過程でも犠牲者が続出したが、１９３０年、マックス・タイラーによって、白ネズミが黄熱研究のモデル動物に使えると証明されたことが大きな進展をもたらした。[177-179]マウスを使うことで、サルの数分の１の費用で効率的な研究ができるようになったのだ。翌年、タイラーは、感染したサルや人の血清を注射することでマウスの感染を予防した。これが、人間の黄熱と（人間の新たな黄熱流行を招く）サルのジャングル熱の発生を関連づける強力な手がかりを研究者たちに与えた。続いてタイラーは、黄熱ウイルスをマウス間で感染させると危険性が低下し、ワクチンとしてサルに接種できることを発見した。[179]その後、このワクチンからヒト用のワクチンが開発され、１９３８

年には、タイラーの研究チームが実験室で偶然発生した変異を利用してアシビ株から二つ目のヒト用ワクチン（17Dワクチン）をつくり出した。[180,181] タイラーは研究中に黄熱に感染しているが、軽症で済んだ。[182] 第二次世界大戦中、アメリカ軍は兵士に対して予防接種を行った。汚染されたワクチンによって84人が死亡したものの、黄熱にかかった兵士は一人もいなかった。[183] 一方、フランスの研究チームは、大規模な集団接種のために効率的に供給できるワクチンを開発し、[184] 1953年までに5600万人のアフリカ人がフランス製ワクチンの接種を受けた。[185] しかし、17Dワクチンのほうが優れているという見方が世界的に広がり、フランス製ワクチンはやがて生産されなくなった。[182]

1948年、タイラーは、のちに生ワクチンを開発してポリオを世界の大半の地域で根絶させたアルバート・サビンからノーベル賞候補に推薦された。[186] だが、この年のノーベル生理学・医学賞は「DDTが数種の節足動物に対して高い接触毒性をもつことを発見した」パウル・ミュラーに与えられた。その3年後、ノーベル委員会の推薦受付期限の数時間前に、委員長がタイラーを再推薦し、自ら評価を行った。この推薦が功を奏し、タイラーはノーベル賞を受賞した。黄熱の研究としてもウイルスワクチンの研究としても、唯一の受賞だった。また１９５０年代には、調査員によって西アフリカのゴールドコーストでアシビが捜し出された。イギリス植民地局は、黄熱ワクチン開発への貢献を認めて彼に年金を支給した[172]。

黄熱の科学が歩んだ道は複雑であった。まず19世紀半ばにノットやボーペルテュイといった先見者が、昆虫、すなわち蚊が病気を媒介していると推測した。その後、１８８１年にフィンレイが特定の蚊（ネッタイシマカ）が黄熱を媒介していると主張し、不十分ではあったが実証実験を開始した。しかし彼は、リードの委員会が決定的な実験を行うまでの20年間、嘲笑を浴び続けた。ネッタイシマカが黄熱を媒介することが証明されると、ゴーガスは直ちにハバナからこの病気を根絶した。パナマなどその他の感染多発地域でも同様に、大規模な蚊の駆除計画が開始された。一方、キャロルは黄熱の病原体が細菌よりも小さいことを突き止めたが、20世紀初頭の技術ではその正体を解明することはできなかった。１９２７年、ストークスとその共同研究者たちは、サルとジャングル熱の発生の関連性を明らかにし、翌年にはサルの黄熱ウイルスの単離に成功した[187]（ウイルスのゲノム配列が解読されたのは、それから約60年後のことである[188]）。

1930年、タイラーたちは黄熱のモデルマウスをつくり、その8年後に17Dワクチンを開発した。その結果、さまざまな対抗手段が可能となった。ワクチンで人間への感染を防ぎ、殺虫剤やその他の対策で媒介する蚊の個体数を減少させたことにより、黄熱は一時的に鎮圧されたのである。

# 第4章

# 発疹チフス

（1489～1958）

兵士が戦争に勝利をもたらしたことはほとんどない。続発する伝染病の後始末をしていることのほうがよほど多い。チフスは、ペスト、コレラ、腸チフス、赤痢といった兄弟姉妹とともに、カエサル、ハンニバル、ナポレオンなど歴史上のあらゆる名将たちよりも多くの戦いに決着をつけてきた。敗北は伝染病のせいにされ、勝利は将軍の手柄となる。だが、逆にするべきなのだ。[40]

——ハンス・ジンサー（発疹チフス研究者）、１９３４年

シラミは、アイルランドのジャガイモ飢饉の最中に2種類の伝染病を媒介した。発疹チフスと回帰熱である。当地ではどちらも「飢餓熱」と呼ばれていた。[27] 長きにわたり、アイルランドはジャガイモが不作になると必ず発疹チフスが流行するという悲惨な歴史を歩んできた。大飢饉の約30年前にも、６００万人のアイルランド人のうち70万人が発疹チフスに感染しているのだ。[189] その後、ジャガイモ疫病が突如として到来するまで、発疹チフスは潜伏していた。

大飢饉の際には、シラミが感染に果たす役割は知られていなかった。パスツールと

コッホが病原菌説を唱えたのは１８７０年代のことである。マラリア、黄熱、腺ペストなど数多くの感染症の病原体と媒介生物が発見されたその後の30年間は、公衆衛生研究史上で最も注目すべき時期といえるだろう。とはいえ、１９００年時点では、発疹チフスの病原体と媒介生物はまったくの謎であった。

より正確に言えば、アルバート・フリーマン・アフリカヌス・キング以外にとっては謎だった。彼は（世の中には無視されたが）蚊の仮説とマラリアに関して先見の明があっただけでなく、発疹チフスと黄熱の感染経路についても人知れず予測していた。１８８３年に彼は次のように書いている。「現在の『病原菌説』の知見からすれば、黄熱や発疹チフスの患者の血管に注射針を刺し、採取した血を自分や他人に注射することは、その患者が昏睡状態であろうと死んだばかりであろうと避けなければならない。しかし、これこそがほぼすべての黄熱の流行中に蚊が行っていることであり、発疹チフスのはびこる汚い監獄や船の中でおそらくはノミが行っていることなのだ[54]」

「チフス」はギリシャ語のtyphos（「煙がかかった」「ぼんやりした」）に由来する、感染者の精神状態を表した言葉である[189]。混雑した刑務所で流行したことから、古くは「刑務所熱」と呼ばれていた。大飢饉より前の数世紀間、イギリスの法律には、万引き、馬泥棒、手紙泥棒、魔術など200以上の死罪が列挙されていたこともあったが、絞首刑に処せられる囚人よりも発疹チフスで死亡する囚人のほうが多かった。[190] また、裁判中に法廷関係者が囚人から病気をうつされることもよく起こり、「黒い裁判」と呼ばれた。

1577年、囚人のローランド・ジェンクスによってオックスフォードで引き起こされた事例が有名である。[40] カトリックの製本工だったジェンクスは、政府批判、神への冒《ぼう》瀆《とく》、教会忌避の罪で逮捕された。細菌学者のハンス・ジンサーは、「時代を考えれば、彼は気概と信念のある人物だったように思われる」と述べる。[40] この事件は大いに世間の耳目を集めていた。そして不幸にも、ジェンクスは裁判を傍聴した人々に発疹チフスをうつしてしまった。その後、判事(元下院議長)、州長官、州長官代理、2名を除く大陪審の全員、オックスフォード大学の教授100名、その他数百名が死亡した。調査を行ったフランシス・ベーコンは、汚染された空気が原因であるとした。[191] 一方、「カトリックの悪しき魔力」が町に放たれたからだと主張する者も存在した。[40] 現代科学の目から見れば、「当時のオックスフォード大学の教授陣には、お粗末な人物が少なからずいた」という結論に至らざるを得ない。[40] ジェンクスは両耳を切り落とされたが、以降は世俗の大学でパン職人として働きながら、33年間生き延びた。

同様の黒い裁判の例は、1522年にカンタベリー、1589年にエクセター、1730年にトーントン、1742年にランストン、1750年にロンドンのオールドベイリーでも発生している。[40:192] これを受けて、18世紀の監獄改革の提唱者として知られるジョン・ハワードは、監獄の環境改善を推し進め、発疹チフスの発生率を低下させた。[40:190] しかし、ハワード自身も1790年に現在のウクライナの地で監獄視察中に発疹チフスで亡くなった。

発疹チフスは飢饉や劣悪な生活環境のなかで流行するため、特に戦時に多く発生し、しばしば戦局を左右した。1489～1490年に、フェルナンド2世とイサベル1世のスペイン軍がムスリム勢力下のグラナダを包囲した際は、戦闘で3000人、発疹チフスで1万7000人の兵士が死亡した。[40:193] また1528年、ナポリを攻撃していたフランス軍の兵士の大半が、勝利を目前に発疹チフスにかかった。その結果、ローマ教皇クレメンス7世はスペイン王カール5世と和解し、彼に神聖ローマ皇帝の冠を授けることになった。[40] 1566年、神聖ローマ皇帝マクシミリアン2世は、ハンガリーに駐留するオスマン帝国軍を攻撃するために8万の兵を集めたが、発疹チフスによって壊滅し、計画は頓挫した。新大陸でも、同年と翌年に発疹チフスで200万人以上のメキシコ先住民が死亡している。しかし、これはヨーロッパ人と奴隷にされたアフリカ人によってもたらされ、先住民を壊滅させた伝染病の一波にすぎなかった。[189]

1632年、ニュルンベルクで対峙したスウェーデン王グスタフ・アドルフと神聖ローマ帝国の総司令官アルブレヒト・フォン・ヴァレンシュタインの軍勢は、どちらも発疹チフスに冒され、戦闘になる前に退却した。これは疫病が三十年戦争の戦況を左右した一例にすぎない。[40] 三十年戦争では、発疹チフスや腺ペストのほかにも、赤痢、腸チフス、ジフテリア、天然痘、猩紅熱《しょうこうねつ》などが流行した。[40] ドイツ南西部にあったヴュルテンベルク公国の人口が40万人から4万8000人に激減したのはその顕著な例である。[192]

1741年にプラハがフランス軍の攻撃により陥落したのは、防衛していたオーストリア軍が3万人の兵士を発疹チフスで失ったからだった。[40] また1812年、発疹チフスは絶頂期にあったナポレオンの強大な軍勢を破壊し、ヨーロッパ史の流れを変えた。[193] ナポレオンが率いたロシア遠征軍50万人のうち、モスクワに到達したのは8万人、フランスに帰還したのは1万人足らずだった[192]。クリミア戦争では、発疹チフスをはじめとする感染症が各国の軍勢に等しく打撃を与えた。1854年から1856年にかけて、発疹チフスはまずロシア軍を襲い、次いでフランス・イギリス両軍の間に蔓延《まんえん》したのち、海軍や商船を介して陸上の病院に伝播し、全体的な大流行に発展した[40]。フランス軍兵士の戦闘での負傷・死亡者数は約6万人、罹患・死亡者数は約25万人だった。イギリス軍とロシア軍も似たような比率であった。ジンサーは次のように書いている。「発疹チフスは、戦争と革命の不可避かつ予見される友となった。いかなる野営地も、遠征軍も、包囲された都市も、逃れることはできなかった[40]」。数世紀の間は、発疹チフスその他の感染症にかかった場合、医師の治療を受けないほうが生存率がよほど高くなっていた。というのも、瀉血《しゃけつ》、非滅菌手術などの医療行為や医療施設に蔓延する病原体が、患者の病状を悪化させていたからだ。

18世紀後半には、スコットランドの先駆的な医師ジェームズ・リンドが、発疹チフスは衣服などによって運ばれると結論づけた[40]。彼は、病院のテントの改修を担当した労働者が発疹チフスで死亡したり、船内の寝具を介して発疹チフスが蔓延したりすることに注目した。対策として燻蒸を推奨したが、タバコ、木炭、酢、松脂《まつやに》やタール、火薬などを使った燻蒸剤は効果がなかった。しかし、リンドは衛生管理を徹底することで、感染の拡大を食い止めた。たとえば、医療従事者は定期的に服を着替えるべきだという考え方を取り入れている。病気を媒介する昆虫については知らなかったが、優れた観察力と直観力で発疹チフス対策の糸口をつかんだのだ。だが、有効な燻蒸剤がなかったことが、彼の歩みを阻むことになった。

発疹チフスは明らかに、克服すべき最も重要な病気の一つであった。19世紀後半、マラリア、黄熱、腺ペストの原因が相次いで発見されたことで、発疹チフスの原因究明への期待も高まった。病原体がわかれば、ワクチンなどの医学的な解決策が見つかるかもしれず、媒介生物がわかれば、殺虫剤を使って感染の連鎖を断ち切れるかもしれなかった。結局、病原体が見つかる前に、シャルル・ジュール・アンリ・ニコルという人物によって媒介生物が発見されることになった。

ニコルは文学や芸術を愛していたが、医師である父の言いつけを守り、父と同じ道に進んだ。[194] １８９３年にパリのパスツール研究所で医学博士号を取得したのち、彼は故郷のルーアンに戻って教授職に就いた。だが、不安定な雇用形態、科学的な考えを受け入れない同僚、聴力障害のために聴診器が使えないことなどが、自分の成長を妨げていることに気づいた。そこで、チュニジアのチュニスに新設されたパスツール研究所支部の所長職を兄が辞退したとき、より有望な道が開けるだろうと期待してその職に応募した。

ニコルは１９０２年、36歳のときにチュニスに移り、そのまま１９３６年に亡くなるまでチュニスの研究所で所長を務めた。[194] 彼は、北アフリカで猛威を振るうさまざまな伝染病のなかでも、発疹チフスが「最も緊急性が高く、最も未解明である」と判断した。[195] そして、発疹チフスが涼しい季節に流行し、最も被害を受けているのが貧しい人々であることに気がついた。人の密集した刑務所、療養所、仮設の集落が、磁石のように発疹チフスを引きつけ、多くの病院職員や医師を死に至らしめていた。チュニジアでは医師の大半が発疹チフスにかかり、そのうち３分の１が死亡した。

１９０３年、ニコルは刑務所で発生した発疹チフスの研究を初めて計画した。このとき彼の輝かしい経歴は危うく途絶えかけた。二人の同僚と合流する直前に喀血したため、ニコルは参加を取りやめたが、刑務所で一晩過ごした同僚たちは、発疹チフスに感染して死んでしまったのだ。[195]「時には毎日のようにこの病気と接触していたにもかかわらず、私が幸運にも伝染を免れることができたのは、病気の広がり方がすぐにわかったからだった[195]」

ニコルは、地元の貧困層向けの病院で、入口や待合室にいる人々を調査した。[195]そして、発疹チフス患者が、体を洗われ、清潔な服を着せられる入院手続きの間に他人に感染させていることを発見した。患者の汚れた衣服を運んだ職員が感染することも多かった。「私は自問した。病院の入口から病棟までの間で何が起こっているのだろうかと。患者は服や下着を剥ぎ取られ、髭を剃られ、体を洗われていた。つまり、感染源は皮膚や衣服に付着していて、石けんや水で取り除くことができるものなのだ。それはシラミにほかならない[195]」

シラミ仮説は、戦争や飢饉が必ずといってよいほど発疹チフスを引き起こす理由をついに明らかにした。それは何世紀にもわたって使われてきた「刑務所熱」「飢餓熱」「アイルランド熱」「キャンプ熱」「船熱」「病院熱」といった通称の意味を説明するものであった。栄養不足の人々が不潔な環境で密集していると、シラミによる病原体の媒介が促進され、流行が起こるのだ。

ニコルはシラミ仮説を検証するため、パリのパスツール研究所の所長だったエミール・ルーから数頭のチンパンジーを入手した。そして、チンパンジーが到着した日、そのうちの1頭に感染した患者から採取した血液を接種した。[195] 翌日、チンパンジーはぐったりとして横たわっていた。発熱し、皮膚には病変があった。[194] そのチンパンジーからシラミを集め、別のチンパンジーにつけると、発疹チフスが伝染した。[196] チンパンジーは高価だったので、ニコルは病気のチンパンジーの血液をトクモンキーという種類のサルに注射して実験を続けた。[195] このサルは13日後に発熱した。[194] 病気にかかったサルの毛皮に29匹のシラミをつけて吸血させ、それをほかの個体に移すと伝染したが、回復したサルは免疫を獲得していた。[194,195]

１９０９年９月、ニコルはフランス科学アカデミーで、発疹チフスがシラミによって媒介されることを発表し、シラミ駆除による発疹チフスの根絶に道を開いた。[197] また、霊長類と違って安価なモルモットを感染させることに彼が成功したおかげで、それまで流行時に限られていた発疹チフスの研究が継続的に行えるようになった。[195]

ニコルが示したシラミによる感染の証拠は、アメリカの科学者ハワード・テイラー・リケッツとラッセル・モース・ワイルダーによって、1年後にメキシコで追認された。[198] 1910年、ニコルはさらに、病原体がシラミの腸管内で繁殖すること、その排泄物によって宿主が感染することを突き止めた。[195] そして1916年、これらの研究結果を手がかりに、エンリケ・ダ・ロシャ・リーマが病原体を発見した。[199] ロシャ・リーマは、研究中に発疹チフスに感染して亡くなったリケッツとオーストリアの科学者スタニスラウス・ジョゼフ・マティアス・フォン・プロワツェクに敬意を表し、[200] この病原体を*Rickettsia prowazeki*（発疹チフスリケッチア）と名づけた。[40]

ヒトジラミは衣服の中に生息し、下着に卵を産みつける。[189] 8日後に孵化《ふか》したのち、幼虫は2週間のうちに脱皮を3回して成虫になる。成虫が安全な衣服のなかから出るのは、唯一の栄養源である宿主の血液を吸うときだけである。シラミは感染者の血液から発疹チフスに感染し、数日後には排泄物にリケッチアが現れる。リケッチアは数カ月の

**図 4.1**　シャルル・ジュール・アンリ・ニコル

間、そのなかで生存し続ける可能性がある。

シラミは平熱の人間を好み、発熱した感染者を離れて非感染者に寄生する傾向があり、同じ理由から死体を離れてより適したすみかを求める。新しい宿主に取りつくと、シラミは噛み傷をつけて吸血するとともに、排泄をする。ニコルは、シラミに噛まれた部分を掻くと、糞が傷口に擦り込まれ、新たな感染が起こることを実証した[195]。また、シラミそのものを潰して傷口に押し込んだり、排泄物のついた手で目をこすったりしても感染する可能性がある[189,195]。

シラミが媒介するというニコルの発見を受けて、すぐに対策が講じられた。チュニスの公衆衛生局は積極的なシラミの駆除活動を開始し、数年のうちに都市部や鉱山、さらには刑務所からも発疹チフスを根絶することに成功した。[195] その後、チュニスと同様の駆除活動が世界中で行われ、ニコルの発見は数え切れないほどの命を救うことになった。

ニコルは、発疹チフスの病原体と発疹チフス患者の血清を混ぜればワクチンをつくることができると考え、[196] 自分自身にこの調合物を投与して健康を維持した。続いて、病気への抵抗力が強いという理由から、子どもたちにも試した。「子どもたちが発疹チフスを発症したとき私がどれほど恐ろしかったか、想像がつくだろう。幸いにも彼らは回復してくれた[196]」。彼の発疹チフスワクチンは不十分なものだったため、採用されることはなかった。しかし、この実験で得た知識をもとに、ニコルは麻疹から生き延びた子どもたちの血清を用いて、効果的な麻疹ワクチンを製造することに成功した。[195]

発疹チフスがシラミによって媒介されることを発見し、ほかの感染症についても重要な研究を行ったニコルは、1911年、人によっては症状の出ないまま感染症に罹患したり、他人に伝染させたりしている可能性を示した。[195] 彼は発疹チフスに感染したモルモットで、この「不顕性感染」を発見した。健康そのものに見えるが発疹チフスに感染しており、ほかのモルモットに病気をうつしている個体がいたのだ。またラットやマウスは、ほかの個体に発疹チフスをうつしたり、モルモットに病原体をうつし返して病気にさせたりしているにもかかわらず、一様に無症状のままであることに気がついた。彼はこの現象が、さまざまな病原体が引き起こしているほかの病気にも当てはまるのではないかと推測した。その後、ほかの研究者たちによって、人間も一部の感染症では不顕性感染を起こしていることが発見された。

「発病しないまま病気を広範囲に伝染させる人がいる」「動物が病原巣になることもある」という伝染病の力学に関する極めて重要な理解は、このようにして生まれた。発疹チフスが自然界で生き延び、その流行に季節的な波があるのは、人間への不顕性感染によるものだった。[195] ニコルは言う。「私が病理学に導入した不顕性感染という新しい考え方は、私の成し遂げた発見のなかで間違いなく最も重要なものだ[195]」。彼はまた、幼い子どもたちが発疹チフスの流行の中心にいることも突き止めた。感染しても軽症であり、まったく無症状の場合もあるため、子どもたちが病気を広めるシラミの宿主となっていたのだ。
シラミが発疹チフスの媒介生物であることをニコルが明らかにしてまもなく、この発見を大規模に実用化する悲劇的な機会が訪れた。第一次世界大戦中、バルカン戦線のセルビア軍、オーストリア軍、ロシア軍の間で発疹チフスが蔓延し、流行のピーク時には死亡率が70％に達した。[40,193] セルビア人医師はほぼ全員が発疹チフスにかかり、約3分の1が死亡した。一方、西部戦線では発疹チフスは流行しなかった。同じくシラミが媒介する(が致命的ではない)塹壕熱は発生したが[40]、常にシラミの駆除作業を行っていたため、発疹チフスの流行は食い止められていたのだ。ジンサーはこのすぐ後、「この戦争におけるシラミの死亡率は、世界史上で最も高かったに違いない」と述べている。[40]
ニコルは自身の発見がもつ意味を十分に理解していた。「もし1914年に発疹チフスの感染経路が知られていなかったら、血みどろの戦いに勝利することはなかっただろう。人類史上、最も恐ろしい大惨事になっていたはずだ。前線の兵士、予備役、捕虜、民間人から中立国の人々に至るまで、全人類は壊滅していたかもしれない」[195]
しかし、シラミの数が抑制されなかった地域には病気が蔓延していた。第一次世界大戦直後の１９１８～１９２３年にボリシェヴィキの赤軍と反革命派の白軍が戦ったロシア内戦では、３０００万人が発疹チフスを患い、そのうち３００万人が死亡した。[40] 同様に、第二次世界大戦では、不潔で人が密集したナチスの強制収容所で発疹チフスが猛威を振るった。ナチスの犠牲者として最もよく知られているのはアンネ・フランクだろう。アンネと姉のマルゴーは隠れ家のほかの仲間たちと異なり、ガス処刑や銃殺刑で命を落としたわけではなかった。二人はアウシュビッツからベルゲン・ベルゼンの収容所に移送されたのち、１９４５年の冬にマルゴー、アンネの順に発疹チフスで亡くなった。[201]

シラミによる感染経路に関するニコルの研究は、文明を滅ぼし、戦争の流れを変え、人類に移住を強制し、アメリカ大陸の征服を容易にした伝染病の媒介者が、昆虫やその他の節足動物であるという、20年にわたって目まぐるしく続いた発見の締めくくりとなった。発疹チフスの媒介生物を実験によって同定したことが評価され、ニコルは１９２８年にノーベル生理学・医学賞を受賞した。

１８９８年には、シラミにたかられていない人々がかかる発疹チフスに似た疾患が、ニューヨーク市でネイサン・ブリルによって発見されている[189]。罹患していたのは、主に東ヨーロッパから移住してきたユダヤ人たちであった。ジンサーは、以前の流行で発疹チフスにかかり、生き延びた人々が再び発症したのではないかと仮定した[202]。細胞内で休眠状態にあったリケッチアが、病気を再発させたということだ。この再発型の発疹チフスは、ブリル・ジンサー病という名で知られるようになった[189]。ジンサーは、病気が再発したときにシラミに吸血された場合、前回の感染から時間が経っていても、再び発疹チフスを伝染させる可能性があると推測した[202]。このような感染の仕方は、その後ユーゴスラビアで1958年に確認されている[189]。ジンサーは言う。「発疹チフスは死んでいない。これから何世紀にもわたって生き続け、人間の愚かさと残忍さが機会を与えるたび、姿を現すことだろう[40]」

発疹チフスはリケッチア症の一種とされる[192]。リケッチア症には、発疹チフスや発疹熱のようにシラミやノミによって媒介されるものもあれば、マダニやダニによって媒介されるものもある。1930年代にネズミが媒介する発疹熱が発見されたことで、リケッチア症との闘いに新たな標的が加わった。

発疹熱の病原体は宿主（特にネズミ）の体内に潜んでいる。ネズミの間で感染を媒介するのはシラミやネズミノミであり、ネズミノミはネズミから人に発疹熱を媒介する。[40]ネズミノミはネズミを好むが、宿主であるネズミが死ぬと、人に移って発疹熱を伝染させるのだ。このように、ネズミは発疹チフスをはじめとする恐ろしい病気の発生に深く関わり、人類が被る災厄において中心的な役割を演じている。また、ネズミは人間の食料を大量に食べるため、1615年のバミューダ諸島、1878年のブラジル、1881年のインドのように、特に数が増えたときに飢饉を引き起こすこともある。飢えた人間は発疹チフスなどの病気に対して効果的な免疫防御を行うことができないため、飢饉もネズミがあらゆる方面から病気を引き起こすことにつながる。

古代の人々のなかにも、ネズミが害悪を連れてくると考えた者たちがいた。伝染病は、火山の噴火、地震、日食といった自然現象やユダヤ人の陰謀などのせいにされることが多かったが、歴史上にはネズミを疑う鋭い観察者が存在していたのだ。古代ユダヤ人はすべてのネズミを不浄とみなした。ゾロアスター教の信者はネズミを殺して神に捧げた。スミンテウス（鼠の神）の異名をもつギリシャ神話の神アポロンは人々を病気から守り、ネズミを退治した。ペストとネズミに悩まされた昔のカトリック信者はニヴェルの聖ゲルトルードに祈り、救いを求めた。15世紀のフランクフルトのユダヤ人は、毎年5000匹分のネズミの尻尾を税として納めるよう強制されていた。彼らは皆、ネズミと病気を関連づけていたのだろう。[40]しかし、ネズミがもたらした最大の苦難は、発疹チフスではなかった。それは、旧世界の文明を2度にわたって破壊した未曽有のパンデミックであった。

# 第5章

# 腺ペスト（541～1922）

恐ろしい騒ぎが町中に起こっていたからである。そこには神の手が非常に重くのしかかっていたので、死なない人は腫物をもって打たれ、町の叫びは天に達した。[203]

――サムエル記上　5章11～12節

東洋のネズミノミとクマネズミは、暗黒時代を到来させた。世界が知る限り最も破壊的な病気である「腺ペスト（*bubonic plague*）」をもたらしたのだ。*plague*（ペスト）は「殴打」「打撃」「傷害」「不幸」を意味するラテン語に由来した言葉である。のちに「黒死病」とも呼ばれたこの伝染病は、6世紀、ユスティニアヌス1世の治世下で東ローマ帝国を衰退に向かわせ[204]、ペルシャ帝国が崩壊するきっかけをつくった。

541～542年に広がり始めたこの「ユスティニアヌスのペスト」で、ヨーロッパと中東では2500万人から1億人の死者が出たとされる。[115, 204] ムハンマドの軍隊は、以前は手に負えなかったローマ軍やペルシャ軍が突然弱体化したことに気づいた。ローマ帝国は中世の民族国家へと移行し、ヨーロッパ文明は、人文主義の父とされ、イタリア語で書かれた最古の文学作品を残したフランチェスコ・ペトラルカが言う「暗黒時代」に突入したのである。[205] ペトラルカは、東ローマ帝国の衰退（ユスティニアヌスのペストと同時期）から自分の生きる14世紀（黒死病が流行した時期）までを暗黒時代と定めている。

６世紀のユスティニアヌスのペストはヨーロッパを暗黒時代に追いやった。一方、14世紀の黒死病の流行はルネサンス期に重なっている。ペトラルカはローマ帝国の文化を賛美し、帝国崩壊後の歴史は語るに値しないと考えていた。そうした態度は「ローマを賛美するのでなければ、あらゆる歴史とは何であろうか」という言葉に集約されている。[205] しかし、自分の生きている間にすべてが再び崩壊し、彼はペストの大流行という出来事を後世のために記録することになった。

１３４７～１３５２年にかけてのペストの大流行は、１３３４年頃にモンゴル帝国で発生したのち、まずアジア諸国で猛威を振るった。[206] 隊商や軍隊の中に紛れ込んだクマネズミの毛に潜むノミが、中央アジアからシルクロードを経て、１３４７年末にビザンティン帝国の首都コンスタンティノープルまでペストを運んだのだ。[207] コンスタンティノープルの著名な学者は次のように伝えている。「年齢や財産に関係なく、皆この病気から逃れられなかった。1日や2日のうちに住人がすっかりいなくなった家がいくつもあった。他人はもとより、隣人や家族、血縁者さえ、助けることができた者はいなかった[208]」

腺ペストは、最古の細菌兵器という興味深い役割を戦史上で演じている菌でもある。当時、クリミア半島東岸に位置する要衝で難攻不落の貿易都市カッファは、ジェノヴァと同盟を結ぶモンゴル・ハン国と、ヴェネツィアと同盟を結ぶハン国の間で繰り広げられた激しい戦いの舞台となっていた。1344年、カッファを支配していたジェノヴァ商人とモンゴル軍の間で新たな戦争が勃発した。その後の包囲戦について記録を残したジェノヴァの住人ガブリエル・デ・ムッシによれば、包囲から3年後、「ペストをはじめとする厄介な病気に疲れ果て、茫然自失となり、味方が回復の望みもなく死んでいくのを見たタタール人たちは、死体を投石機に乗せてカッファの町に投げ込んだ。この招かれざる客によって、カッファを守備する人々の多くが死んでしまった。死者の山が出来上がり、キリスト教徒たちは隠れることも逃げることも、災いから解放されることもかなわなかった。〔中略〕まもなく空気は汚染され、水は毒されて腐り果てた[209]」。

ペストに感染した者も含め、ジェノヴァ人が船でカッファを脱出し、シチリア、サルデーニャ、コルシカ、ジェノヴァの港へと逃げ込んだことで、パンデミックはあっという間に拡大した。[209] デ・ムッシは、ペストの蔓延《まんえん》に自らうっかり加担してしまったことを嘆いている。「旅をした我々ジェノヴァ人やヴェネツィア人は、１０００人中10人しか生き残れず、まるで悪霊を連れてきたようにして家に入ってしまった。〔中略〕親戚、友人、隣人があちこちから会いに集まってきた。〔中略〕死の矢を携えた我らに災いあれ。我々は話している間に、皆に抱きしめられ、キスをされた。我々の口からは、言葉とともに毒が注ぎ込まれた。その後、自分の家へ帰った彼らは、すぐに家族全員を毒にさらしてしまった[209]」。社会が対処できないほどに死者が増えると、「偉大な者も高貴な者も、下劣な者や卑しい者と一緒に同じ墓場に投げ込まれた。死人は皆同じだったからだ」。

１３４８～１３５０年に、この病気はコンスタンティノープルから中東・ヨーロッパへと電光石火のごとく広がった。ネズミが荷馬車に飛び乗り、織物や食料を積む船に忍び込んだからだ。アレッポのある年代記作者は、１３４９年、ペストで亡くなる直前に次のように書いている。「ペストは蚕《かいこ》のように働き、〔中略〕膿疱《のうほう》で人類を滅ぼした。〔中略〕何とみごとにすべての家の人々を襲ったものか。一人が血を吐くと、家中の者が確実に死ぬ。二晩か三晩で家族全員を墓場に連れていくのだ[210]」。フィレンツェの作家は、集団墓地には「チーズを挟んで何層にも重ねられたラザニアのように」遺体と土が積まれていたと伝えている。[207] 1352年までにヨーロッパの人口の半分が失われ、回復するまでには150年以上の歳月を要した。[115・207] ヨーロッパ社会の規範は崩壊し、新たな社会秩序が形成される結果となった。

直接目にした者たちですら、その被害の大きさを容易には信じられなかった。ペトラルカはこう述べる。「直に見ている我々でさえもほとんど信じられず、目を覚まし、見開いた目で眺めている点を除けば夢であるように思える。嘆いていることが間違いなく真実だとわかったとき、葬儀の松明に照らされた街中を家に向かいながら、その空虚さのなかに求めていた安心感を見出すのだ。後世の人々はこのようなことを信じるだろうか。次世代の幸せな人々は、こうした不幸を知ることもなく、我々の証言をつくり話とみなすことだろう[211]」

パンデミックに対するヨーロッパの人々の反応も、病原体の蔓延を加速させた。神の怒りを鎮めるには並外れた償いが必要だと信じた人々の間に、鞭で自分を懲らしめる「鞭打ち苦行」が広まり、マゾヒストの集団が賛同者を求めて町から町へと練り歩いたことで病気が拡大したのだ。[207] ペスト医と呼ばれるペスト治療の専門家は、毒気を防ぐ香料を詰めた鳥のくちばしのようなマスク、魔除けの赤い眼鏡、体液を遮断する蝋引きの上着で身を固め、家から家へとノミを運んだ。[115] また、この世の終わりが近いと信じた多くの人が快楽主義を受け入れ、健康的な習慣を怠り、社会規範を無視するようになった。ある者はこう記している。「人々は、残された日々がいくばくもないかのように振る舞い、所有物も自分自身も等しくぞんざいに扱った」[212]。毎日を最後の日と捉えていた人々は、土地を耕すことも、家畜の世話もしなかった。栄養失調で免疫力は低下し、親子の絆さえ失われた。次のような記述がよく見られる。「親たちは、まるで我が子が自分のものではないかのように育児を拒んだ」[212]

ある学者が書いているように、ペストが発生するのは「悪魔の子である邪悪な者たちが、さまざまな毒を用い、邪悪な業《わざ》と悪業によって食料を腐敗させている」からだと当時は広く信じられていた。[213] 鞭打ち苦行者をはじめとして、キリスト教徒のなかには、ユダヤ人が井戸に毒を入れてペストを引き起こしていると訴える者も現れた。彼らはその想像上の罪に対する報復として、ユダヤ人を生きたまま焼き、ドイツを中心にヨーロッパ各地に散らばる約100カ所のユダヤ人コミュニティを破壊した。[207・214-219] ユダヤ人は人を石に変える伝説上の生物バジリスクから毒を手に入れたのだと主張する者もあった。[216]

当時の著名な科学者の一人であるコンラート・フォン・メゲンベルクは、ユダヤ人のせいではないだろうと結論した。「カトリック信仰における原理的な理由から、我々キリスト教徒がユダヤ人を嫌悪するのは当然である。〔中略〕とはいえ、世界中でこれほど全般的に悪化した死亡率の原因に関するその意見は、主張者らには失礼だが、全面的かつ十分に支持され得るものとは思えない。理由は次の通りだ。ヘブライ人（ユダヤ人）が滞在していたほとんどの場所で、彼ら自身がほかの大勢とまったく同じ原因によって大量に死亡したことはよく知られている。〔中略〕だが、その土地で仲間を増やそうと心から望んでいる人々が、悪意をもって自分たちや同じ信仰をもつ人々を滅ぼすことはしないだろう。〔中略〕さらに言えば、2年も前にユダヤ人は各地で皆殺しにされ、完全に追い出されたというのに、死病は今また同じ場所を強襲し、残った人々を力強く支配しているのだ[218]」。教皇クレメンス6世もこれに同意し、「ユダヤ人の裏切りを憎むのは当然である」としながらも、ユダヤ人に対する保護令を出した[219]。

ユダヤ人による井戸の汚染のほかにも、あらゆる可能性が取り沙汰された。多くの人が神の怒りのせいにした。鞭打ち苦行者たちは、神の言葉を次のように説いて回った。「数年の間に多くの不幸が起きた。地震、飢え、熱病、イナゴ、ネズミ、害虫、痘痕《あばた》、霜、雷、稲妻、数々の騒乱。私がこれらを与えたのは、あなた方が聖なる日曜日を無下《むげ》にしたからだ[220]」

人間の多くの罪に対して神がペストを放ったとするこうした見方は広く信じられていたが、それがなぜ今なのかを理解することは難しかった。ペトラルカは言う。「私たちがこの災難やさらに大きな災難に値することを否定するつもりはない。私たちの祖先もそれに値した。子孫たちが同じ道をたどらないとも限らない。ならば、最も公正な審判者の復讐の怒りが、この時代に特に厳しく降りかかるのはなぜなのか？　罪の意識が残っていた時代に、罰による戒めが控えられていたのはなぜなのか？　誰もが同じように罪を犯しているのに、私たちだけが鞭打たれている」[211]。自分たちが受けた罰に比べれば、ノアの時代の神の怒りは「喜びであり、冗談であり、息抜きであったろう」と彼は見ていた。

多くの者はペスト流行を神の怒りのせいにしたが、占星術的な現象に原因を求めた者もいた。当時、パリ大学医学部によって作成された最も有名な科学論文には、次のようにある。「ペストが初めて生じた際の原因も、それがいまだ続いている原因も、星々の配置にある。1345年3月20日の午後1時ちょうどに、水瓶座の上位3星による大会合があった。〔中略〕そのとき、高温多湿となった木星が地上の邪悪な蒸気を吸い上げ、極度に熱く乾燥した火星が上昇した蒸気に火をつけた。このため、多くの稲妻、火花、有害な蒸気や炎が大気中に発生したのだ」[221]

アヴィニョン教皇庁にいた音楽家は、ほかの多くの人々と同じく、黒死病の原因を大気に求め、聖書にならってこう述べている。「1日目にはカエル、ヘビ、トカゲ、サソリ、その他多くの毒をもつ獣が降った。2日目には雷が響きわたり、稲妻とともに驚くほど大きな雹《ひょう》が大地に降り注いで、大きい者から小さい者までほとんどの人間が死んだ。３日目には天から悪臭を放つ煙とともに火が降ってきて、残りの人間と獣をすっかり平らげ、その地方の都市と城をすべて焼き尽くした[222]」。こうした現象は、「ペストの流行地から南に向かって吹いた悪臭をもつ風」が運んだ汚染物質に起因するものだという。圧倒的な惨状は、非現実的な誇張を生み出す結果にもつながった。たとえば、ギリシャのある地域では「男もなく女もなく、あらゆる動物が大理石の彫像のようになった」と伝えられている[223]。

一方、論理をより重視する学者たちは、現実的・自然主義的な説明を探し求めていた。著名な聖職者の一人は、地震によって有害なガスが大気中に放出されたのだと主張した[207]。ペストの発生はヨーロッパの一部で地震があった時期と重なっていたため、これは合理的な仮説といえた。パリ大学医学部は、地震を原因の一つとして認めるとともに、季節の移り変わりや流れ星の影響もあると主張した[221]。より真実に接近し、人から人に毒が伝染すると唱えた学者もいた[224]。教皇クレメンス６世は、ペストが蔓延したアヴィニョンから逃げ出しているので、おそらくこの考えに同意していたのだろう[207]。イスラム世界では、伝染説は受け入れられなかった。神の支配の及ばないところで病気が広がったことを意味するからだ。ある高名なムスリムの学者は、自らの観察に基づいてペストが伝染すると結論づけたが[225]、その主張のせいで殺された。[207]
黒死病とネズミの関係に気づき、ネズミを駆除する活動の記録を残した鋭い観察者も存在した。そのうちの一人は、１３４８年にこの病気で亡くなる前に次のように書き残している。「計り知れないほどの害獣が降ってきた。手のひら八つ分くらいの大きさで、真っ黒で尻尾があり、生きているものも死んでいるものもあった。それらが発する悪臭によってさらに恐ろしい状況が生じ、闘った者はその毒の犠牲となった」[223]
また、感染と病人の持ち物の取り扱いに関係があることに気がついた知識人もいた。ある学者は黒死病についてこう述べる。「健康な人が、病人と話すか接するかして感染し、発病したり、恐ろしい死に方をしたりする。そればかりか、病人が触るか使うかした衣服や持ち物に触れた者も病気になるようだ」[212]
医療関係者は、厳選されたワインを飲むことや香りのよい植物を焚くことなど、さまざまな予防策を推奨した。[226] 避けるべき食べ物も多くあった。たとえば、「ヤツメウナギやウナギなどのヌルヌルした魚や、イルカ、サメ、マグロといった肉食の魚は禁物」とされた。[213] 感染の危険性があるとされたのは、「過剰な運動やセックス、入浴といった悪い生活習慣をもつ人、体が弱く痩せた人、怖がりな人。乳児、女性、若者、太った赤ら顔の人」であった。[221] 死を想像したり恐怖したりすることは「胎児の姿形を変えてしまうほどの大きな力をもっている」[213]ため、避けなければならなかった。悲しみもペストの一因と考えられていたが、すべての人に等しく当てはまるわけではなかった。「知識人が最も強く打ちひしがれ、愚か者や怠け者はほとんど悲しまない」[227]。医師による瀉血《しゃけつ》は、下弦の月の半ばに行うのが最も効果的であるとされた。「ただし、その時期の月が、双子座、獅子座、乙女座、山羊座など、瀉血に不利なしるしのなかに見られない場合に限る」[213]

原因がわからなければ、当然ながら予防や治療に失敗することになる。フィレンツェでペストが流行したとき、イタリアの高名な学者はこの点について次のように指摘した。「このような病気に対しては、医師の助言も医学の力もすべて無益で役に立たないように思える。病気の性質上、治療自体ができなかったからかもしれないし、原因を知らずに病気の治療に当たった人々（男女を問わず、医学の訓練を受けたことのない者たちが有資格者の職域を犯し続けたために、膨大な数にのぼっていた）が、適切な治療を施さなかったからかもしれない」[212]。またある者は、医療の惨状について「世界各地から集まった医師たちは、自然哲学、医学、占星術のいずれによっても効果的な治療ができなかった。お金を稼ぐために病人を訪問して薬を配る者もいたが、患者の死によって、無意味で誤った治療法であることが証明されただけだった」[207]と記している。シエナの年代記には、「薬を与えれば与えるほど早く死ぬ」との記述がある。[224]ペトラルカは、「悪の原因や由来がわからないこと」がさらなるストレスを生んでいると指摘した。「無知も病気そのものも、何でも知っていると称しながら実際には何も知らない人たちのたわ言やでっち上げほど憎むべきものではない」[211]

極端な死亡率の高さは、悲しみと絶望をもたらした。ペトラルカはこう嘆いている。「私たちのよき友人たちは今どこにいるだろうか？〔中略〕新しい友人をつくるべきなのだが、人類がほぼ絶滅し、この世の終わりが間近に迫っているといわれる今、どこで、誰と？　なぜ受け入れようとしないのか。〔中略〕私たちは真に孤独なのだ」[211]

高い死亡率は、地面に倒れた踊り手を見物人が踏みつけて治療効果を得ようとする

「舞踏狂」など、奇怪な行動を生んだ。[207] こうした踊りの記録は、腺ペストの神経症状とされる「聖ヴィトゥスの踊り」を描写したものかもしれない。

芸術家たちは、「死の舞踏」のような奇妙な行動を絵画に残した。擬人化された死がチェスの指し手として描かれることがあったのは、ペストの気まぐれな振る舞いを伝えようとしたものだろう。[207] 富裕層の間には、忌まわしい造形を取り入れた墓を生前に設計する不気味な流行が起こった。その典型例は、当人をかたどった石像の手足からミミズが出入りしていたり、目や唇や性器にカエルが座っていたりするものであった。

ペストはさまざまな文学作品にも影響を及ぼしたが、なかでも最も痛ましい物語はシェイクスピアの『ロミオとジュリエット』であろう。[228] ロレンス修道士の計略を記した手紙をロミオが受け取れなかったのは、ペストの拡大を防ぐために使者が監禁されたからだった。その結果、キャピュレット家の霊廟を訪れたロミオは、死んだように横たわるジュリエットのそばで毒を飲んでしまった。

１３５２年以降、ペストの流行は収まった。しかし、局地的な流行はその後も１００回以上にわたって起こり、１７００年代後半までは、世代ごとにヨーロッパのどこかで発生していた。その頃には、ヨーロッパのほとんどの地域でドブネズミがクマネズミに取って代わっていた。排水設備が整備され、穀物庫や家畜小屋が家屋から切り離されるなど、人間社会に起こった変化がドブネズミに有利に働いたのだ。[229] ドブネズミは家よりも下水道に好んで生息したため、人との接触が減り、ペストの危険性も減少した。クマネズミが多数を占めていたアフリカやアジアの地域では、ペストはその後も猛威を振るい続けた。[206]

## ペスト菌（１８９４）

病み上がりらしい男が食事中に、景気よく舌鼓《したつづみ》を打ちながら話していたが、突然後ろに倒れ、数分後には亡くなった。また、何日も熱がなく、普段通りの体調だった者が、ベランダへ出た途端に死んでしまったこともあった。[230]

――ジェームス・カントリー医師、香港、１８９４年

ペストの流行はしばらく途絶えていたが、１８６０年代に戦争で荒廃した中国の雲南

省で再び発生した。[115] そこから中国沿岸部を東進し、１８９４年に香港を襲った。感染率は社会階級、つまり経済的地位によって異なっていた。香港のある外科医は、「香港に住むさまざまな人種を感染しやすい順に並べると、中国人、日本人、（インド出身の）ヒンズー教徒、マレー人、ユダヤ人、パルシー人、イギリス人となる」と述べている。[230] この外科医によれば、ヨーロッパ人医師の治療を受けた場合の生存率は20％、中国人の治療を受けた場合の生存率は３％であった。10万人の中国系住民が香港を脱出し、ほとんどが広東省に向かったが、広東省でも当時１００万人いた人口のうち10万人が死亡していた。[231] ある特派員は「（香港の）賑やかで人があふれていた大通りにかつての面影はなく、悲しい静けさが漂っている」と伝えている。[231]

ついに、ペストを研究する知的・技術的能力が整った時代に流行が起こったのだ。その現場にいたのは、スコットランドの医師ジェームス・アルフレッド・ラウソンだった。当時28歳で、香港の公立民事病院を監督していたラウソンは、１８９４年５月８日に初めてペストの診断を下した。[232]

ラウソンは、密集した中国人居住区でペストの蔓延を発見し、香港の衛生局に一連の公衆衛生対策を勧告した。すなわち、感染者の徹底的な捜索、住居の消毒、死者の迅速な収容、特別病院への患者の隔離である。[233] ヨーロッパ人の医師と患者のための病院船や、中国人の医師と患者向けの地上の病院などがすぐに用意された。[234] 次々に押し寄せるペスト患者に対応するため、追加施設もいち早く整備されたが、ベッドも毛布も蚊帳《かや》もない貧弱さであった。限られた物資を人種に基づいて配給したために、インド人と日本人の患者にはマットレスが用意される一方、中国人の患者には支給されなかった。

パトリック・マンソンらとともに香港医科大学（香港西医書院）を設立した有名な中国人理事である医師の何啓《ホーカイ》は、家宅捜索や消毒、死者の搬出、検疫などは中国系住民を激怒させる行為だと警告していた。[233] 彼の直感は的中した。『*British Medical Journal*』誌に掲載された論説によると、「アジアではいつものことだが、医療行為に対する外国人の干渉には抵抗があった。〔中略〕中国人医師たちは、イギリス人医師を中傷し、貶める機会を常にうかがっている。今回の流行は、彼らやイギリス人を敵視するすべての者にとって、欲求を満たす絶好の機会となった[231]」。中国人の間に出回ったパンフレットには、イギリスの薬は前日出た死体からつくられているとか、イギリスの医師は患者にブランデーを飲ませた後、氷に押し込めているなどと書かれていた。医療団が、ペスト患者を伝統的な中国の病院からほかへ移そうとすると、暴動が起きた[233]。医師たちは石を投げられ[231]、それからイギリス軍が秩序を回復するまでの間、ベルトに拳銃をつけて職務に当たった[233]。

中国人はイギリスの医療関係者を苛立たせ続けた。イギリスの医学記事にはこう述べられている。「彼らは自分の家にペストが発生しても報告せず、衛生当局の介入に積極的に抵抗しさえする。何もかもごまかして病人を植民地からひそかに連れ出そうとする。実際、全力を尽くして政府から病気を隠そうとしているのだ。これは外国の医療への恐怖や、家にペスト患者が出るとほかの住人も全員追い出されるという情報によるところもあるが、主な理由は、自分の家の平静や『風水』を乱されることを嫌う中国人の生来の気質にある[235]」。香港政庁は、感染流行後の中国人について次のように記している。「不衛生な習慣を教えられ、幼い頃から群れて生活してきた彼らは、隔離の必要性を理解することができなかった。邪魔されない限りは、病気を撒き散らしながら羊のように死ぬことにも満足していた。病気の友人や親戚が、あらゆる点で快適なヨーロッパ人の病院に移されるより、言いようのないほど悲惨な目に遭う様子を見ているほうがましなのだ[236]」

　ラウソンは兵士を連れて家々を回り、ペストの犠牲者を探した。見つけるのは難しくなかった。「汚物につかったみすぼらしいゴザの上に、四つの体が横たわっていた。一人は死んでいて黒い舌が口から突き出ていた。二人目は筋肉がけいれんし、半昏睡状態で今にも死にそうだった。横痃《おうげん》（ペスト腺腫）を探すと、巨大な腺の塊が見つかった。〔中略〕もう一人の患者は10歳くらいの女児で、2～3日前からたまっているように見える汚物の中に横たわっていた。4人目はひどく錯乱していた[237]」。まもなく、医療団は毎日100人もの新しい患者に遭遇するようになった[233]。ペスト患者のほとんどは意識を失っていたが、まだ意識のある者は「死を祈り」、「死期を早めるために体を床にたたきつけていた[231]」。香港のある地区では、あまりに広く腺ペストが蔓延したため、当局は地区を閉鎖して住民を追い出し、レンガとモルタルの壁で通りを囲ってしまった。

　医師たちは、ペストが人から人へ直接伝染しているわけではなく、汚物と関連して広がっているらしいことに気づいた[230]。病人に付き添っている看護師が病気にならなかったのに、死者の家にたまった汚れを掃除する兵士のなかに病気にかかる者がいたのだ。調査に当たったメンバーの多くはペストに感染しなかったが、彼らも汚物に直接触れていなかった。これは、ペストの毒素が地中で発生し、地面に近いものから順に感染させるという中国人の考えとも一致していた。ペストが襲うのは、ネズミ、家禽《かきん》、ヤギ、ヒツジ、ウシ、水牛、人間の順であると中国人たちは見ていたのだ。「人間は地面から頭までの距離が最も長いため、最後に感染する」[230]。汚物仮説もヨーロッパ人医師たちから支持を得ていた。「soil（土／汚す）という言葉は、比喩的な意味からだけでなく、実際に的を射ている」と『*British Medical Journal*』誌は述べている。「苦力《クーリー》（下層労働者）階級の中国人たちは、自分の家をほとんど、あるいはまったく掃除せず、家庭のゴミを床に散らかし、重ねて踏み固めるので、まさにゴミ山となっている」[235]。医師たちは、ひとたび夏の暑さがやってくると、ゴミ山の中で眠っていた病原菌が息を吹き返すのだと考えていた。

成果を競い合っていた科学者たちは、この病気の病原菌を探すために香港へ向かった。大日本帝国政府は、北里柴三郎《きたざとしばさぶろう》とそのライバルである青山胤通《あおやまたねみち》が率いる調査団を派遺した。[238] どちらも日本で医学を修めたのち、ベルリン大学に留学した人物であった。コッホの弟子である北里は、1887年に破傷風菌を分離したことで世界的に有名な細菌学者であり、1892年には外国人として初めてドイツ政府から教授の称号を授与されていた。[234・239] 日本調査団が香港に到着したのは、1894年6月12日だった。[240] その3日後、フランス領インドシナ（現在のラオス、カンボジア、ベトナム）からアレクサンドル・エルサンが一人で到着した。コッホのライバルであるパスツールの提案と支援のもと、フランスの植民地大臣によって派遣されたのだ。[233・241]

エルサンはスイス生まれであったが、パスツールのもとで学んだのち、フランスに帰化し、フランス植民地医療団に加わった。[241] 短期間ではあるが、コッホからも指導を受けている。[242] パリにいた頃、狂犬病患者の解剖中に、脊髄を切っていてナイフが滑り、エルサンは自分の指を傷つけてしまったことがあった。パスツールは助手のエミール・ルーに指示して、新しく導入した狂犬病ワクチンをエルサンに投与させた。エルサン、パスツール、ルーの友情はここから始まったのである。[241]

エルサンは、1888年にルーと共同してジフテリア毒素の存在を明らかにし、細菌が産出する毒を初めて発見したことで有名になった。[234] その後、ドイツにいた北里と彼の同僚は、動物に毒素を注射すると抗毒素が生成されることを示した。[243] この抗毒素は、のちに抗体として知られるようになる。ルーは北里の発見をさらに発展させ、馬を使ってジフテリアに対する抗毒素をつくり、ジフテリアに感染した子どもたちの命を救った。これが血清療法の始まりとなった。

スコットランドの探検家デイヴィッド・リヴィングストンの影響を受けていたエルサンは、フランス領インドシナを探検し、マラリアや天然痘などの風土病の発生状況を調べてフランス人入植者の保護に役立てようとした。[244] 彼はベトナムの中央高地を探検した最初のヨーロッパ人であった。つまり、当地に住む山岳民族が初めて目にしたヨーロッパ人である。[242] この探検中に彼は重度のマラリアと赤痢に感染し、ひどく苦しむことになった。

フランスのためにこうした功績を残してはいたものの、香港に到着した当時のエルサンには、北里のような名声がなかった。[233] そのうえ、人類史上最も危険な細菌を同定しようとする北里とエルサンの競争は、コッホとパスツールのライバル関係を引き継ぐものでもあった。

北里は、3日早くスタートを切っていた。また、ラウソンの協力によって、すぐにペスト患者を確保することができた。6月14日、北里は青山がペスト患者を解剖している間に桿菌《かんきん》の一種を発見した。[240] 解剖は非常に危険な作業であった。青山と助手の一人はペストに感染し、そのせいで青山は北里と病原体の発見を競うことができなくなった。[238] とはいえ、青山は一命をとりとめた。[234]

北里は、この桿菌が血液、肺、肝臓、脾臓、鼠径部のリンパ節の腫れ（腺ペストの特徴である横痃）に存在することを突き止めた。[240] だが、患者は死後11時間経っていたので、彼はそれがペストの病原体であるかどうか確信がもてなかった。そこで、患者の脾臓の一部をマウスに接種し、そのほかのさまざまな組織をマウス、モルモット、ウサギ、ハトに接種した。マウスは2日で死亡し、体内から同じ桿菌が検出された。モルモットとウサギもすぐ死に、やはり同じ桿菌をもっていた。続いて、ほかのペスト患者の横痃、脾臓、肺、肝臓、血液、脳、腸などからも、同じ桿菌らしきものが見つかった。

北里が病原菌を発見したことを確信したラウソンは、初めてこの桿菌が見つかった翌日、すなわちエルサンが香港に到着した6月15日に、発見の詳細を『*Lancet*』誌に打電している。[233] その1週間後、『*Lancet*』誌上で、北里が「ペスト菌発見に成功した」ことが伝えられた。[245]

ラウソンが北里のためにペスト患者の遺体をすべて押さえていたので、エルサンのほうはなかなか研究を進められなかった。[233] ラウソンはなぜ、エルサンをペスト患者の死体安置所から締め出したのだろうか。イギリスとフランスの植民地間対立からか、名声の影響（北里はエルサンよりもはるかに有名だった）からか、分別（北里がすでにペスト菌を発見したと確信していた）からか。あるいは科学研究に対する嫉妬が動機だったのかもしれない。ラウソンは自分でもペストの原因を調べたいと思い、ウサギやモルモットを使って何度か試みていた。しかし、本業の任務が忙しく、有意義な研究をするには十分な時間がなかった。ラウソンは言う。「私たちの時間は、ペスト治療に関連した実践的な仕事、つまり名声を得られない仕事にすっかり費やされ、この問題の純粋に科学的な側面に目を向ける時間はほとんどなかった[237]」

エルサンは、解剖の最中だった北里に会った。[234] 二人は唯一の共通言語であったドイツ語でたどたどしく言葉を交わしたが、エルサンはドイツ語が苦手だった。エルサンは、日本の科学者たちが血液や内臓を注意深く調べる一方で、横痃には目もくれないことに驚いた。そして、何としても死体の横痃を確保しなくてはならないと思ったが、その方法がわからなかった。やがて、案内役を務めていたイタリア人宣教師に異例の方法を勧められた。[233,241] 到着して5日後の6月20日、エルサンは死体を片づけているイギリス人の船員に賄賂を渡して、やっと死体を確保できた。彼の日記には、「手際よく数ドル配り、一件ごとに十分な額のチップを約束すると、驚くべき効果が表れた」とある。[234]

石灰を敷いた棺に横たわる遺体から、横痃を露出させて切除したのち、エルサンは実験室に向かって全力で走った。作業にかかった時間は1分以内だった。彼の粗末な実験室は、当初は屋外のポーチであったが、やがて藁ぶきの小屋になった。[234] 標本を顕微鏡で検査すると、「紛れもない微生物」が見えた。[246] 実験ノートには「間違いなくペスト菌だ」とある。[241] 彼は自分の恩師に敬意を表して、この病原菌を *Pasteurella pestis*（パスツレラ・ペスティス）と名づけた[247]（*pestis* はラテン語で「呪い」や「災い」を意味する）。

**図 5.1**　コッホの研究所での北里柴三郎、1889 年。1910 年にコッホが亡くなると、北里は伝染病研究所内に祠《ほこら》を建て、毎年コッホの命日に神道式の儀式を行って故人を偲んだ。[239]

エルサンが、死体の横痃から抽出した病原菌を培養し、マウスやモルモットに接種すると、翌日には死んでしまった。これらのげっ歯類にも同様に、ペストの典型的な横痃が見られた。[234] また、リンパ節からも同じ病原菌が検出され、香港で死んだネズミからも見つかった。[241] エルサンはこの証拠を使って、ようやく死体の入手を当局に要請することができた。

イギリスの出版物である『*Lancet*』誌は、エルサンに対する偏見を露わにした。ラウソンが提供した証拠をもとに、『*Lancet*』誌は8月4日に論説を発表し、北里の病原菌発見を繰り返し強調して、「おそらく、特定の病原菌を発見しようと躍起になっている現地の学者が大勢いることだろう。この件に関して、間違いなくいろいろな主張が出てくると思うが、専門家はそのすべてを真に受けないように注意する必要がある」と読者に忠告した。[232] 別の論説でも、「(エルサンは)別の細菌を発見し、それもまたこの病気の本質的な原因であると主張している。同じように何かを発見しようとする者たちがそのリストを次々と増やしたことで、当誌の特派員が言うように、『今やペスト菌の種類は、ヴァロンブローザに存在する葉の数を上回っている』。このように自分の発見のほうが優位であると主張する人々のなかで、ペストの原因の発見者として後世に名を残す資格が誰にあるのかを決めるのは容易ではない。しかし、先に述べたように、北里教授の名は、観察の正確さと研究の慎重さの保証となるものだ。彼の研究を見直す機会があったなら、おそらく最も厳しい審査にも通るということがわかるだろう」としている。[248]

同月下旬、北里とラウソンが提供した北里の病原菌のスライドが『*Lancet*』誌と『*British Medical Journal*』誌に掲載された。[249・250] その桿菌の形態は異常なほど多様であっ

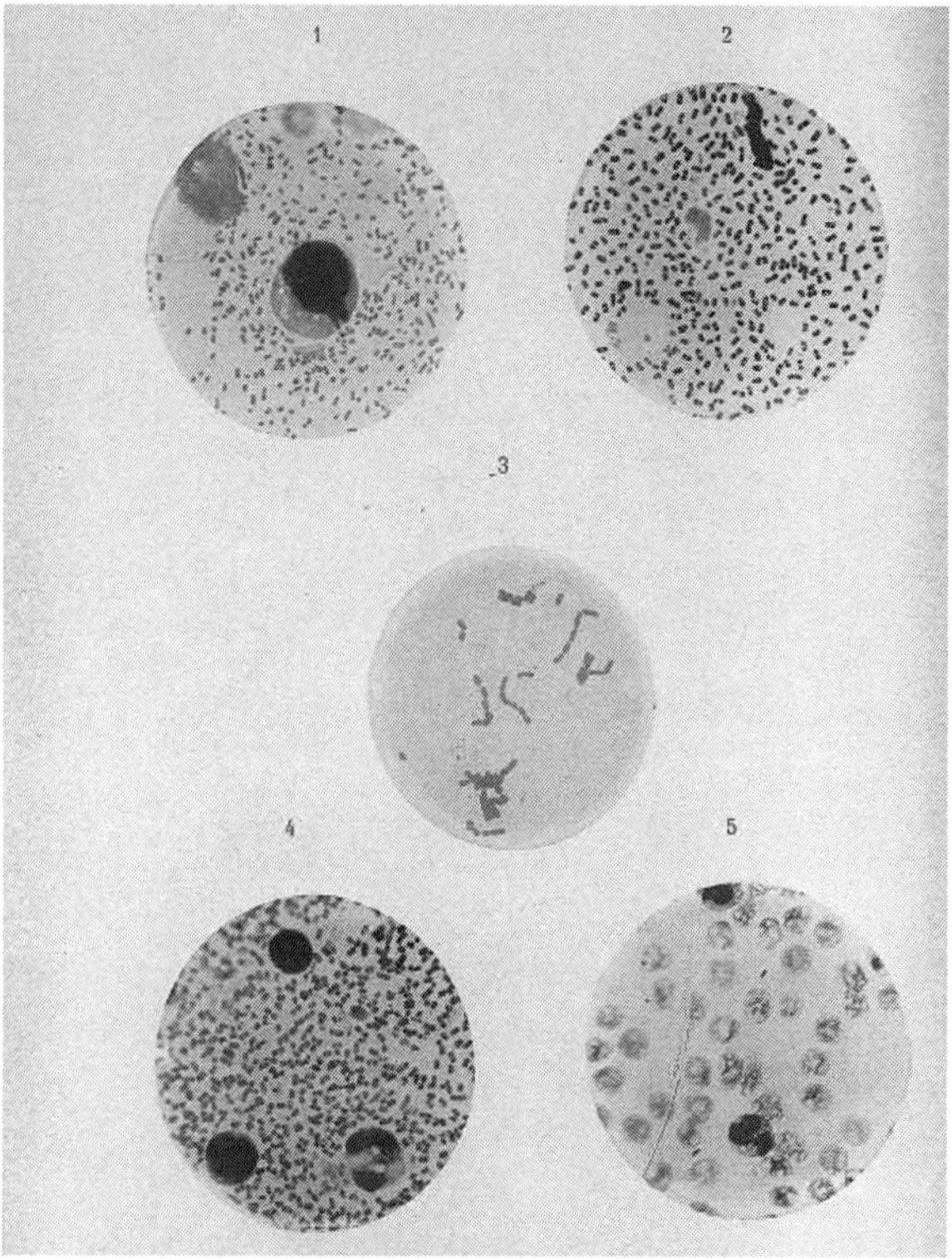


**図 5.2**　エルサンが撮影した顕微鏡写真。（1）ペストに感染した中国人患者の横痃。（2）ペストに感染したラットの死骸のリンパ節。（3）ブイヨン中で培養したペスト菌。（4）ペスト菌を接種したマウスのリンパ節。（5）死後 15 分のペスト感染者から採取した血液の画像。二つの細菌が確認できる。[246]

た。『*British Medical Journal*』誌は、エルサンの発見した桿菌に関する記事も掲載し、ラット、マウス、モルモットに対してそれを接種したり、ペストの犠牲者の組織を食べさせたりすると、すぐに死んでしまうことを報じた。[250]『*Lancet*』誌は、「北里教授は極めて正確で信頼できる観察者であり、自分の観察と実験の正確性に満足することなく、性急に発表するとは思えない」という理由から、エルサンが間違っているのではないかと考えた。[251]

しかし実際には、北里は発表を急いでいた。[233・234] 香港に到着してからわずか2日後、かつエルサンより6日早く菌を発見した彼が、競争のプレッシャーを感じていたことは間違いない。また、普段であれば慎重な方法を用いるところだが、このときはエルサンより先に発見の栄誉を得てほしいと願うラウソンからのプレッシャーもあった。[233] 北里の細菌培養物は汚染されていた。そのせいで、イギリスの医学誌に見られるような、多様な形態の菌が生み出されたのだ。当初、北里は自分の菌がグラム染色（細菌学の標準的な判別法）で陽性なのか陰性なのかを判断できず、[240] 自分の発見に関する矛盾した見解を発表した。[234] その菌はのちにグラム陽性であることがわかったが、同僚でライバルでもあった青山は、北里の混乱した研究を批判した。[238]

しかし、エルサンは、この桿菌がグラム染色では染まらない（グラム陰性である）ことを突き止めた。[241] 実は、二人は異なる菌種を提示していたのだ。[206,252] にもかかわらず、世界中の報道は、この病気の病原菌を「キタサト・エルサン菌」と呼び、[252] 病原体の発見に貢献した者として、何十年もの間、両者を称え続けた[239,253]（ラウソンは含まれなかった）。だが、ついに発見の栄誉はエルサンに与えられるようになる。エルサンの死から27年後の１９７０年、この病原体は*Yersinia pestis*（エルシニア・ペスティス）と改名された。[233,247]

ラウソンは１９３５年に亡くなるまで、ペストの病原菌を発見したのはエルサンではなく、北里であると信じていた。[233] 一方、北里自身は、１８９９年に神戸で発生したペスト感染を調査する機会を得ると、自分の発見した病原体がペスト菌だと主張することをやめた。「私は神戸で複数のペスト患者を診察する機会を得たが、いずれの場合においても、エルサンの発見した菌こそが病原菌であるという事実に気づかされた[252]」。日本海軍の医務部長は、この事態を嘆いて次のように書いている。「今や、ペスト菌発見の名誉はエルサンただ一人のものとなった。北里のような著名な細菌学者が微生物の研究でこうした信じがたい誤りを犯したことを、我々は大変遺憾に思っている」[252]。だが、それからかなりの時間を経た1920年代には、北里は日本の科学者（おそらく彼自身のこと）がペスト菌を発見したと書いている。[234・254*]

ほかの多くの感染症の場合と同様に、自分の体に腺ペストを接種しようとした者もいた。おそらくその最も古い試みは、エジプトにいたイギリス人軍医が、1802年に自分の股間にできた横痃の中身を拭きとって腕に注射した事例だと思われる。[206] 彼はその後、ペストで死亡した。

香港でのペスト流行は、より効果的な予防法を生み出す結果につながった。エルサンは香港でペスト菌を発見すると、すぐにサンプルをパリのパスツール研究所に郵送した。生きたペスト菌の培養物をガラス管に入れて密閉し、それを別のガラス管に入れ、さらに竹筒に入れて送ったのだ。[242] 幸いサンプルは無事に届き、ルーはこれを培養して抗ペスト血清をつくり出した。[247] エルサンは1896年にこの新しい治療法を中国で試し、一定の成功を収めた。

1897年にフランス領インドシナに赴任したエルサンは、ニャチャンにパスツール研究所を設立したのち、ハノイ医学校を創設した。[238]また、ブラジル産のゴムの木を栽培するための農業試験場を設立したり、ベトナムの自宅の屋根の上にドームをつくって望遠鏡を設置したりもしている。１９１５年には、マラリア治療用のキニーネを生産するため、キナノキを栽培するベトナムの農業試験場を新たに設立した。[255]第一次世界大戦中に、フランスにキニーネを供給し続けるためには、こうした努力が不可欠だと考えたのだ。[242]次の世界大戦が始まった１９４０年にパリを訪れ、ドイツ軍の侵攻前の最終便でパリを後にしたエルサンは、その３年後にニャチャンで亡くなった。墓はニャチャンにあり、その墓碑には「ベトナムの人々が崇拝する篤志家、ヒューマニスト」と刻まれている。[256]エルサンが半世紀にわたって暮らしたニャチャンの村の人々は、彼を「ムッシュ・ナム（ミスター・フィフス）」と呼んだ。大佐であることを示す５本のストライプが彼の軍服にあったからだが、外国語の名前を発音しないで済むようにするための呼び名でもあった。[242]

＊　実際、北里が発見した菌もペスト菌であったとする研究者は数多く存在する。

## ネズミノミ（1897〜1922）

1898年6月2日のことである。私はその日、世界にペストが出現して以来、人間を苦しめてきた秘密を暴いたのだと思い至り、言い表しようのない感情を覚えた。[247・257]

――ポール・ルイ・シモン、1898年

エルサンは病原菌を特定し、ネズミと人間の両方に感染することを明らかにしたが、その病原菌が宿主にどのように感染するのかまでは突き止められなかった。けれども、ネズミが主な原因ではないかと疑っていた。[258] また、感染した土壌に接触することで病原菌が伝播するのではないかという仮説も立てていた。[259・260] 北里は、この菌が呼吸を通じて、あるいは傷口から侵入するか、腸管を経由して人間に感染するのではないかと推測した。[206・240] また、ネズミだけではなく、ハエなどの昆虫もこの病気を広めているのではないかと考えていた。[206] エルサンも北里もネズミノミと病気を関連づけることはしなかったが、それは彼らの香港での研究が、マラリアや黄熱の媒介昆虫が発見される直前の1894

年のことだったからだ。

ネズミの死骸が多いことに着目した香港の外科医ジェームス・カントリーは、もう少しのところまで迫っていたが、ネズミノミとは結びつけられなかった。「ネズミは、すみかとする下水道や排水溝を出て穴を伝い、家屋を目指すようだ。人間の存在には無頓着らしく、後ろ足に独特の『けいれん』を起こしながら、ふらふらと走り回っている。寝室の床にもよく死骸があったが、それ以上に、床下から漂う悪臭によって、そこにネズミの死骸があるとわかることのほうが多かった[230]」。中国人はまた、ペストが人間を襲う２週間から３週間前に限ってネズミが大量に死んでいることに気づき、ネズミを「来るべき災いの前触れ」とみなしていた[261]。イギリスの医学報告書には、「迷信深い中国人たちは、これらの動物を悪魔の使いとみなし、追い払おうとした」と記されている[262]。

広東省のある地区では役人が２万２０００匹のネズミの死骸を集めて土に埋め[261]、香港のある通りでは１５００匹のネズミが集められた[262]。調べてみると、ネズミがペスト菌を宿していることが判明し、カントリーはネズミに見られる身体的・行動的な症状が人間と同じであると指摘した[230]。ペスト菌を人間からネズミなどのげっ歯類にうつす接種実験も、重要な関連性を示唆していた。カントリーは次のように書いている。「ゆえにネズミの感染を軽視できないが、病気の蔓延に影響を与える条件については真剣に検討しなければならない。仮にネズミが感染しているとして、その点には疑いがなくとも、単に人間と同じように感染しているだけかもしれないし、実際に人間に病気を媒介しているのかもしれないのだ[230]」

ネズミノミを原因とする仮説を最初に発表したのは緒方正規《おがたまさのり》だった。彼は1897年にこう書いている。「ノミのような昆虫に注意すべきである。ネズミが死んで冷たくなると宿主から離れ、ペストウイルスを直接人間に運ぶ可能性があるからだ[234]」。緒方はペストで死んだネズミを見つけて、その体からノミを集めた。そのノミをつぶして2匹のマウスに注射したところ、1匹がペストで死んだ[263]。そこで彼は、ペストの感染経路の一つはノミであろうと考えた[247]。

またこれとは別に、フランスの医師ポール・ルイ・シモンがネズミノミの重要な役割を実験的に明らかにした。シモンがペスト研究の分野に足を踏み入れたのは、彼のキャリアが最も充実していた時期のことだった。彼は1882年から1886年までフランス領ギアナでハンセン病研究所を指揮しており、そこで黄熱に感染したが、生き延びた。[264] その後、東アジア各地で研究してから、１８９５年にパリのパスツール研究所に赴任し、マラリアに似た寄生原虫の研究を行った。[247]

彼はその寄生虫に雄性要素を見出した。この発見は、マラリアの自然史を解明するうえで重要な一歩となった。パトリック・マンソンは、この性要素を記したシモンの論文をインドのロナルド・ロスに送ったが、残念ながら、ロスはこの発見の重要性を認めなかった。

１８９７年、シモンは、エルサンがボンベイから去ったことで空席となったポストに就き、新しい抗ペスト血清の効用を研究する任務を与えられた。[265] 抗ペスト血清に対するインド人の激しい反感は、当局がロスにマラリア患者を対象とした研究を禁止する動機となった。これも、ロスが直面した数多くの障害のうちの一つである。[65] その年の暮れ、仕事に忙殺されたシモンはマラリアに倒れた。[264]

翌年４月、シモンはペスト発生の調査をするためにカラチに派遣された。[265] エルサンが香港で経験したように、シモンもカラチでの研究をイギリス当局に妨害されていることに気づいた。ペスト病院への立ち入りを禁じられたからだ。彼はエルサンやカントリーと同じように、ペストの発生している地域で病気のネズミや死んだネズミを発見した。ある家には75匹ものネズミの死骸があった。[247] 彼は次のような重要な記録を残している。「ある日、ウール工場で、朝出勤してきた従業員が床に大量のネズミの死骸があるのを見つけた。20人の労働者が床の掃除を命じられ、そのうち10人が3日以内にペストを発症したが、ほかの従業員は誰も発病しなかった」[241]。また、彼はある村を訪れたが、そこではネズミの死骸が大量に見つかったため、賢明な住民たちはペストの到来を察知して隔離されたキャンプに逃げ込んでいた。「その2週間後、ある母娘が家から衣類を持ってくるために村に戻る許可を得た。家の床には数匹のネズミの死骸があった。二人はネズミの尻尾をつかんで道に捨て、キャンプに戻った。その2日後、二人ともペストを発症した[241]」

シモンは、「死んだネズミと人間の間には仲介者がいるはずだ。それはノミかもしれない」と書いている。[241] 彼はネズミを注意深く観察し、毛づくろいをしている健康な個体にはノミがほとんどついていないのに対し、病気のネズミにはノミが大量についていることに気づいた。[247] ネズミが死ぬと、ノミは冷たくなった死骸から出て別のネズミや人間を探すため、死んだ直後のネズミの死骸を扱うのは特に危険なことだった。[266] さらにシモンは、一部のペスト患者の皮膚にペスト菌を含む小さな水疱《すいほう》があることに気づき、これがノミに噛まれた痕であるという仮説を立てた。[265]

ほかのペスト研究者たちは、シモンのネズミノミ仮説に懐疑的だった。[265] しかし、シモンは師であるラヴランに励まされた。ラヴランは同じ時期、蚊がマラリアを媒介するというにわかには信じがたいロスの仮説をも支持していた。シモンは、ペストにかかったネズミから採取したノミを調べ、その消化管の中に大量のペスト菌を発見した。一方、健康なネズミから採取したノミには菌はいなかった。あとは、ネズミ間の感染にノミが関与していることを証明するだけであった。

シモンはこの考えを検証するために簡単な実験を行った。実験の第一段階として、まず彼はペスト患者の家で病気のネズミを捕まえた。ネズミの毛の中には数匹のノミがうごめいていた。その病気のネズミをカラチのホテル・レイノルズにあった仮設研究室に運び、網の蓋がついた大きなガラス瓶に入れた。このネズミにさらにノミを寄生させようと考えたシモンは、「ホテルの敷地内をうろついていたネコの好意に甘えて、ノミを少し拝借した」[265]。このノミをネズミの入った瓶に入れると、「24時間後、実験動物は毛を逆立てて丸くなり、苦しそうにしていた」

実験の第二段階では、病気のネズミがいる瓶の上に、健康なネズミが入った金網のかごを吊るした。[241] 2匹のネズミが互いに触れ合うことはできなかったが、病気のネズミについたノミは高く跳びあがって健康なネズミにつき、ペストを媒介した(シモンはすでに、ネズミノミが10cmほどジャンプできることを知っていた)。病気のネズミは瓶の底から動くことのないまま翌朝には死んでしまい、その血液や臓器からはエルサンが発見した病原菌が見つかった。上に吊るされていたネズミは6日後にペストで死に、その血液や臓器にも同じ病原菌が大量に含まれていた。[257]

再度実験をしてみても、結果は同じだった。また、病気のネズミと健康なネズミを一緒の瓶に入れても、ノミがいなければ健康なネズミはペストに感染しなかった。[265] こうしてシモンは、細菌性の病気が昆虫によって広がることを初めて実験的に証明したのだった。[247]

ほかの科学者たちはシモンの研究を認めず、彼の研究結果を再現できなかったこともあって、価値がないとまで言った。[247・260・265] 検証を試みた学者らはたいてい、実験に使ったネズミノミの種類を記録していなかったため、結果が食い違ったのだろう。[260] しかし、シモンの重大な研究から5年後の1903年には、マルセイユの研究者たちによって確認実験が行われた。[267] さらに1906年、インドでペストを調査していたイギリス調査団も、ラット、モルモット、サルを使い、注意深く管理された一連の実験でシモンの研究結果を確かめた。[260]

イギリス調査団は、ネズミノミがいない状態では、感染した動物と健康な動物が密接に接触しても（ペストの潰瘍《かいよう》から出た膿、尿、糞便との接触を含む）、ペストが伝染しないことを明らかにした。[260] 同様に、感染した母親の乳を飲ませても、子どもはペストに感染しなかった。また、空気を介して感染することもなかった。しかし、ネズミノミがいる場合は、ノミの数が増えれば増えるほど、ペストも動物の間で広がっていった。汚染された土に動物が触れたか否かにかかわらず、結果は同じだった。ペスト患者の家にモルモットを放すと、ネズミノミが寄ってきて、モルモットをペストに感染させたのだ。そこで調査団は、モルモットを放す前に、過塩素酸水銀の溶液や硫黄を燃やした煙を使い、ペスト患者の家のノミを駆除しようとしたが、すべてのノミを殺すことはできなかった。調査団によれば、感染したネズミの血液には1mLあたり1億個もの病原菌が含まれていた。感染したネズミの血液を吸ったネズミノミが、多くの病原菌を取り込むのは当然のことだった。このイギリス調査団による調査結果を受けて、ついにネズミノミ仮説は科学界に認められることとなった。[265]

一方、自分こそがネズミノミ仮説の提唱者だと主張するほかの科学者たちは、シモンへの評価を歪めようとした。1905年、『*Indian Medical Gazette*』誌は、イギリス・インド委員会のW・グレン・リストン大尉による論文を掲載した。ネズミノミをペストの媒介者とするこの論文の内容は、シモンの発表にとてもよく似ていた。[229] その翌年、同誌はリストン大尉のネズミノミ説を画期的な発見として紹介している。

シモンの発見は、隔離検疫がペストに対して効果がなかった理由を説明するものだった。quarantine(検疫)という英語は、イタリア語のquaranto giorni(40日)に由来する。すなわち、船の接岸、荷揚げ、乗客や乗員の下船が許可されるまで隔離される期間が40日間だったということだ。[115] １３４７～１３５２年のペスト流行時には、多くの港町で検疫が行われ、病人を乗せた船を追い返したり、検疫中に病人が出た船の入港を禁じたりする措置がとられた。しかし、それでもペストは都市に侵入した。ネズミは係留ロープを伝って降りたり、短距離なら陸まで泳いで渡ったりできたからだ。

腺ペストの研究に続き、シモンはサイゴンで3年間、ワクチンの接種計画を実施し、ブラジルで5年間黄熱の研究を行った。ブラジルでは、黄熱の原因がネッタイシマカによって媒介されるウイルスであるというリードの委員会の研究結果が正しいことを確認した。[268] その後、ゴーガスが行った蚊の駆除活動をフランス領マルティニークで再現し、この島の黄熱を根絶した。

シモンは、ネズミがノミに刺された傷口を掻くことで、病原菌を含んだノミの糞が擦り込まれ、腺ペストに感染するという仮説を立てた。[269] また、ノミが残す感染した血液の飛沫を介して感染が起こる可能性もあると推測した。[257]

１９１４年、昆虫学者アーサー・バコットとイギリスのリスター研究所の所長チャールズ・ジェームズ・マーティンは、ノミの糞が一般的な原因ではないことを明らかにした。一見すると、バコットがペスト研究への参加を要請されたのは奇妙なことのように思える。正式な科学教育を受けていなかったし、職業は事務員で、ノミを扱った経験もなかったからだ。[270]しかし、優秀な昆虫学者であった彼は、すぐにノミの生活史をつまびらかにし、その成果によってリスター研究所で研究者としての地位を得た。

バコットとマーティンは、ノミの糞はすぐに乾燥するため、病原菌をわずかしか含んでいないことを発見した。[269]感染したノミが排便しないように1日餌を絶っても、ネズミはペストにかかったのだ。二人は、ノミの胃と前胃（砂嚢《さのう》のようなもの）で病原菌が増殖して「ペストの固形培養物」をつくり、それが最後に吸って凝固した血液とともに食べ物の通り道をふさいでしまうため、ノミが常に栄養を求めなければならなくなることを明らかにした。「ノミは喉の渇きに苦しみ、食欲を満たそうと努力し続けるが、食道をふくらませることしかできない[269]」。ノミ1匹は100万個以上の病原菌を体内に宿すことができる。[271]貪欲なノミが、ネズミであれ人間であれ、宿主に噛みつくたびに、ペスト菌を含んだ新鮮な血液を傷口に吐き戻し、腺ペストを発症させるのだ。その後、病原菌は宿主の血液1mLあたり10億個の密度にまで達する。

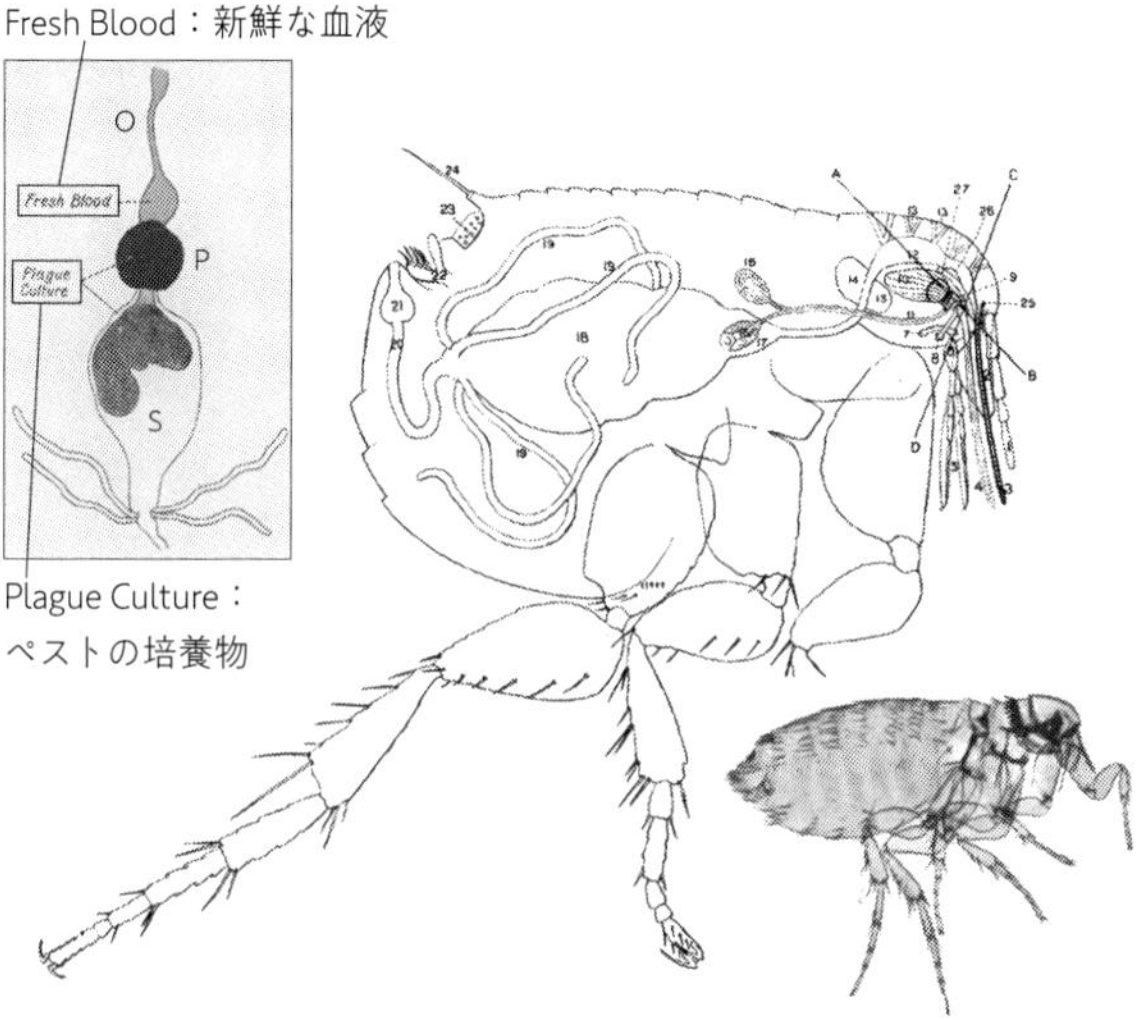


**図 5.3**　ネズミノミの解剖図。[260] 左上の図は、ペストの培養物と凝固した血液によってノミの前胃（P）がふさがれている様子を示している（S は胃、O は食道）。[269] 右下の写真は、一般的なネズミノミの雌。1914 年にインドで行われたペスト調査の際に、化学的に保存されたものである。[272]

この細菌は、気道分泌液を介して人と人との直接感染を起こし、肺ペストを引き起こすこともある。そうなれば、ほとんどの場合、死に至る。[206] まれに、ヒトノミに刺されることで人から人へ感染し、敗血症性ペストを発症することもあり、この場合は感染後数時間で死亡するとされる。[206,207]

ペスト菌は、極めて

パンデミックを引き起こしやすい細菌である。[207] まず、ペスト菌はネズミノミの糞の中で5週間も生きることができる。そしてネズミノミのうちには、4カ月以上食べずに生き続けられる種類や、理想的な環境下なら2年近くも宿主なしで過ごすことができる種類もいる。[272] またペスト菌は、80種以上のノミによって媒介され、200種以上の哺乳類に感染する。これらの哺乳類のどれもが、病気の発生源となり得るのだ。[115・273] ユスティニアヌスのペストや黒死病についても、集団墓地から採取したDNAを分析した結果、1890年代の第三次ペストの大流行と同様、ペスト菌によるものだったことが確認されている。[274-280]

1890年代のペスト大流行では、近代交通網によって感染が急速に広まり、約1500万人が死亡した。このパンデミックは、世紀の変わり目にアジアから世界中に広がり、アフリカ、ヨーロッパ、オーストラリア、南北アメリカなど、人間が住むすべての大陸へ伝播した。[262] 一部の地域では、科学者が研究所から伝染病をばら撒いたのだと訴える人もいた。実際、ウィーンではそのような過失が起こっていた。[281] 1898年に起きた中国での大流行の際には、現地に研究室のあったエルサンもそうした非難を受けている。[262] 最も大きな被害を受けたのはインドで、1898〜1918年の間に約1250万人もの人々がこの病気で亡くなった。[273] 香港のときと同様に、イギリスはインド亜大陸での流行を抑えようとしたが、各地で暴動に見舞われることとなった。[262]

ペストを媒介するネズミやその他のげっ歯類が食べ物をたやすく得られるようになったのは、農業が始まったためである。ユスティニアヌスの時代やペトラルカの時代に腺ペストが流行したのは、ネズミノミが、自然宿主である野性のげっ歯類（グラスラット、アレチネズミ、マーモットなど）から、人間の生活圏に棲むクマネズミに病気をうつしたせいである。[115] 感染したノミは、ネズミだけでなく、マーモットの毛皮の束にも取りついてヨーロッパへの交易路を移動した。

ノミがペストを媒介する方法を発見したバコットは、1914年のシエラレオネ黄熱委員会で中心的な役割を担った。[270] シエラレオネに1年間滞在したのち、今度はシラミ対策の研究に力を注いだ。第一次世界大戦では塹壕熱が猛威を振るっており、塹壕の中で兵士が健康を保つためにはシラミ対策が不可欠だったのだ。彼は戦場と同様の環境に身を置いて対策を検討し、塹壕熱の感染にシラミが関与していることを同僚とともに実証した。1920年、うかつにも塹壕熱に感染してしまったが、この好機に公衆浴場で採取したシラミに自分の血を吸わせた。熱に苦しむ彼の血を吸ったシラミは、彼の研究チームが以前発表した細菌に感染していた。それから数カ月間、彼は自分の血を吸わせて実験用のシラミを感染させ続けた。そして1922年、発疹チフスの感染にシラミが果たす役割を研究するため、カイロ遠征に参加したバコットは、研究中に発疹チフスで亡くなった研究者たちの一覧に名を連ねることとなった。

1898年、シモンはネズミを使った実験を通して、ペスト対策では殺虫剤が重要な役目を担うという考えに至った。「ペストの伝播には、ネズミと人間が微生物を運ぶ過程が含まれる。すなわち、ネズミからネズミが、人間から人間が、ネズミから人間が、人間からネズミが寄生虫を介して感染する過程である。そのため予防策は、ネズミ、人間、寄生虫という三つの要素のそれぞれに向けられなければならない[265]」

これら三つの要素のうち二つへの対策は、駆除剤(ネズミの駆除剤とネズミノミの殺虫剤)によって達成できる。ペストの長距離伝播を防ぐため、シモンは亜硫酸で船を燻蒸してネズミとノミを殺す方法を推奨した。[247] 人間を感染源とみなす、それまで一般的であったが成功していなかった衛生管理法とはかけ離れた方法であった。これはのちに、船や飛行機のネズミ駆除に関する国際条約へと発展した。[282]

ネズミノミがペストを媒介するという実験結果は、1906年にイギリスの委員会が確認実験を行うまで国際的には認められなかったが、インド政府が興味を抱いていることにシモンは気づいた。シモンのネズミを使った実験の直後である1898年6月に、インド政府は大がかりな「ネズミ毒殺運動」を開始した。[260] 衛生局員は下水道に石炭酸を流し、家の周りに石炭酸の粉末を撒き、ネズミの通り道に硫黄ガスをポンプで送り込んだ。[283] さらには、ヒ素、リン、炭酸バリウム、樟脳《しょうのう》、さらし粉（塩化石灰）、カイソウ（ユリ科の多年草）の抽出物、ストリキニーネといった毒餌もしかけられた。

当時ストリキニーネの生産者は、ストリキノス属の樹木の種子から毒を抽出していた。それまで何世紀にもわたって動物の毒餌として使われてきたストリキニーネは、1818年にフランスの化学者ピエール・ジョセフ・ペルティエとジョセフ・ビアンネメ・カヴェントゥがストリキノスの一種から抽出したことによって、初めて素性が明らかとなった化合物である。[284] 二人はその2年後に、キナノキの樹皮からキニーネとシンコニンを抽出するという歴史的な偉業を成し遂げている。[68]

インドでは、わずか180軒の家を消毒するために、「1万320kLに及ぶ膨大な量の石炭酸、大量の生石灰のほか、昇汞《しょうこう》入りの石灰も使われた。液体の消毒剤が焼夷弾を使って家々に大量に撒き散らされ、その後しばらくは下の階に漏れ出していたので、家を修理する人たちは傘を差す必要があった[281]」

下水道や地中のあちこちにいるネズミにまで行き届かなかったため、こうした取り組みはいずれも成功しなかった。[283] しかし、パニックを抑えることはできた。目撃者の一人は次のように言う。「通りは次亜塩素酸塩と石炭酸の池のようだった。地域によっては、その強烈な臭いが惨状と魚の悪臭を覆い隠し、人々の食欲と精神を同時に高めていた。当局は一般的に、強い臭いのする消毒剤を好む。そのほうが国民の信頼を得られるからだ。薬屋のような臭いに息苦しくなり、街角で立ち止まった人々は、何もしなければ自分を襲っていただろう何百万もの菌が足元で死んでいると信じ、当局の熱意を称えて帰っていった[281]」

インドでは、敗血症を起こす病原体をネズミに接種し、(人が感染する病原体であるにもかかわらず）ネズミが出る地域に放したり、ネズミを狩るためにネコやフクロウを家に放したりといった、より独創的な試みもなされた[283]。しかし、ノミ用の殺虫剤を使用せず、ネズミだけに的を絞った対策には大きな問題点があった。死んだネズミからノミが離れ、生きた人間を宿主に選ぶようになったのである[282]。

科学者だけでなく、一般の人々も、ペストに対する抵抗力と、殺虫剤として使用されている製品の関係性に気づいていた。１９０３年、ボンベイの石油店の経営者は、たびたび石油にまみれていた石油担当の従業員がペストに感染せず、石油に触れていなかった従業員数人がペストで死亡するのを目にした[229]。同様に、１７９７年にエジプトのイギリス領事は、ペストによる死者があちこちで出ているのに、油田の労働者からは死者が出なかったと報告している。似たような話はまだまだある。以下はインドにいたイギリス人による報告である。「これは現地民から聞いた話だが、彼らは極端なことでなければたいてい気づかないので、おそらくは正しいと思われる。搾油に携わる者は感染症にかからないというのだ[229]」。店に住み込んでいるタバコ屋も同じく、感染を免れていた。

１９１４年にインドでペストが流行した際、バコットはさまざまな殺虫剤の蒸気を用いて、ネズミノミへの効果を調べる大規模な実験を行った。[285] 使われた殺虫剤には、ライゾール、フレーク状のナフタレン、ホルマリン、ベンゼン、パラフィン油、粉末樟脳、アンモニア、フェノールなどがあった。これらはそれぞれ独自に発展を遂げてきた化合物であるが、なかでもフェノールは悲劇的な経過をたどっている。

1834年に初めてコールタールから抽出されたフェノールは、*karbolsäure*（石炭油酸）と名づけられ、[286] のちに石炭酸として知られるようになる。19世紀後半から20世紀初頭にかけて、フェノールは主要な殺虫剤としての地位を得たが、不幸にもその殺傷力はナチスに利用され、ホロコーストでは強制収容所の収容者数千人を殺すためにフェノール注射が使われた。[287]

こうした農薬と兵器の化学的融合が大々的に行われ始めたのは、第一次世界大戦中のことだった。近代化学と工業生産技術の融合は、優れた化学兵器を求める軍拡競争を引き起こし、天然由来の物質から合成化合物への農薬原料の移行を促した。偶然にも、新たに合成された農薬のなかには優れた化学兵器となるものがあった。一方で、化学兵器の技術革新は、新しい農薬やその輸送法に容易に転用された。戦争という要請が、害虫との闘いに新境地を開き、化学者の地位を西部戦線の両側で急上昇させたのである。

# 第3部

# 戦 争

# 第6章

# 戦争による合成化学物質

（紀元前423～1920）

私には、率直かつ大胆に述べる義務があると思う。すなわち、もし科学が存分に力を発揮することを許され、「戦争においてはあらゆることが正しい」と社会が本当に認めたなら、戦争は臣民も王もあえて手を出さない遊びとして、地上からすぐに消え去ってしまうかもしれないということを。ギリシャ火薬を放出できる球体は、いかに頑強な人間であろうとも生きてはいられない致死性の薬剤も放出できるのだ。[288]

――ベンジャミン・ワード・リチャードソン医師、1864年

戦闘で化学物質が使われたのは、第一次世界大戦が初めてではない。その2300年以上前となる紀元前424年に、古代ギリシャのアテナイとスパルタが戦ったペロポネソス戦争で、アテナイはスパルタ同盟軍による火とガスの攻撃を受けてデリオンの砦を落とされている。歴史にとって幸いなことに、この出来事はトゥキュディデスによって記録された。アテナイに蔓延《まんえん》した疫病を生き延びたのち、出身地の海軍を統括する将軍として戦争に参加した彼は、[289]デリオンの包囲戦で使われた大釜について書き残してい

る。この大釜には、鉄で補強した木管を通して有毒な火炎ガスを送り込むため、巨大なふいごが取りつけられていた。「火をつけた石炭、硫黄、松脂《まつやに》でいっぱいの大釜に強い風が吹き込まれると、火炎が巻き起こり、城壁に燃え移った。守備隊はすぐに耐えられなくなって逃げ去ったため、砦は占領されてしまった[290]」。その後、要衝アンフィポリスをスパルタ人に奪われたことから、トゥキュディデスは20年の追放刑に処された[289]。没年は紀元前４００年頃で、暗殺者の手にかかって殺されたといわれている。

それから約１０００年後、「ギリシャ火薬」が海戦に登場した。その成分は、植物性樹脂、硫黄、ナフサ（液体炭化水素混合物）、石灰、硝石（硝酸カリウム）であったとされる[288-291]。１７８８年に出版された古典的著作では、次のように説明されている。「どう猛な怪物の口に見立てた銅製の長い管が、ガレー船の舳先《へさき》に据えられており、これを通して、液体の烈火を吐き出すかのごとく吹きつけるのが一般的だった[292]」。中世には、ギリシャ火薬と対峙した十字軍の騎士が、「雷鳴を轟かせながら、稲妻の速さで［中略］それは長い尾と翼を備えた竜のように宙を飛んできた。夜の闇はこの恐ろしい照明によって取り払われた」と語っている[292]。

1680年には、さらにおぞましいものが開発された。ある化学者が、人糞からの抽出物を使って水銀を凝固させようとした際[288]、偶然にも自然発火性物質をつくり出したのだ。出来上がった混合物には、空気にさらすとギリシャ火薬のように燃え上がるという性質があった。この新しいギリシャ火薬にとって、人糞が不可欠な素材ではないことを別の化学者が発見したのは、1713年のことだった。化学者たちは、化学反応によって亜硫酸を生じさせ、空気に触れると発火して大火災を引き起こすように、自然発火性物質の成分を精製した。

19世紀中の化学戦は、単なる試行錯誤によるものではなく、急成長を遂げた化学分野の科学的原則に基づいたものとなった。ナポレオン戦争中、イギリスの海軍士官トマス・コクランは、粘土の上に硫黄と木炭を交互に積み重ねて船に載せ、その船をフランス側の城壁近くに停泊させて、風向きがよいときに火をつける作戦を提唱した[293]。発生する亜硫酸ガスによってフランス軍を衰弱させ、イギリス軍の侵攻を容易にすることを意図したものだったが、1812年にイギリス海軍本部は、風、潮汐《ちょうせき》、海流の不確実性を理由に彼の提案を却下した。

コクランは海軍司令官になってからも粘り続け、1846年には煙幕を取り入れる改良案を提出した。その秘密計画書には、「すべての要塞、特に海軍要塞は、濃い煙に紛れつつ城壁の風上から硫黄の煙を大量に送れば、抵抗に遭わずに制圧できる」とある。[293] しかし、こうした攻撃が「文明的な戦争の感覚と原則に合致」せず、同じ方法による反撃を招きかねないという理由により、計画は再び却下された。

クリミア戦争中の1854年、コクランはまたしても提案を試みた。[294] 79歳になっていた彼にとって、これが近代化学戦を始める最後のチャンスであった。彼は戦場に赴いて自ら配備を監督すると申し出たが[293]、科学者のマイケル・ファラデーをはじめとする審議委員会は、煙では船を完全に隠せず、敵が防毒マスクをつけて反撃してくる可能性もあるとして、この案を却下した。イオンと呼ばれる荷電原子を発見し、電気化学という新しい分野を切り開いたファラデーは、コクランの提案を科学的に検証するのにふさわしい人物だった。[295] 審議委員会は、コクランの計画が「危険で、成功の見込みがなく、おそらく失敗して軍の信用を失墜させるだろう。それは現在我々が直面している大規模な戦いにおいて、衰えた勢いを盛り返すきっかけを敵に与えることにもつながる」と結論づけた。[293]

クリミア戦争への対応のまずさからアバディーン連立政権が失脚すると、コクランは自分の計画を新政府に提出した。計画は好意的に受け止められた。パーマストン首相は陸軍大臣のパンミューア卿と合意し、コクランを責任者として実行に移そうとした。パーマストンはパンミューア卿に宛てて次のように書いている。「成功すれば、あなたの言う通り、多くのイギリス人やフランス人の命が救われることになる。彼が失敗しても、私たちは非難を免れるだろうし、少しばかり嘲笑されるくらいは耐えられる。大部分は彼が背負うことになるはずだ[293]」。しかし、コクランが硫黄を積んだ船で出撃する前に、セヴァストポリは陥落し、戦争は終結した。

計画書はその存在が秘密にされたまま家族の友人に遺され、のちにコクランの子孫に受け継がれた。計画書には、「国家的緊急事態が発生した場合」にのみ開示できるという明確な指示が添えられていた。[293] その緊急事態が、1914年に起きた。コクランの孫は、計画書をイギリス陸軍と海軍にもち込み、陸軍には却下されたが、海軍大臣のウィンストン・チャーチルには可能性を認められた。チャーチルは戦争の規範に背く気はなかったが、化学攻撃を隠す煙幕の配備実験を許可し、コクランの孫を責任者に据えた。だが、先にガス攻撃を仕掛けてきたのはドイツ軍だった。イギリス軍はその後まもなく、自国の化学攻撃を隠すために、沿岸の船からコクランの煙幕を使用した。コクランの孫は、化学兵器が「将来のあらゆる戦争を回避するための最も強力な手段」であり、それは「すべての国が戦争のリスクを負うことを恐れるようになる」からだと述べている。

化学兵器の非人道性をめぐる議論は、クリミア戦争中に始められた。当時、コクランと同じように、ロシア軍に撃ち込む砲弾にシアン化合物を入れるべきだと主張するイギリスの化学者がいた。[296] だが陸軍省の役人は、敵の水源に毒を入れるようなものだという理由で、そうした兵器を禁じた。この化学者は次のように書いている。「この反対理由には意味がない。溶かした金属を砲弾に詰めて敵側に撒き散らし、最も恐ろしい死に方をさせるのが正当な戦い方だとされている。なぜ苦しませることなく殺せる有毒な蒸気が正当ではないとみなされるのか、まったく理解できない。戦争とは破壊である。最小限の苦痛で破壊的であればあるほど、国権を守るためのこの野蛮な手段を早く終えられるのだ[296]」

こうして、化学兵器をめぐる論争が始まった。アメリカ南北戦争の最中にも、化学兵器は賛否両論を巻き起こした。北軍のギルモア将軍がサウスカロライナ州チャールストンに液体火薬を使った砲弾を打ち込んだことが、議論を拡大させた。南軍のボーリガード将軍は、「戦争で使われた最も邪悪な合成物」だと断じたが[288]、化学兵器を擁護する者たちはそうは考えなかった。化学兵器開発の支持者の一人は当時、こう述べている。「私には、敵を打ちのめすためにその骨を折り、手足を切り裂き、槍で内臓をえぐり出すよりも、神秘的な眠りに誘うかのように兵士を倒すことで、リージェンツ・パークの軍勢（イギリス軍）を壊滅させるほうがひどいと言って、人類が反乱を起こすべきだとは思えない。その結果、大半の者は半死半生となり、地獄の苦しみのなかで何時間も悶え続けるというのに。〔中略〕戦争は今、その細部において恐怖と残酷さの極みに達している。どのような技術によってもこれ以上はひどくできず、より強力なエネルギーを与えることでしか苦痛を減らせないところまできているのだ[288]」。化学兵器を禁止した1899年のハーグ平和会議では、アメリカ代表もそうした見解に同意している。「砲弾を想定したこれらが残酷で不実であるという非難は、かつて銃器や魚雷に対してなされたものと同様である。だが、今ではどちらも平然と使用されている。真夜中に装甲艦の底を吹き飛ばし、逃げることもできない４００から５００の兵士を海に投げ込んで窒息させることは許されると、誰もが認めているのだ。にもかかわらず、ガスで窒息させることに慎重になるのは非論理的であり、明らかに人道的ではない[297]」

アメリカ南北戦争中には塩素ガス兵器も提案されたが、使用されることはなかった。ニューヨークの教師の一人は、陸軍長官に宛てた手紙のなかで、南軍に対して投射物とともに塩素ガスを用いる方法を提案した[298]。ある独創的な北部住人は、塩化水素ガスの使用を提案している。「闇夜にそよ風の吹く好条件のもとであれば、有色人種部隊を率いたバーンサイド将軍が、犠牲も流血もなくピータースバーグの要塞やダーリング砦を奇襲・占領することができると思われる[299]」

こうした化学兵器の躍進を可能としたのは、１８２８年、28歳のドイツ人化学者フリードリヒ・ヴェーラーが、偶然シアン酸とアンモニアから尿素を合成したことに始まる有機化学の急速な進歩だった[300-302]。その化学反応が起こる瞬間まで、科学者たちは、物質というものは有機か無機のどちらかであり、有機物は生物の生命力によってのみ生成されると考えていた。[295] だが、肝臓の生成物である尿素を、ヴェーラーは実験室で無機物から合成した。これができるのであれば、化学者はあらゆる有機物を合成できるのではないか。それから数十年の間に、化学者たちはすでに知られている膨大な数の有機物を合成しただけでなく、自然界に存在しない化学物質をも多数つくり出した。これらの驚くべき成果が、化学兵器に新たな可能性をもたらしたのだ。化学兵器の開発が急激に勢いを増したのは、第一次世界大戦中のことだった。

1914年当時、ドイツは化学の分野で圧倒的な強さを誇っていた。研究者の育成、科学的業績、化学製品の種類、工業生産高のいずれについてもである。[303] 世界市場で扱われる染料の約80%をドイツの化学会社8社が生産していたのだ。ドイツが化学の分野でこれほど優位に立つ原動力となったのは、フリッツ・ハーバーとヴァルター・ネルンストという二人の競争心だった。

二人の偉大なドイツ人化学者の競争は、両者が似ていたにもかかわらず、というよりは似ていたからこそ始まった。[301] ネルンストはハーバーより4歳だけ年上で、ともに背が低く、同じ文化的活動を楽しんでいた。また、1902年にはハーバーが、1904年にはネルンストが、ドイツからアメリカへの調査使節を務めた。

ネルンストはその頃、エジソンの新しい炭素フィラメントランプを上回る効率のよい光源を発明したことで、すでに裕福になっていた。[295] エジソンのランプが真空を必要とし、光が弱かったのに対し、酸化セリウムを含む固体電解質を使用したネルンストのランプは、明るい光を発した。皇帝ヴィルヘルム2世はネルンストのランプに大いに感心し、ネルンストがロウソクのようにマッチでランプに明かりをつけ、息を吹きかけて消す様子を見せると、とりわけ感激した。これは、酸化セリウムが冷たい空気のもとでは電気を通さず、熱が加わると電気を通す性質をもつことによる。

ネルンストは、100万マルクという驚くべき金額で特許を売却した後、ガス入り電球中の白熱金属線の性質を研究するアービング・ラングミュアというアメリカ人大学院生を指導した。[295] 結果的に、ネルンストは自身の発明を帳消しにする手ほどきをしたことになる。ラングミュアはネルンストのもとでの研究を終えると、ゼネラル・エレクトリック社に就職し、エジソンとネルンストの電球に代わる白熱電球を完成させたからだ。その後、ラングミュアは原子状水素（孤立した水素原子）を発見し、1932年にノーベル化学賞を受賞している。[295・304]

ネルンストは、電球で稼いだ大金を研究室に投資しただけでなく、個人的な贅沢品の購入にも使った。[295] 彼は1898年にゲッティンゲンで1台目の自動車を買い、生涯で計18台を所有した。そのなかには、運転席の下にボイラーがあり、排気口から炎が出る車まであった。エンジン内でのガソリンの酸化を調査し、改善したいという誘惑に勝てなかった彼は、シリンダー内に亜酸化窒素を注入すれば熱出力が増えると予測して、車に亜酸化窒素ガスタンクをつけさせた。そして、このガスを使い、歩行者を追い散らすようにクラクションを鳴らしながら、自動車で上るには急すぎる坂道を走らせた。

それからまもなく、ベルリン大学教授の地位を得たネルンストは、[295] 科学技術の最先端を行く革新者として、家族とともに自家用車でベルリンへ向かうことにした。だが、その車は道中に故障した。ガルバニ素子の性質を熱力学的に解明した人物であるというのに、車のバッテリーの極性を間違えて充電してしまったらしい。

彼の同僚は、神がある日、いかにして超人ネルンストを創造しようとしたかについて語っている。「神はまず脳に取りかかり、最も完璧で緻密な知性をつくり上げたが、不幸にもよそに呼ばれてしまった。その唯一無二の脳を目にした大天使ガブリエルは、衝動に駆られて肉体を与えた。だが、経験不足だったせいで、残念ながら見栄えのしない小男をつくることしかできず、不満を抱いて投げ出した。最後に悪魔がやってきて、その無生物を見つけ、生命を吹き込んだ[295]」

実際にネルンストの生産性を高めていたのは悪魔ではなく、妻のエマであった。結束の強い家族の暮らしを守るため、彼女は5人の子どもがいる家庭を切り盛りしていた。[295]科学者や著名人たちと活発に交流する夫のために客をもてなしたり、口述原稿をタイプしたりするだけでなく、洗濯の際には糊づけされたシャツの袖口のチェックまでしていた。というのも、夫がよく袖口にメモを書くからで、石けんと水で流す前にそれを書き写しておく必要があったのだ。

ネルンストは、ドイツで最も有名な物理化学者だった。[301]ハーバーがライプツィヒで教授職に就こうとしたとき、ネルンストはそれをうまく阻止した。ハーバーは何度か昇進に失敗しているが、その一部は（ネルンストによる妨害ではなく）反ユダヤ主義によるものであった。そのためハーバーは、キャリアを円滑に進める目的でプロテスタントに改宗した。のちにある同僚はこう述べている。「35歳以前は教授職には若すぎ、45歳以降は年を取りすぎていた。その間の10年は、ユダヤ人だった[295]」

ハーバーの行く手を阻んだ障害のなかには、敗北という、競合がしのぎを削りながら急速に発展している分野においては避けられないものもあった。ハーバーは著書『熱力学』のなかで、0ケルビン[*]には到達できないと書いたが、これを熱力学の第三法則に発展させる洞察力(講義中に思いついたという)があったのはネルンストだった[295]。ネルンストは科学法則の発展という、選ばれた人間にしかできない偉業を成し遂げたのである。この法則について、彼は次のように述べている。「熱力学の第一法則は大勢の肩に、第二法則は少数の肩に、第三法則は私一人の肩にかかっている[301]」。これを受け、ほかの科学者たちは、ネルンストの著作でこの新しい法則の説明を見つけるには、索引で「私の熱定理」という項目を探す必要がある、と皮肉った[295]。

ハーバーもまた、無限に思える創造性とともに、ユーモアのセンスも兼ね備えていた。独身時代、彼は芸術家を含めた親しい友人たちと、よく同じテーブルを囲んだ。そのテーブルには「ここでは多少の嘘は許される」と彫られた角と盾が取りつけられていた。[305] そこでハーバーは、友人たちにアルヴァノイ村の井戸の話をした。暑い日に長い距離を歩き、喉をカラカラにして井戸にたどり着くと、同時に大きな牛がやってきた。このとき一緒に井戸水の中に頭を突っ込んだせいで、牛と頭が混ざってしまったそうだ。

ハーバーの生産性、エネルギー、そして乗り越えがたい問題に対する意欲は、世界中の協力者を引き寄せた。一度に40人以上の協力者が彼の研究室に集まったこともあった。ハーバーは友人でノーベル賞受賞者のリヒャルト・ヴィルシュテッターに宛てて、「私は自分の能力を超えることすべてに喜びを感じ、感服したときに幸せを感じる」と書いている。[305]

ハーバーとネルンストはどちらも、大気中の窒素を固定して肥料に使えるアンモニアにするという、一見不可能なことを実現しようとした。[301] 成功すれば、世界の飢餓を軽減するために大いに役立つはずだった。当時はチリが世界の肥料用窒素の３分の２を供給

＊　ケルビンは熱力学温度の単位。絶対零度（摂氏マイナス273・15℃）が0ケルビンとされる。

しており、農産物の生産量はチリ硝石（硝酸塩鉱物）をどれだけ入手できるかにかかっていたからである。ハーバーが最初に行った実験では、反応温度を1000℃まで上げるなどしたにもかかわらず、微量のアンモニアしか得られなかった。ハーバーの実験ではアンモニアの生成量が誤って計算されていると結論づけたネルンストは、計算式を修正し、大気中の窒素から工業的に成立し得るアンモニアの生成量を世界で初めて正確に算出しようと試みた。この出来事が、それぞれドイツで、ひいては世界で最も偉大な物理化学者を目指す二人の対立を激化させた。

ネルンストもハーバーも、化学反応中の圧力を高めればアンモニアの生成量を増やせることに気がついた。[301]これは、アンリ・ル・シャトリエによる化学平衡の法則に基づいた考え方だった。1901年、ル・シャトリエはアンモニアを合成するために圧力を高め、助手を瀕死の状態に追いやるほどの爆発を起こしたが、このことが化学反応における圧力の役割への理解を深める結果につながった。ネルンストとハーバーは、それぞれ高圧での実験を行った。ネルンストは大気圧の75倍にも達する高圧実験を行い、世界で初めて高圧によるアンモニアの合成に成功したが、生成量は少なかった。同じ反応についてハーバーが計算するアンモニアの生成量は、ネルンストが計算する量よりも常に約50％多かった。二人の知的対立は、１９０７年にハンブルクで開かれたブンゼン学会の会合で頂点に達し、ハーバーの名声は、ネルンストとその科学的地位に挑戦したせいで危機に瀕した。だが、誰の計算が正しく、誰の計算が間違っていたのかは、まだわからなかった。

その2年後、ハーバーと彼の学生たちは、２００気圧、６００℃の条件で８％のアンモニアを得ることに成功した。[301] その実現には、極端な圧力と温度に耐えられる反応容器の製作と、反応を促進する触媒の探索が必要だった。ハーバーは、ウラン元素とオスミウム元素が反応の触媒となり、金属製の容器が必要な条件に耐えられることを発見した。それから、産業界のパートナーと交渉して、アンモニア1kgを販売するごとに1ペニヒ受け取るという異例の取引を決めた。価格変動や製造効率の改善があっても、彼の収入に影響が出ないようにするためだった。こうしてハーバーは世界の肥料問題を解決し、緑の革命を起こした。一方のネルンストは、ハーバーのアンモニア合成の技術革新は実際には自分のものであると説き続けた。この確執から、二人はどちらかが会議に招待されると、もう一方が出席を拒否するようになる。

窒素固定によって、ハーバーはドイツ化学界の最前線に立った。[301] 多くの科学史家が主張するように、彼は歴史上最も大きな影響力をもった化学者であった。[306] 窒素固定が実現されなければ、20世紀に急増した世界人口のおそらく3分の1が飢餓に苦しんだだろう。[307] 世界で最も優秀な若手化学者の多くは、ネルンストよりもハーバーの指導を受けようとし、ハーバーの研究室からは当時最も有名な科学者たちが輩出されていた。[301] その後、ハーバーにはカイザー・ヴィルヘルム物理化学・電気化学研究所という自分の研究所が与えられた。

ハーバーが生み出す革新的な手法には際限がなかった。たとえば、炭鉱内で発生する有毒な爆発性ガスを検知できる計器を皇帝から求められた際、空気中にメタンが多くなると音が変わり、爆発しそうなほどガス濃度が高くなると独特な音を発する笛を発明した。[301]

ユダヤ人としての血筋は、もはやキャリアの妨げにはならないかのように見えた。ドイツ社会には著名な反ユダヤ主義者がいたのだが、皇帝はそうした偏見を共有しなかったからだ。[295] 実際、第一次世界大戦が勃発する頃には、皇帝の科学研究所のうち三つで、のちにノーベル賞を受賞するユダヤ人が所長を務めていた。フリッツ・ハーバー（1918年ノーベル化学賞）、リヒャルト・ヴィルシュテッター（1915年ノーベル化学賞）、アルバート・アインシュタイン（1921年ノーベル物理学賞）である。[295]

戦争が始まると、皇帝の人気は急激に高まった。大勢の支持者の前で、皇帝は「私が皆を栄光の時代へと導こうではないか」と宣言した。[295] しかし、ネルンストにとって、その栄光が最初にもたらしたのは、二人の息子のうち一人の戦死であった。[295] 悲しみのあまり、ネルンストは運転手を務める義勇兵団に入り、ベルリンの参謀本部からフランスのフォン・クルック第二軍に書類を届ける任務に就いた。２週間後には、フォン・クルック軍とともにパリ郊外に到着したが、急進撃ののちに突然撤退するはめになり、ネルンストと彼の車は追ってきたフランス軍に危うく捕らえられそうになった。その後、戦況は中間地帯を挟んだ塹壕で泥沼化した。

開戦からわずか５カ月後のクリスマスに、ネルンストは家族や友人にドイツは負けるだろうと告げた。[295] 反応の力学を研究する科学者としての判断だった。ドイツの将軍たちは早期の勝利を狙っていた。ドイツが限られた資源を費やしている間に力を増していく四方の敵に対して、長期的に防衛する手立ては講じられていなかったのだ。将軍たちはやむなく、敗北を免れるためには科学者に頼るしかないという結論に至った。

ドイツ政府はネルンストに、兵器に使う効果的な化学物質を考案する任務を与えた。[301] 戦争終結から3年後に出版されたアメリカのガス戦史によると、ガス兵器の採用はネルンストの発案だった。[297] 彼はジアニシジン・クロロスルホン酸という刺激物と臭化キシリルという催涙剤の組み合わせを提案したが、この混合物は十分な効果を生まなかった。[301] より致死性の高い化学兵器の製法がその優秀な頭脳から抜け落ちていたのか、彼に化学兵器をつくる気がなかったのか、史料からはわからない。[295]

一方、ハーバーは、ドイツ軍がロシアの冬を戦い抜くために役立つガソリンの不凍液をつくる任務をやり遂げた。この成功を評価した政府は、ネルンストに代わってハーバーを毒ガス研究のリーダーに据えた。また、皇帝はハーバーを陸軍省のガス戦および毒ガス防護の研究・試験本部長に任命した。[308]

ネルンストは、新しい爆薬の開発に回された。[295] あるとき、わざわざ車で実験場まで行かずに実験を済ませるため、彼は大学の研究室の隣にある使われていない井戸の底に爆薬を設置した。爆風は上に向かうので危険はないと考えたのだ。しかし不運にも、井戸の底には隣接する講堂に空気を送る換気口があった。爆発とともに大講義室は暗闇に包まれ、まもなく室内に粉塵《ふんじん》が充満し、物理学部長と300人の学生たちを驚かせた。

新たな任務のため、ハーバーは自分の研究所で毒ガス研究を指揮した。[301] この研究チームは塩素を採用した。現地で手に入る大量の液体塩素をボンベに加圧貯蔵でき、また放出した際には、空気より重いガスが地表に滞留するからだった。[295] 1914年12月には、爆発事故によって主要研究者の一人（ハーバーの妻クララの親友）が死亡、もう一人が負傷するという大きな失敗を犯したが、[301・309] その翌月、実地に最適な湿度と風の条件に関する重要な調査を終えた。草が揺れ動いているようであれば風が強すぎ、攻撃には適さないという結論だった。[295] そよ風程度で十分だった。

ハーバーは、塩素ガスが効果的な武器になると確信していた。[301] 放出試験の際に、塩素ガスを浴びる事故に遭い、重症を負った経験があったためである。[310] ドイツは1899年に窒息性ガスの使用を禁止するハーグ条約に調印していたものの、軍事的に行き詰まると、それまでの姿勢が甘すぎたとして無視することを選んだ[301]。まず、ロシアでの戦闘で塩素ガスが使用されたが、このときは寒波で塩素が雪の中に埋もれてしまった。塩素が再び気化したのは翌年の春で、その頃ドイツ軍はすでに遠くへ去っていた。

1915年4月22日、ハーバーは、ベルギーのイーペル近郊で5730本のガスボンべから約150tの塩素ガスを放出するという史上初の大量破壊兵器の使用を指揮した[301・310]。ガスはそよ風に乗って敵の塹壕に運ばれた。フランス領アルジェリアの兵は退却したが、フランス海外部隊とカナダ軍はガスの中に突進した。目撃者は次のように書いている。「黄緑色のガスの巨大な雲が地面から湧き出し、ゆっくり風に乗って押し寄せてくるのを見た有色人種の兵士たちの気持ちと状況を想像してみてほしい。その蒸気は大地にまとわりつき、あらゆる穴やくぼみを探し出し、塹壕や砲弾の穴を埋めながら近づいてくるのだ。最初は驚き、次に恐れ、そして雲の一端に包まれると息が詰まって苦しくなり、皆パニックに陥った。動ける者はちりぢりに走り、容赦なく襲いかかる雲から逃れようとしたが、たいていは無駄に終わった[297]」

ガスの放出に協力したドイツ兵はこう語る。

我々がするべきだったのはピクニックであり、あのような試みではなかった。砲兵隊は、午後から実に激しい攻撃を仕掛けた。フランス兵は塹壕に閉じ込もっていなければならなかった。砲兵隊の攻撃が終わると、我々は歩兵隊を戻し、ひもでバルブを開けた。夕食の頃、フランス兵に向かってガスが噴き出し始め、あたりは静まり返った。我々は皆、何が起ころうとしているのだろうと思った。目の前に大きな緑灰色のガスの雲ができたとき、突然、フランス兵の叫び声がした。それから1分も経たないうちに、これまでに聞いたこともないほど激しいライフルや機関銃の射撃音が聞こえた。フランス兵がもっていたあらゆる大砲、機関銃、ライフル銃から弾が発射されたに違いない。あのような音は聞いたことがなかった。信じがたい数の弾丸の雨が私たちの頭上を通りすぎたが、ガスは止まらなかった。風はガスをフランス軍に向かって送り続けた。牛の鳴き声や馬の悲鳴も聞こえた。フランス兵は撃ち続けた。おそらく自分たちが何を撃っているのか、わかってはいなかっただろう。15分ほど経つと、銃声がやみ始めた。30分後には、ときおり銃声が聞こえるだけになった。そしてまた、すっかり静かになった。しばらくすると晴れてきたので、我々は空のガスボンベの先へ歩いていった。そこで見たのは完全な死だった。生きているものは何もなかった。動物たちは皆、穴から出て死んでいた。ウサギ、モグラ、ネズミなどの死骸がそこらじゅうにあった。ガスの臭いはまだ残っていて、数カ所ある茂みに漂っていた。フランス軍の陣地に着くと、塹壕は空だった。だが、半マイル先では、フランス兵の死体がいたるところにあった。信じがたいことだった。イギリス兵も見かけた。息を吸おうとして顔や喉をかきむしったようだった。なかには銃で自殺した兵もいた。厩舎にいた馬も、牛も、鶏も、すべてが死んでいた。何もかも、虫すら死んでいた。〔中略〕我々は皆、野営地や宿舎に戻ると、自分たちはいったい何をしでかしたのだろうと考えた。次は何だ？　あの日の出来事が状況を変えたに違いないということを、我々はわかっていた。[311]

双眼鏡を使って恐怖におののきながらその様子を見ていた聖職者は、連合軍の兵士に起こったことを説明した。「緑がかった灰色の雲が彼らの上に押し寄せ、黄色に変わりながら一帯に広がり、触れるものすべてを吹き飛ばして、植物をしなびさせた。このような危機に立ち向かう勇気をもった人間などいるはずもない。そのとき、目が見えなくなり、咳き込み、喘ぎ、顔が醜い紫色に染まったフランス兵たちが、よろめきながらこちらへ向かってきた。その唇は、苦痛で言葉を発せられなくなっていた。彼らが、ガスに覆われた塹壕の中に、何百人もの死んだ仲間や瀕死の仲間を置き去りにしてきたことを私たちは知った[297]」。このとき、1万人もの負傷者と、5000～1万人もの死者が出た[301,311]。

連合軍の戦線が崩れている間に、ドイツ軍が大規模な攻撃を仕掛けることはなかった[310]。前線の指揮官たちが、民間の科学者が指示する作戦に疑念を抱き、準備をしていなかったためである。また彼らは、特殊な気象条件を必要とする兵器をあまり信用していなかった[295]。これを不満に思っていたハーバーは、次のように述べている。「1915年の初めに、ドイツとフランス両陣営が少量のガスを使用したが、効果はなかった。その後、気化すると効果を発揮することから、ガスと呼ばれている液体の実験を行っていたとき、私は戦争の膠着状態を打破する目的で、大量のガスを使った攻撃を提唱した。だが、私が大学教授であるせいで、指導者たちは耳を貸そうとしなかった。彼らは後になって、私の助言通りに、イーペルでの実験だけでなく、大規模攻撃を行っていたとしたら、ドイツ軍が勝っていただろうと認めた」[301]。アメリカの化学戦局の責任者も、この評価に同意している[297]。

ガス戦と殺虫剤散布の類似性については、軍人たちも気づいていた。イーペルでは、ドイツ軍の将軍の一人が、「正直なところ、ネズミに毒を盛るように敵を毒殺するという任務には、真っ当な兵士なら誰でもそう感じるだろうが、衝撃を受けた」と述べている[303]。イーペルでの攻撃から1日も経たないうちに、イギリス軍の司令官ジョン・フレンチは、「我が軍が使用できる最も効果的な同種の手段を提供するために、直ちに措置を講じるよう要請する」とロンドンに電報を打った[312]。こうして、第一次世界大戦の特徴であるガス攻撃の応酬が始まったのだ。

ハーバーの妻クララは、結婚してキャリアを捨てるまでは自身も優秀な化学者であり、毒ガスを野蛮なものだと考えていた[295・301・309]。彼女は夫に毒ガスと縁を切るように意見し、懇願し、要求した。イーペルでの最初のガス攻撃を指揮した後、ハーバーは心に傷を負ったが、毒ガスがドイツの早期の勝利を確実にすると信じていた。彼はクララに、科学者は平時には世界のために働くが、戦時には国のために働くものだと説明した。

１９１５年５月１日、ハーバーは同僚たちと一緒に、自宅である研究所長用の邸宅でイーペル攻撃の成功を祝った。[309] その夜、クララは庭に出ると、夫の軍務用リボルバーで自殺した。遺体を発見したのは、13歳の息子ヘルマンだった。自殺の動機には、夫の化学兵器開発のほかに、化学者としてのキャリアを達成できなかったこと、親しい友人たちの死、ハーバーとのちに妻となる女性との浮気など、さまざまな要因があったようだ。ハーバーはその日、５月２日のうちに、東部戦線の任務に戻った。

１９２５年のノーベル賞受賞者ジェイムス・フランクは、西部戦線と東部戦線の両方で戦い、戦場で負傷したのち、ベルリンのハーバーの研究所に配属された。[308,314] グスタフ・ヘルツとともに、ニールス・ボーアの原子構造理論を初めて実験で裏づけることに成功した人物である。フランクがこの発見について講演したとき、アインシュタインは「あまりに素晴らしく、涙が出るほどだ」と称賛した。[314] フランクは、研究所ではガスマスクとフィルターの効果をテストし、前線ではハーバーの腹心の助手を務めていた。この研究チームには、オットー・ハーン（核分裂の発見で１９４４年にノーベル化学賞受賞）、グスタフ・ヘルツ（フランクとともに１９２５年にノーベル物理学賞受賞。電磁波の存在を証明したハインリヒ・ヘルツの甥[313]）、ハンス・ガイガー（ガイガー・ミュラー計数管を発明し、アーネスト・ラザフォードの指導のもと、原子に核があることを実験で証明）といった科学者が参加していた。フィルターの開発は、ノーベル化学賞受賞者でカイザー・ヴィルヘルム化学研究所長だったリヒャルト・ヴィルシュテッターが担当した[310]。科学者たちは毒ガスが充満した密閉空間でマスクを着け、マスクとフィルターが効かなくなったとわかるまで過ごした。どの程度の曝露《ばくろ》が致命的となるのかわからなかったことを考えると、非常に危険な研究であったといえる。

ハーバーの部下たちが、自ら新しいガスマスクの効果をテストするモルモットになったのは、古くからの伝統に従ったためであった。ガスマスクは少なくとも１８５４年にはすでに発明されていた。19世紀半ばの防毒マスクの説明書には、次のように書かれている。「この器具で重要となる素材は木炭である。木炭は、刺激性のガスや、その他の呼吸に適さない有害なガス・蒸気を吸収し、破壊する力が非常に強いため、このマスクを装着していれば、アンモニア水、硫化水素、硫化水素アンモニウム、塩素などを、空

**図6.1a、図6.1b**　第一次世界大戦中、（下の写真に写っている）ドイツのガス兵器とマスクをテストするジェイムス・フランク（両写真の左端）とオットー・ハーン（両写真でフランクの隣）。下の写真は、ベルリンのハーバーの研究所内にあった、ガスマスクの効果を実験する建物。[313]

気でわずかに希釈されているとはいえ、問題なく吸い込むことができる。ステンハウス博士によって初めて得られたこの成果は、実験を繰り返した人物たちによって検証された。なかでもウィルソン博士は、前述の蒸気を自身と4人の弟子で試したが、何の問題もなく呼吸することができた」[297]。第一次世界大戦中には、前線で使われたウマ、イヌ、伝書鳩さえもガスマスクを着用していた[315]。

中和剤入りの改良型ガスマスクが普及したせいで、塩素系ガスによる攻撃が困難になったため、1917年7月12日、ドイツ軍は硫化ジクロロジエチル（マスタードガス）入りの砲弾をイーペルのイギリス軍に向けて発射した[291,297]。ハーバーの研究所で開発されたマスタードガスには残留性があり、さらされると空気も物も兵器に変わる。皮膚に水ぶくれができ、曝露から4～12時間後には火傷の症状が表れるのだ[297]。ドイツ軍によるマスタードガスの砲撃が始まってから6週間で、イギリス軍は2万人近い死傷者を出した。連合国も独自のマスタードガスを開発しなければならないことは明らかだった。

連合国のマスタードガスが戦場で使えるようになったのは、ドイツ軍が最初に使用してから1年後のことだった[301]。成功の功績は、イギリスの化学者ウィリアム・J・ポープと、フランスとイギリスの染料メーカーにあった。マスタードガスはこの戦争で最も重要な毒物となり、ニーウポールトの戦闘では、1発につき最大で約11Lのマスタードガスが入った砲弾が、一晩で5万発以上発射された。[297] 科学者たちはその後、ハーバーの研究所でつくられたホスゲンをはじめ、数多くの新しい化学薬品や有毒な化合物を開発し、兵器化していった。[295] 終戦間際には、砲弾の4分の1に化学物質が含まれるようになり、化学兵器工場はその生産能力を最大限に発揮していた。[316] ハーバーは同僚に宛てた手紙に、大砲を使った従来の戦争はチェッカー（西洋碁）に似ているが、ガス戦はチェスのようだと書いている。[312]

## 毒ガス兵器と殺虫剤（1914～1920）

かつて騎士が銃器を使う男に向けたのと同じ非難を、今度は鋼鉄の武器で武装した兵士が化学兵器で対抗する男に向けている。馴染みのない武器に対して生じる嫌悪感は、並外れた冷酷さを目にしたり、戦争中でも文明の利益のために神聖であり続けなくてはならない国際法の原則に反するのではないかと考えたりすることによって、さらに高まる。戦時中は公平さを欠き、常に国家的な偏見からこの問題を裁いた外国報道機関の妄言の後では、偽りのない評決は徐々になされるほかないのだ。[316]

――フリッツ・ハーバー、1920年

終戦が近づいた頃、ネルンストは迫撃砲の開発と西部・東部両戦線で行った試験の功績を認められ、授与数に限りのあるドイツ最高位の勲章を皇帝から授与された。亡くなったツェッペリン伯爵の席を継ぐ形だった。[295]同じ時期、ネルンストのもう一人の息子が戦死した。研究に慰めを求めたネルンストは、熱力学に関する有名な著書の冒頭にこう書いている。「我々が成し遂げた偉業にもかかわらず、なおも嘆かわしい現在から心をそらすのに、物理学ほどふさわしいものはない[295]」

それ以前に、ネルンストはこの狂気の沙汰を止めようとしていた。ハーバーと同様、ネルンストも皇帝と個人的な親交があった。[295]彼はその関係を利用して、皇帝と、ドイツ軍司令官のパウル・フォン・ヒンデンブルク、参謀長のエーリヒ・ルーデンドルフに謁見し、攻撃目標を限定しない無制限潜水艦作戦はアメリカの参戦を招き、克服できない資源の不均衡をドイツにもたらす結果になると主張した。ルーデンドルフはネルンストの話をさえぎり、その分析を民間人の的外れなたわ言だとして退けた。

１９１４年には、アメリカの化学会社は単純な有機化学製品しか生産しておらず、化学反応物をドイツからの輸入に頼っていた。[303] ドイツの化学製品の生産量は、アメリカの21倍だった。[317] だが、戦争がすべてを変えてしまった。戦後には、傷つき貧しくなったドイツと、新興の強力なアメリカ化学産業の姿があった。

１９１７年、ドイツ産業の封鎖や崩壊によって空いた穴を埋めるため、17社のアメリカ企業が染料の生産を開始した。[303] そのうちの２社、デュポン社とナショナル・アニリン&ケミカル社（のちのアライド・ケミカル社）が化学市場の最前線に躍り出た。もう一つのアメリカ企業であるフッカー社は、１９１４年には漂白剤と苛性ソーダだけを製造していたが、終戦時には17種類の化学薬品を製造し、染料や爆発物、毒ガスの原料となるモノクロロベンゾールの生産で世界を席巻していた。１９１４～１９１９年の間に、アメリカの化学製品の年間生産額は、２億ドルから７億ドルに増加する。[317] 終戦からわずか数カ月後、アメリカは１日に約２００ｔを戦場に送り出せる量の毒ガスを生産するようになっていた。[303]

戦時中の状況と比べれば、隔世の感があった。１９１５年には、後から見れば滑稽にすら思える大胆なアイデアが、真剣に提起されていたからである。たとえば、ある「独創的な人物」は、アメリカ軍需委員会と要塞委員会に対し、「爆弾に嗅ぎタバコを満杯に詰め込んで、敵がくしゃみで身もだえするほど均等かつ徹底的に散布すれば、くしゃみを始めたときに忍び寄り、もだえ苦しんでいる間に捕らえることができるのではないか」と提案している。[297]

当時アメリカにいた約1万７０００人の化学者のうち、3分の1が政府のために戦争に従事した。[318] 高度に専門的な研究部門には、約１７００人の科学者が在籍していた。それまでにアメリカで招集された研究グループのなかでも最大の規模であった。陸軍長官が言うには、「化学者ほど我が国の勝利のために不可欠な職業はない。〔中略〕化学の精神は極度の緊張状態にあり、最後の最後まで大きな輝きを放ち続ける[318]」。そして戦時の争いは、「同盟国の工業化学・化学工学の天才と、それ以外の国の工業化学・化学工学の天才との戦いである。戦争の原因、目的、理想、政治的状況とは関係なく、各陣営は彼らから力を得ている」と説明される。[303]

戦争により、アメリカでは民間においても科学の組織化が加速した。１９１６年にドイツのＵボートがアメリカ人を乗せたフランス船を魚雷で攻撃したことがきっかけとなり、全米科学アカデミーは、アメリカが戦争に参加する場合は支援することを決めた。[303]その後、科学アカデミーの実働組織である全米研究評議会が設立され、今日までアメリカ政府が優先する科学研究の主力を担っている。

戦争は化学者を毒ガス開発のみならず、殺虫剤の開発にも駆り立てた。[303]綿花の需要は供給をはるかに上回っていた。軍服、テント、包帯、爆発物の推進剤などに必要だったからである。火薬と爆薬の原料は、ニトロセルロース（綿と硝酸由来）、ニトログリセリン（動植物油脂と硝酸由来）、ニトロトルエン（コールタールと硝酸由来）だった。[316]大気中の窒素を固定してアンモニアにするハーバーの発明が硝酸問題を解決したことで、チリ硝石から得られる天然由来のアンモニアが戦争初期に枯渇したのちも、ドイツは破綻を免れた。ハーバー・ボッシュ法による合成アンモニアの生産量は、１９１３年には年間６５００ｔの結合窒素だったが、戦時中には年間20万ｔにまで増加した。[305]とはいえ、合成アンモニアが手に入っても、油脂や綿花の不足は解消されなかった。軍需は一般市民の利用分を奪っていた。ハーバーは言う。「食用脂肪が化学用途に回されなくても、脂肪源となるものが限られていたため、栄養状態は悪化した。脂肪がグリセリンの調合に使われ始めると、私たちは2倍飢えるはめになった」[316]

戦時中、綿花は両陣営で不足していた。戦争で大幅に需要が増えると同時に、アメリカの綿花農場はワタミゾウムシに襲われていたのだ。[303] とりわけジョージア州とサウスカロライナ州では、ワタミゾウムシによる被害が、南部の農業地帯から工業化された北部への黒人たちの「大移動」の大きな原因となった。[319] ワタミゾウムシ問題の解決策として、研究者たちは試験の成功後にヒ酸カルシウムの使用を決め、1917年からこの化学薬品が普及するようになった。[303] 1920年には、アメリカ企業20社で年間1000万ポンド(約4536t)のヒ酸カルシウムが生産されている。[320]

ヒ酸カルシウムは、古くから毒性が知られていたヒ素をもとにつくられていた。ヒ酸鉛やパリスグリーンといったほかのヒ素系農薬は、すでに果物や木材、ジャガイモなどの栽培に広く利用されていた。[303] また、除虫菊の花から抽出した殺虫成分ピレトリンも、害虫駆除に広く使われていた。しかし、有機合成農薬はまだ開発されていなかった。

効果的な爆薬と毒ガス兵器を開発する化学研究が、最初の有機合成農薬を生み出した。化学会社は、爆薬用のピクリン酸を大量に生産していた[303]。その工程で生まれた副産物が、パラジクロロベンゼン（ＰＤＢ）であった。昆虫学者たちは、ＰＤＢのほか、さまざまな毒ガス兵器について昆虫に対する毒性の試験を行い、有望な結果を得た。これらの合成された化学兵器のうち、ＰＤＢは殺虫剤として市場に出回った最初の製品となった。１９４０年代初頭には、殺虫剤用のＰＤＢの生産量は年間数百万ポンドにまで成長している。

化学者と昆虫学者は、シラミに対する毒ガスの効果についても実験を行った。発疹チフスを媒介するシラミへの対策は、戦争遂行努力のなかでも優先的な目標であった。目指したのは「容器に保存することが可能で、ガスマスクを装着した人間ならば短時間安全に過ごすことができ、その間にシラミとその卵を死滅させられるガス」の発見だった[303]。アメリカの化学戦局、昆虫学局、およびその他の協力政府機関は、シラミなどの害虫に対する一連の毒ガス兵器の効果をテストした[303]。第一次世界大戦で最もよく使われたガスはクロルピクリン(「嘔吐ガス」とも呼ばれたトリクロロニトロメタン)で、軍事戦略家の間で人気があった。ガスマスクを通り抜けて嘔吐させたり涙を流させたりできたからだ。兵士たちはたまらずガスマスクを引き剥がし、クロルピクリンと混ぜられた致死性のガスを吸い込むことになる。このクロルピクリンも、殺虫剤として効果があることが判明した。

これとは逆に、研究開発の目標が殺虫剤から毒ガス兵器に変わることもあった。連合国の化学者、特にフランスの化学者たちは、シアン化水素(青酸とも呼ばれる)のガス兵器としての効用を集中的に研究した[297]。シアン化水素を利用するアイデアは、防虫対策から生まれたものだった。19世紀以来、テントで覆った果樹園の木や建物の燻蒸に使用されていたのだ[303,321]。ガスの密度が低かったため、研究者たちはほかの化学物質と混ぜて地表付近に漂うようにした[297]。クロロホルム、三塩化ヒ素、塩化スズなどを含むこの混合物は、ヴァンセニットと名づけられ、フランス軍のガス砲撃に多用されたが、やがてほかのガス兵器に取って代わられた。

ヒ素を混ぜたガスが普及したのは、ヒ素化合物の殺虫力が強かったためだ[303]。アメリカで入手可能なヒ素の3分の1以上が毒ガス製造に回され、殺虫剤生産の妨げになるほどであった。[322] これらのヒ素化合物のなかで最も強力だったのが、ルイサイトである（合成に貢献したアメリカ人のウィンフォード・リー・ルイスにちなむ[297]）。戦場で勝敗を決するような役割を果たすには完成が遅すぎたが、びらん剤、呼吸刺激剤、くしゃみ誘発剤としての特性とその致死性から、アメリカの化学戦局の局長はこれを「死の露」と呼んだ。ネズミ1匹を殺すのに3滴もあれば事足りるのだ。

秘匿されていたルイサイトの合成と効果については、さまざまな憶測が飛び交った。『*New York Times*』紙は1919年に、「ネズミの罠」とあだ名されたクリーブランド近郊のルイサイト製造工場では、労働者は戦争に勝つまで約4万5000$m^2$の敷地から出られなかったと報じている。[323]「『ルイサイト』を積んだ飛行機が10機もあれば、動植物を含め、ベルリンのありとあらゆる生き物の痕跡を消し去ることができただろうといわれている。〔中略〕休戦協定が結ばれたとき、『ルイサイト』が1日10tのペースで製造されていたという事実から、ドイツがどのような目に遭おうとしていたかは想像がつく。3月1日には、3000tものこの最悪の殺戮兵器がフランスのアメリカ戦線に配備される予定だったのだ[323]」

戦時中、対ドイツ戦線と対昆虫戦線は意図的に曖昧にされていた[303]。1917年、アメリカを代表する昆虫学者スティーブン・A・フォーブスは、アメリカが「500億の同盟軍」に侵略されたとして、「現在の戦争においてカメムシはドイツ陣営であり、ヘシアンバエはやはりドイツのヘッセン兵であり、ヨトウムシもドイツ軍の味方である」と書いている[303]。

第一次世界大戦では、19世紀のすべての戦争を合わせた数よりも多くの死者が出た[303]。死者の約半分が軍人(約1000万人)だった[325]。化学兵器による死亡者はこのうち約9万人であり、ガスによる負傷者は130万人にのぼった[303]。化学兵器は、全体的に見れば通常兵器に比べてはるかに殺傷力に劣ることが明らかになったが、銃剣や大砲、機関銃といった誰もが知っている兵器では起こらないような、本能的な反応を呼び覚ました。しかし、ガス攻撃による死亡率は、こうした通常兵器による死亡率よりも比較的低かったのだ。たとえば、アメリカ軍のガス攻撃による死者が2%未満であったのに対し、銃弾や爆弾による死者は25%を超えていた[297]。

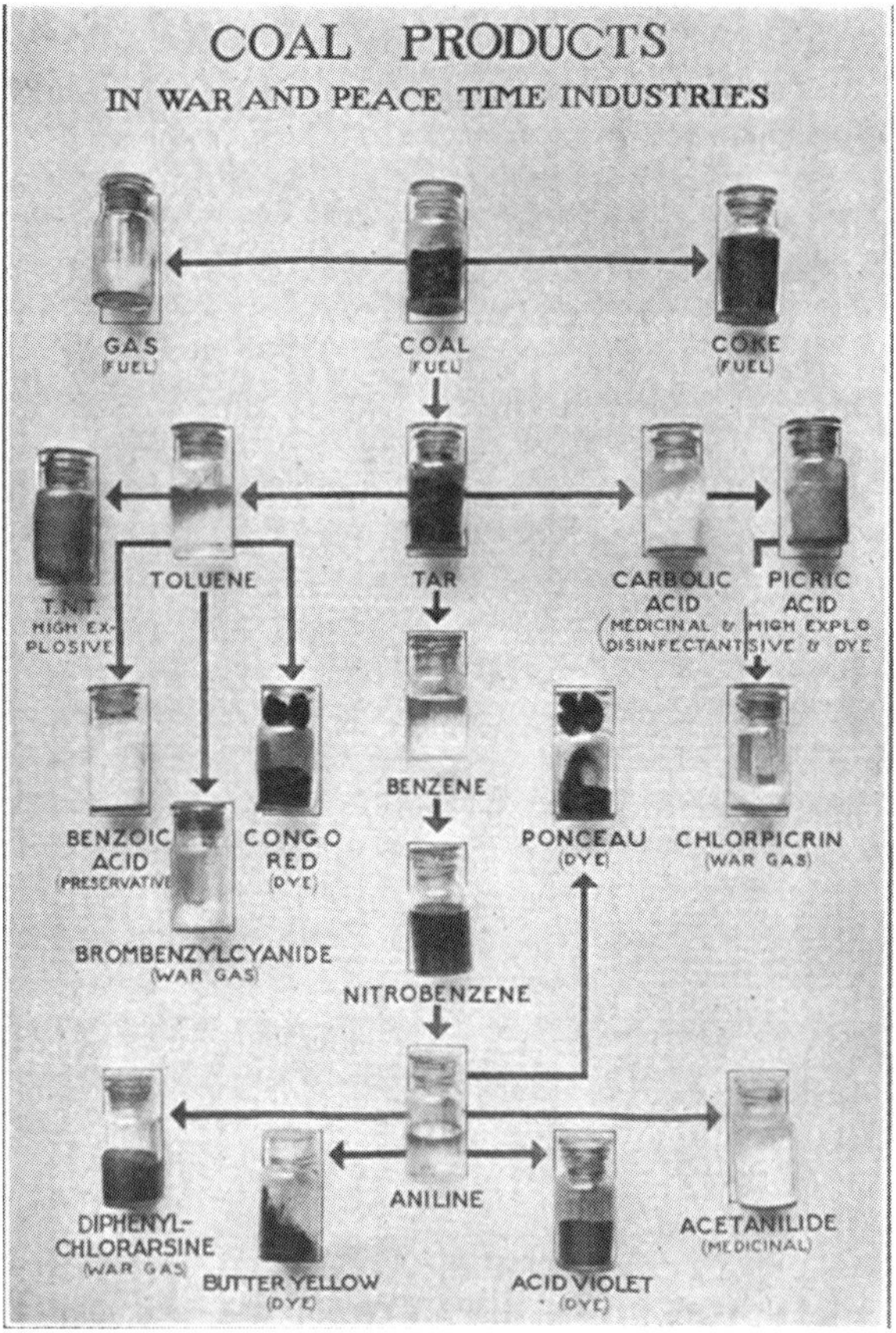


**図 6.2a**　毒ガス兵器・殺虫剤のクロロピクリンなど、石炭から得られる有用物の合成品。[297]

化学兵器を支持したアメリカのある有力者は、ガスが「これまでに発明された戦争の方法のうち、最も強力であり、同時に最も人道的である」と書いている。[303] アメリカのマスタードガス研究を主導し、新しい毒ガス「ルイサイト」を開発した化学者も、次のように言う。「私には、より効果的な新しいガスの開発が、爆発物や銃の製造よりも不道徳だとは思えなかった。〔中略〕肺や皮膚を攻撃して人を傷つけるよりも、高火力の砲弾で人の内臓を引き裂くほうがなぜ好ましいのか〔中略〕私にはわからなかった」。[303] ハーバーも同じ考えだった。[316]

兵器を開発した化学者たちのこうした発言は、世論とは一致しなかった。新聞記事の典型的な論調は次のようなものだった。「化学者の言う『人道的』な戦争の方法とは何か。名誉ある勇敢な男たちを肺ばかりか皮膚からも拷問したうえで毒殺したり、戦線のはるか後方まで到達して女性や子どもを恐ろしい死に追いやったり、すべての植物を枯らし、戦争が終わったのち何年も人々を飢餓に陥れたりするガスを撒き散らすことなのか？　これが化学者の考える人道的な戦争であるというならば、神よ化学者から世界を救いたまえ！」[303]

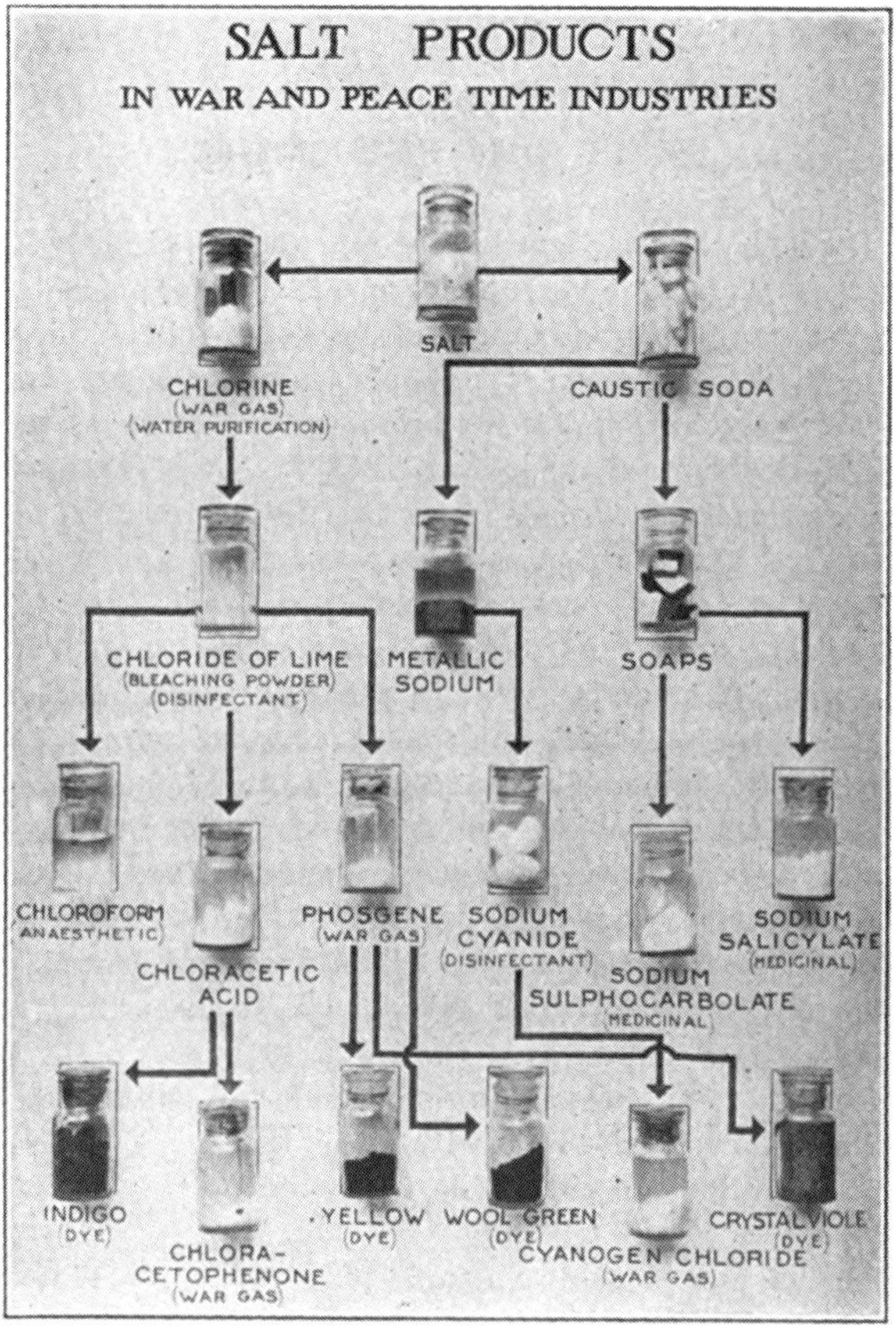


**図 6.2b**　ヴァンセニットに使われるクロロホルムや毒ガス兵器・殺鼠剤のホスゲンなど、塩から得られる有用物の合成品。[297]

終戦の年までに、ハーバーの窒素固定法は20万t以上の窒素化合物をドイツに供給した。[301] 戦時中にあったドイツの窒素固定工場の一つは、3・2㎞弱の鉄道に沿った敷地を有していた。[295] こうした生産性の高さは、アメリカの参戦後にドイツがもちこたえるうえで重要な役割を果たした。窒素はすべての爆発物の主要成分であるため、もしハーバーによる技術革新がなければ、ドイツはもっと早い段階で降伏していた可能性が高い。実際、ハーバー自身も、この発明がなければドイツは1915年の春までしかもたなかっただろうと述べている。[316]

終戦直後、ハーバーとネルンストは、基礎的な発見をした功績によりノーベル化学賞を受賞した（ハーバーは大気中の窒素固定によるアンモニア合成の業績で1919年に受賞。ネルンストは熱力学の第三法則を発見した業績で1920年に受賞[301]）。しかし、ハーバーの世界的な名声は、ガス戦に携わったことで損なわれていた。とりわけフランスの科学者たちの抱いた反感は大きく、ハーバーと同じ式典で授与されることを嫌ってノーベル賞受賞を拒否するほどであった。『*New York Times*』紙もフランスの科学者たちを支持し、ハーバーの受賞に対する彼らの嫌悪感に共感を示している。「（ハーバー

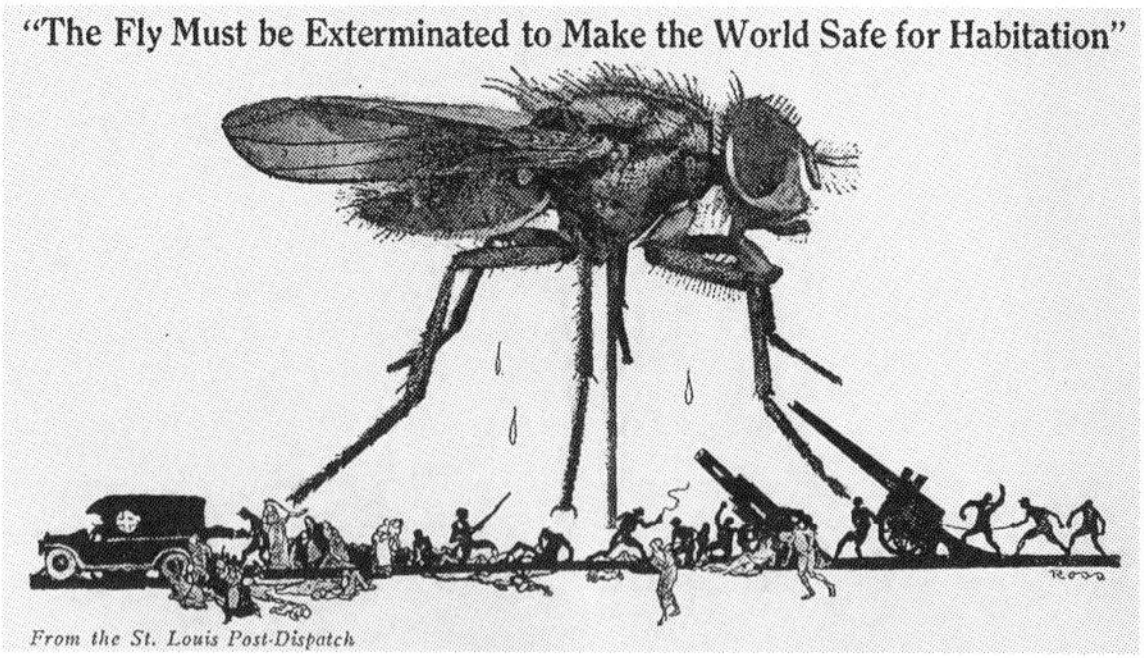


**図6.3**　「安全に住める世界にするためには、ハエを駆除しなければならない」。敵国を意味するハエと戦っているドイツ兵たちを描いた風刺画。[324]難民が逃げ惑い、死傷者が続出している。（1918年7月発行の『*St. Louis Post-Dispatch*』紙より）

が受賞するのであれば）理想主義的で想像力豊かな文学に贈られるノーベル文学賞は、なぜルーデンドルフ将軍の日報を書いた人物に授与されないのか、実に不思議である[326]」。あるフランス人学者は、ハーバーが「ノーベル賞の栄誉と物質的利益を得るには道徳的にふさわしくない人物である」と抗議した[301]。

ハーバーは、科学分野で唯一反対されたノーベル賞受賞者という不幸な名誉を得た。この悪評によって、戦争が始まるまで彼が熱心に推進していた世界的な科学協力は頓挫した。戦前は優秀な人材がこぞってハーバーの研究所に入所してきたが、戦後は科学者の集まりで彼らに握手を拒まれるようになった。世界的な名声を取り戻すためには、何をおいても、科学的に不可能とされていることを再び実現しなければならないとハーバーは感じた。

# 第7章

# チクロン（1917～1947）

すべての近代兵器は、敵の殺戮を目的としているように見えるが、その成功は最終的に敵の士気を圧倒する勢いにかかっている。戦争の勝敗を決する戦いには、敵を物理的に破壊することによってではなく、決定的な瞬間に敵の抵抗力をくじき、敗北を想起させる精神的な衝撃を与えることによって勝つのだ。そうすれば、指導者の手に握られた剣、すなわち軍隊は、精神的衝撃で絶望した人間の群れと化す。[316]

——フリッツ・ハーバー、1920年

毒ガスとあらゆる形態の化学兵器については、恐ろしい本の最初の章が書かれたにすぎない。[327]

——ウィンストン・チャーチル、1932年

第一次世界大戦後、化学兵器は植民地で先住民族を服従させるために使われるようになった。[291] 1920年にはイギリス軍がアフガニスタン人に対して、1925年にはスペイン軍がモロッコ人に対して、1935年にはムッソリーニ軍がエチオピア人に対して

マスタードガスを使用した。エチオピアの皇帝ハイレ・セラシエ１世は、敗戦ののちに国際連盟にこう訴えている。「飛行機から死の雨が降り注ぎ、触れた者は皆、あまりの痛みに悲鳴を上げて跳び上がった。〔中略〕イタリアのマスタードガスの犠牲者は数万にのぼった[315]」

とはいえ、第一次世界大戦中に積み上げられた化学兵器の専門知識と築かれたインフラの大半は、化学兵器と農薬両方の生産を通じて平時に利益を生むことに振り向けられた。第一次世界大戦が、軍事活動と産業活動の境界線を曖昧にしてしまったのだ。アメリカでは、化学兵器を開発するために陸軍の化学戦局によって国内で最も優秀な化学者が集められた[303]。

化学戦局の初代局長ウィリアム・サイバートは、化学兵器が今後も存在し続けると考えていた。終戦から３年後、彼はこう書いている。「歴史が証明しているように、効果的な戦争の道具は、時代遅れになるまで捨てられることはないのだ[297]」。サイバートは、化学戦局が集積した専門知識が生かされなくなることを懸念していた。「この国の化学者と化学技術者が戦時に示した天賦の才能と愛国心は、おそらくほかのどの部門にも優っていた。その才能を平時に活用しないのは罪ではないかと思う[297]」

化学戦局の専門家たちは、人間を効果的に衰弱させたり殺したりできる化学兵器は、昆虫に対してより殺傷力を発揮すると考えた[303]。戦後も、彼らは毒ガス兵器を害虫に使う実験を続けたが、そこには政治的な動機も存在していた。化学戦局は、ウィルソン大統領による創設時の規定に従えば、戦争が終わった時点で解散することになっていた[315]。この存亡の危機は乗り切ったものの、議会が化学兵器はもはや不要とみなしたことにより、予算の削減に直面していたのだ[303]。

存続のため、化学戦局はイメージチェンジを図り、毒ガスが民間にもたらす利点、特に殺虫剤としての活用法を呼びかけるとともに、「平和的戦争」を行う組織として化学平和局を名乗り始めた[303]。「ジリス、ホリネズミ、ムクドリモドキ、カラス、ノスリ、ネズミ、バッタなど、作物を荒らす害虫を攻撃する最も迅速で確実な方法はガスの雲であるということが、我々の調査によって実証されるだろう[303]」。化学戦は、人間の破壊ではなく保全を目的とした害虫駆除に姿を変え、その害虫駆除の研究が、化学戦局の存続と毒ガスの改良を正当化したのだ。

化学戦局のこうした取り組みは、民間の昆虫学者の要望に応えるものだった。戦時中は害虫駆除に大きな役割を果たした彼らも、戦後は社会的に重要ではないとして見下されていたためである。当時、昆虫学者たちは、「一部の高官にさえ、昆虫学者に対する古い考えがまだ残っていることに驚き、悔しがっていた。昆虫学者とは、脚の棘の数や羽の斑点の数を調べることで種を区別する作業に人生を捧げている人間だとされていたのだ[322]」。

昆虫学者たちは、自分たちの仕事を、人類の存亡をかけた昆虫との戦争に見立てて威信を高めると同時に、飛行機、毒ガス、散布兵器といった戦争の道具を積極的に取り入れた[303]。化学戦局がこれらの道具や研究成果を提供することで、陸軍と昆虫学者は互いの社会的な印象を改善しようとしたのである。この戦略は１９２０年の国防法成立につながり、その後アメリカ陸軍における化学戦局の地位は確固たるものになった。

１９１５年に出版された典型的な大衆向けの記事によれば、人類の進歩は細菌の媒介生物に勝利できるかどうかにかかっていた。「媒介生物の唯一の目的は、無政府主義者を演じて生物界を無に帰することらしい。戦うべきなのは、人間と人間ではなく、人間と節足動物である。高度に発達した脊椎動物と、悪意をもって進化した無脊椎動物という二種のうち、どちらが地球を支配するかを決めるため、勝敗がつくまで戦わなくてはならないのだ。いつの日か、巨大なアリや虫、スズメバチやブヨ、カイガラムシやダニが地球の主になるのか。それとも、直立して歩き、星を見ることができ、太陽や惑星の重さを測ることができ、すでに霊的な世界と交信している、神の似姿をした哺乳類が主になるのか。その結果については、現在の壊滅的な戦争と同様、まだよくわからない[328]」

著名な昆虫学者スティーブン・A・フォーブスは次のように書いている。「人間と昆虫の闘いは文明の夜明けよりもずっと以前に始まり、現在に至るまで途切れなく続いている。人類が存続する限り、これからも間違いなく続いていくだろう。〔中略〕私たちは普段、自分たちが自然の支配者であり、征服者であると考えているが、人間がそうした試みを始めるはるか前から、昆虫は世界をすっかり支配し、完全に手中に収めてきた。〔中略〕たとえるなら、一方は銃器の製造、他方は弾薬の品質に優れた国同士の戦争のようなものであり、決定的かつ最終的な勝利を得ることはどちらもできないのだ[329]」。1872年に日本からアメリカに渡ったサンホセカイガラムシという破壊的な昆虫について、フォーブスは１９１５年にこう述べている。「それは、弩級《どきゅう》戦艦や褐色の小さな兵隊たちを使った場合に比べてはるかに成功し、おそらくより破壊的ですらあった日本の侵略行為である[329]」

戦後、化学戦局は、軍と産業の協力や世間の認識の変化によって生じた新たな隙間に入り込んだ。手掛けた公益事業は多岐にわたっていた。たとえば、海上杭を腐食から守る化学薬品の開発、鉱山労働者が使うガスマスクの開発、公衆衛生局と協力したネズミ駆除、毒ガスを使ったミミズやホリネズミの駆除などである[303]。風邪や気管支炎、百日咳の患者に塩素ガスを吸入させて治療するなど、医療分野にも進出した。国民の反響は大きく、新聞は「何百人もの死者を出してイギリス戦線を壊滅させたガスが、今ではインフルエンザや気管支炎といった病気を治している」と報じた[303]。呼吸器疾患の治療のために首都でガスを吸引した数百人には、上院議員23人、下院議員１４６人、そしてカルビン・クーリッジ大統領までもが含まれていた。

戦時中に十分なインフラと専門知識を獲得した化学会社は、その資産を活用しながら農薬を生産し、特に殺虫効果のある合成有機化合物の可能性を追求した。こうした殺虫剤の開発により、戦争と毒ガス製造で利益を得ていると非難されてきた化学会社の社会的な印象は一新された。それでも、世間が農薬に対して抱く不安に対処する必要はあった。ある化学会社の幹部は、「殺虫剤というものがあると知った主婦は、その中身が自分や家族を殺してしまわないか、恐れおののきながら一袋買っていた」と語っている。[303]

ハーバーを悩ませていたのは、それとはまた別種の公的印象だった。彼には、戦争の終結により、戦争犯罪で裁判にかけられる可能性があった。[301] 心配するだけの理由も存在した。連合国による訴追対象の候補に名前が挙がっていたのだ。彼はひげを生やして変装し、ドイツからスイスに向かった。ネルンストもまた、戦犯候補のリストに自分の名前があることを知った。[295] ネルンストは自分の財産を売却して流動資産に換え、ドイツ外務省が用意した偽のパスポートを使って国外に逃亡した。しかし、裁判にかけられたドイツ人は結局ほんの一握りで、刑も軽かった。[301] これを受け、ハーバーとネルンストはドイツに帰国した。

戦犯とされる恐れは消えつつあったが、世間がハーバーに抱く印象は毒ガスの恐怖と深く結びついていた。1921年、オッパウのハーバー・ボッシュ法を用いた合成硝酸塩工場が爆発し、600人以上の従業員が死亡、2000人以上が負傷した。[326]『*New York Times*』紙は、この爆発がハーバーを含む「化学者たちによる秘密の実験」によるものではないかと疑った。『*Nature*』誌は、1922年にハーバーに関する見解を示している。「イーペルの戦いに先立ち、枢密顧問官ハーバーがカイザー・ヴィルヘルム研究所で毒ガスの実験を行い、ドイツ人の信用を永遠に失墜させる戦争の方法を生み出したことを忘れてはならない[301]」

当然ながら、両陣営はともに相手の戦術が不当であったと主張した。ドイツは、連合軍が植民地部隊を使うのは残酷な戦略だとさえ訴えた。アメリカ化学戦局の局長はこの主張を一蹴し、当時の典型的な人種差別主義者の視点から次のように述べた。

戦争初期にドイツ軍が、連合国はアジアから恐ろしいナイフを持ったグルカ兵、アフリカからモロッコ兵を連れてきて、不公平で非人道的な戦い方をしているとラジオ放送で煽ったことを、誰もが覚えているだろう。だがしばらくすると、ドイツ人がこれらの軍隊について何も言わなくなったのも周知の通りだ。その理由は何か？

効率的ではなかったからだ。黒人は、昼間どこまでも白人の将校についていき、白人と同等のエネルギーと勇気、そして何倍もの効率で戦うのに、夜の恐怖には耐えられない。グルカ兵やモロッコ兵も同じである。連合国がすぐにそうした事実を認識したことは、これらの部隊をほぼ完全に戦線から遠ざけたことからもわかる。場合によっては黒い肌の部隊を奇襲にのみ使うこともあるが、激しい反撃の砲火にさらされながら何日も戦線を維持する必要が生じると、より高度に発達した白人部隊と交代させるのだ。第一次世界大戦前には、ドイツ人も私たちも、感受性の強い白人より半野蛮人のほうが戦争の厳しさや恐怖に耐えられると考えていた。しかし、それがまったくの誤りであることを戦争が証明した。[297]

連合国側は、330億ドルという途方もない額の賠償金をドイツに要求した。[301] ハーバーの窒素固定法が生む収益でこれを支払うことはできなかった。連合国も同じ方法でアンモニアを自給していたからだ。同じく、戦前にはドイツが独占していた染料産業も、戦後はアメリカの新興企業によって支配されていた。アメリカ政府がドイツの染料と化学の特許４５００件を賠償の名目で差し押さえたことが、その主な要因だった。[317] これらの旧ドイツ特許はアメリカの化学会社に付与され、そのなかにはハーバーの窒素固定法の特許もあった。加えて、ドイツは植民地とそこから搾り取ってきた富をすべて失っていた。ハーバーの計算では、賠償額は金５万ｔに相当した。[301]

スウェーデンの科学者スヴァンテ・アレニウスは、海水から金を採取してドイツの賠償金に充てるという解決策をハーバーに提案した。[301] アレニウスは、ハーバーやネルンストと同様、当代で最も優れた頭脳の持ち主であった。彼は１８８４年の論文で、塩を水に溶かすと自然に陽イオン（カチオン）と陰イオン（アニオン）に解離し、その過程に電流は不要であるという画期的な考え方を示していた。[295] つまり、化学結合の基礎となる力は、電気的なものということである。審査に当たった教授陣はこの論文の重要性を理解せず、「価値がないわけではない」という研究をあきらめさせるような評価を下した。[295] しかし、アレニウスはその後も、イオンの化学のほか、温室効果[330]、オーロラ、毒素と抗毒素の関係といった多種多様な現象について重要な発見を繰り返し[331,332]、イオンに関する研究で１９０３年にノーベル化学賞を受賞している。

アレニウスは、ハーバーだけでなくネルンストのキャリアにも影響を与えた。まだ研究活動を始めたばかりの頃、アレニウスはネルンストを説得し、ヴィルヘルム・オストヴァルトの指導のもとでともに働いているのだ。オストヴァルトは、触媒に関する発見で1909年にノーベル化学賞を受賞した人物である[331]。触媒は、それ自体の性質を変えずに化学反応を促進するもので、ハーバーは特定の反応に最適な触媒を見つけることが得意だったため、アンモニア合成の問題を解決することができたのである。

アレニウスの提案を受けたハーバーは、海には80億tの金が眠っていると推計した[301]。問題は、どうやって金を取り出すかだった。この案は滑稽なようにも思えるが、すでに空気中から富を採掘していた彼は、海中からも取り出せると考えたのだ。

ハーバーは、ハンブルク・アメリカ・ライン社の客船に分析実験室と金抽出装置を設置した[301]。この取り組みは極秘裏に行われ、ほかのさまざまな客船でも、彼の教え子たちが担当する形で即座に再現された。記者や見物人たちは、海から発電を試みているのではないか、腐食の研究をしているのではないか、船の動きを止めるために必要な力を調べているのではないか、水に色をつける方法を研究しているのではないかと推測した。

ハーバーは、世界各地の海にはそれぞれ異なる量の金が含まれていると考え、地球上のあらゆる場所で瓶詰にした海水を1万本取り寄せた。

１９２０～１９２８年にかけてこの問題に取り組んだ後、ハーバーは、海水から金を抽出することはできるものの、この方法では採算が取れないと結論づけた。[301,305] 彼の友人であったリヒャルト・ヴィルシュテッターは、「ドイツの賠償負担が軽減されるという見込みは、幻となってしまった」と書いている。[305] ハーバーは深く失望し、ドイツを財政危機から救うことも、新たな技術革新によって自分の科学的名声を取り戻すこともできないと悟った。彼が金抽出の研究を続けるべきかどうか尋ねると、ヴィルシュテッターは「もし金が採れなくても、よい本が書けるだろう」と答えた。[305] だが、ハーバーはそうした本を書かなかった。将来の発見に期待するよりも、自分の経歴や業績に頼ることを選んだようだった。ハーバーが持ち歩いていた名刺には、こう書かれている。「教授・哲学博士・名誉工学博士・名誉農学博士フリッツ・ハーバー、ノーベル賞受賞者、元ドイツ化学戦局長、カイザー・ヴィルヘルム物理化学・電気化学研究所長[301]」

その一方で、ハーバーの研究所から独立した企業が、シアン化水素由来の殺虫剤の製造で経済的な成功を収めた。シアン化水素は、19世紀後半から殺虫剤として使われ、毒ガス兵器の主成分にもなった物質である。空気より軽いため、そのまま戦場に投入するには問題があったが、この性質は、ツェッペリン飛行船の揚力として水素ガスが発見されるきっかけにもなった[333]。

ヒトジラミが発疹チフスを媒介することを1909年にシャルル・ジュール・アンリ・ニコルが発見したことで、第一次世界大戦に伴って伝染病が流行するまでに、シラミ撲滅の準備は整っていた。密閉空間の消毒方法としては、二酸化硫黄と蒸気が好まれた[333]。だが、二酸化硫黄には可燃性と爆発性という大きな欠点があり、蒸気はたびたび個人の所有物に損傷を与えた。

1917年、ドイツの化学者たちはさまざまな害虫に対してシアン化水素を試し、シラミとその卵やトコジラミを殺せることを発見した[333]。彼らは理想的な濃度と温度を見定めるために実験を続け、シアン化水素のほうが二酸化硫黄や蒸気よりも効力が高いことを実証した。しかも安価で、物を傷つけず、衣類や寝具の細かい折り目にも浸透し、火災や爆発を起こす心配もなかった。軍の病院や兵舎など、発疹チフスが発生する危険性の高い場所ではすぐにシアン化水素が使われるようになり、二酸化硫黄や蒸気に取って代わった。ドイツ軍は、部屋を密閉してガス室をつくり、シアン化水素を送り込んでシラミを完全に駆除するという効率的な方法を編み出した。

同年、ドイツ政府は害虫駆除技術委員会（通称「タッシュ」）を設立し、ハーバーを委員長に据えた。[334] タッシュの使命は、「農林業、ブドウ栽培、園芸、果樹栽培、工業において、これまで有害生物を殺すことで達成してきた高い生産量を、駆除用の猛毒物質の散布によって維持し、人間と動物の衛生を促進し、病気を防ぐこと」であった。[334] 一方、ドイツ軍は、重要な食品加工施設、兵舎、病院、軍の捕虜収容所にシアン化水素を使用するため、害虫駆除大隊を設立した。１９１７～１９２０年の間に、タッシュは２１００万$m^3$もの建物をシアン化水素で消毒している。[333]

この化合物には、明らかに利益を生む可能性があった。そのため、ハーバーは民間企業での商業化を進めた。[334] それは、第一次世界大戦の最終日となった１９１８年11月11日に、陸軍省の将校たちに対して「殲滅の手段を新たな繁栄の源に変える」のが目標であると語ったときから目指していたことだった。[312] タッシュは、ドイツ害虫駆除有限会社

（通称「デゲシュ」）に姿を変えた。デゲシュの規約には、「会社の目的は、化学的手段を用いた有害生物の駆除である。〔中略〕この会社には、目的の推進に適合するあらゆる取引を行うことが認められる」と明記されている。[334]その目標は、社会の要請に正面から応えようとするものだった。規約にはさらに、「会社の運営は営利を目的としたものではなく、もっぱら公益を目指すものとする」とも書かれていた。[334]ハーバーは、1920年までドイツの害虫駆除において指導的な役割を果たし続けた。

シアン化水素の唯一の重大な欠点は、ガスを安全に放出するために十分な訓練が必要なことであった。不適切な使用による事故死が多発していたのだ。[333]安全対策として、ハーバー率いるカイザー・ヴィルヘルム物理化学・電気化学研究所の研究者たちは、1920年、混合ガスに悪臭を放つ化学物質を加えた。新しい化学薬品には、従来とは逆の戦略が採用されたのである。つまり、毒ガス兵器の開発者は、致死性のガスの存在をすぐに気づかれないように画策したが、殺虫剤の開発者は警告を出すことを目指した。研究者たちは、炭化水素メチルエステルを警告臭として用い、新たな殺虫剤を「チクロン」と名づけた。

警告臭によって安全性が大幅に向上しただけではなかった。チクロンはシアン化水素と同等の殺虫効果をもち、食品を台無しにすることもなかった[333]。持ち運びや配置も簡単だった。また、経済的に混迷していたドイツにとっては都合のよいことに、デゲシュはすべてのチクロンの生産を管理し、技術マニュアルを厳重に保管していた。この秘密主義は、チクロンの扱いに対して高い安全性と高度な訓練基準を求めていたドイツ政府の方針にうまく合致した。散布者は、試験に合格し、信頼に値し、法律に違反したことがない者でなければならなかった。発疹チフスの予防は国の管轄であったため、チクロンの使用も国の法律によって規制された。

１９２０年ににわかに成功を収めたチクロンだったが、ヴェルサイユ条約の禁止条項に抵触していた[333]。第１７１条にはこうある。「ドイツ国内での窒息性ガス、毒ガス、その他のガスおよびこれらに類するすべての液体、材料、器具の使用を禁止し、その製造および輸入も固く禁じる[335]」。シアン化水素がこれに当てはまるため、チクロンも該当した。

１９２３年、デゲシュの化学者ブルーノ・テシュは、チクロンに新たな警告臭として塩素と臭化物、そして不要な化学反応を防ぐ化学安定剤を加えた。[333]この変更によって第171条の内容から外れたチクロンは、市場に復帰した。新しいチクロンは「チクロンB」とされ、禁止されたチクロンは「チクロンA」の名で呼ばれた。塩素と臭化物も、チクロンBの殺虫効果を高める役割を果たした。また、ペレット状にして缶に密封されたため、従来の液体と気体を組み合わせたものよりも扱いやすかった。こののち、ブルーノ・テシュはハンブルクに会社を設立し、チクロンBの販売を開始した。

チクロンBは、ドイツ産業界にとって収益性のある有用な輸出製品となり[333]、兵舎、船、列車など、シラミが流入する恐れのある世界中のあらゆる閉鎖空間で駆除が行われた。ハーバーが海外市場の開拓を支援したことで、まもなくデゲシュは39カ国に代理店をもつようになった。[334]

ドイツでは各都市にガス室が設置され、市民は衣服や家具のシラミ駆除に利用できた。[333]すべての住民に便宜を図るため、ガス室をトラックの荷台に載せて地方へ運ぶこともあった。散布者は政府と産業界の定めた厳格な秘密保持規則のもとで訓練され、製造者、公衆衛生関係者、政府規制当局の間には緊密な結びつきが生まれた。このように、公衆衛生のために細心の注意のもとで使用されていたチクロンBは、その後、ナチスの支配下で行われた大量虐殺に利用されることになる。

## チクロンB（1922～1947）

ハーバーが、16年前にはドイツと彼に激しい敵意を向けていたイギリスに友好的に迎えられ、その輝かしい生涯の最後の数カ月を亡命者として過ごしたと思うと悲しくなる。彼の亡命の理由は完全にはわからないが、我々ヨーロッパ人が３０００年前にアルファベットを、２０００年前に宗教を学んだセム族の血を引いていたためだと考えられる。[301]

――イギリスの『*Chemistry & Industry*』誌に掲載されたフリッツ・ハーバーの追悼文、１９３４年

アドルフ・ヒトラーは、第一次世界大戦末期にイギリスのマスタードガス攻撃で一時的に失明したこともあったが、ドイツの昆虫学者が戦時中に行ったシアン化水素による

消毒の効果については高く評価していた。[333] 政権を握ったヒトラーとナチスは、ワイマール政府が築いた国家と産業界によるチクロンBの管理体制が、そのまま使用統制にも使えることに気がついた。ナチスは、軍と民間の両方に対して、チクロンBを使った厳密なシラミ駆除計画を立案した。

ナチズムの台頭は、ハーバーにとって忌まわしいものだった。彼はかつてのドイツ、つまり教育の水準を重んじ、研究の生産性で世界をリードしていた日のドイツの価値観を心から信奉していた。[301] １９３２年、ラジオでアドルフ・ヒトラーの演説を聞いたハーバーは、「彼を撃てるように銃をくれ」と言った。[301] 世界最高の科学者を輩出した国にナチズムが育ったことが、理解しがたかったのだろう。しかし、第一次世界大戦後のドイツは非常に不安定だった。１９２２年だけでも、３００人以上の共和国の指導者が暗殺されていた。

１９２２年に暗殺された一人、ヴァルター・ラーテナウは、ネルンストの電球の特許を購入した実業家の息子で、[295] 第一次世界大戦中、皇帝から軍を支援する産業活動の調整役に任命された人物だった。ネルンストの親友であったラーテナウは、戦後にドイツの外務大臣に昇進し、ヨーロッパの平和のために尽力していたが、車上で機関銃の弾を浴び、手榴弾を投げ込まれて殺された。彼の死にネルンストは強く打ちのめされた。

一方、終戦間際にスウェーデンに逃れていたルーデンドルフは、「（ドイツ軍が勝利を収める寸前に）ユダヤ人に背後から刺されたのだ」と主張した。[295] 彼はキリスト教徒として育ったが、創始者がユダヤ人であるという理由で信仰を捨てさえした。ナチスもルーデンドルフの主張に賛同し、その結果、「相対性理論のユダヤ人」ことアインシュタインの暗殺を求める匿名の脅迫が続いた。ドイツに帰国したルーデンドルフは、ドイツ民族自由党とナチス党の党員で構成された連立政党の一員として議会に参加した。その後、ドイツ大統領選に出馬し、ヒンデンブルクと対決したが、落選している。

新聞１部の値段が１０００億マルク以上になるほどの急激なインフレが起きていた。１ドルは４兆マルクで取引された。１９２３年の５０００億マルクは、１９１８年の１マルクと同じ価値となった。[326] 失業者の数は７００万人以上にのぼり、[295] ナチス党はドイツ全土の不満を糧に勢力を拡大していった。

１９３３年１月22日、晩餐会に出席したヒトラーは、ヒンデンブルクの息子と二人だけで長時間にわたって話をした。[295] ナチスはヒンデンブルク家の汚職を証明する情報を入手しており、ヒトラーはそれを脅迫に利用したのだ。1月30日、ヒンデンブルクはヒトラーに対し、首相就任と政権の樹立を要請した。それから2カ月のうちに、ナチス党はすべての集会を統制し、ドイツ憲法で保障された報道の自由と公民権を停止し、共産主義者と自由主義者を逮捕し、警察権力を完全に掌握し、「全権委任法」による独裁体制を確立した。[301]

1933年に制定された第三帝国職業官吏再建法のアーリア条項により、退役軍人以外のドイツのユダヤ人は、公職から追放された。ナチスのユダヤ人に対するこうした初期の迫害は、ドイツ科学界の均衡を崩す結果をもたらした。[301] ユダヤ人の数はドイツ人口の1%にも満たなかったが、ノーベル賞を受賞したドイツの科学者の3分の1がユダヤ人だったからだ。ナチスの大学生たちは、ユダヤ人教授を中傷する反ユダヤ主義宣言を作成し、党を支援した。この頃、プリンストン大学で講義をしていたアルバート・アインシュタインは、プロイセン科学アカデミーに辞表を提出するため、いったんヨーロッパに渡っている。[308]

ノーベル物理学賞の受賞者であったフィリップ・レーナルトとヨハネス・シュタルクは、ナチスに加担してアインシュタインを裏切り者と非難し[295]、ユダヤ人がドイツ物理学を毒していると主張した。ネルンストが１９２４年にベルリン大学の教授職に就いたとき、選に漏れていた二人は、学界で著名なユダヤ人たちが解雇されたこの機会をうまく利用しようとしたのだ。シュタルクは、解雇されたユダヤ人科学者に代わって、重要な物理学研究所の所長に就任した。ナチスに忠誠を誓って「アーリア物理学」の責任者に任命されたレーナルトは[336]、「基礎アーリア物理学の退化した妄想であるユダヤ人物理学」から解放されたドイツ物理学について、全４巻からなる著作を執筆した[295]。ナチスの学生グループはその刊行を大いに祝い、ラーテナウ暗殺を祝福する講演を行った彼の勇気を称えた。

無名のドイツ人物理学者ヴィルヘルム・ミュラーは、ユダヤ人の国際的な陰謀が科学を腐敗させ、人類を滅ぼそうとしていると主張する本を出版したのち[295]、引退する世界的な物理学者アルノルト・ゾンマーフェルトの後任として、ミュンヘン大学の理論物理学教授に任命された[337]。このミュラーの就任を祝して、シュタルクは「ユダヤ人とドイツ物理学」に関する講演を行っている。[295] ゾンマーフェルトは、ほかのどの科学者よりも多くのノーベル賞受賞者を育てた人物であった。その後任として、重要な物理学研究所の所長に詐欺師まがいの人物を据えたという事実は、科学的発見を軽視するナチスの姿勢を反映していた。科学に対する軽視はその後もさまざまな形で表れ、たとえば、ドイツの研究所で発見された核分裂さえナチスは認めなかった。

ハーバーの友人かつ弟子で、1925年にノーベル物理学賞を受賞したジェイムス・フランクも、ナチスの政策に抗議して教授職と研究所長職を辞任した。[308] 彼はその決断について、「私や私の祖先についてそんなふうに考えている学生たちを、どうやって教えたり試験したりできるというのか」と記者に語っている。[301] ハーバーへの手紙にはこうある。「早計だとか、軽率だと言って叱らないでください。今日私は、『ドイツ・ユダヤ人に対する政府の姿勢』を理由として、大臣に辞任を申し出ました。〔中略〕例の戒律を定めたのが学生たちの代表者であるというのに、学期の初めに彼らの前に立って、自分には何の関係もないかのように振る舞うことなどできません。また、ユダヤ人退役兵に対する政府の寛大な処置に浴することもできません[308]」

ハーバーは、フランクが自分の後を継いでカイザー・ヴィルヘルム物理化学・電気化学研究所の所長にならなかったことにひどく落胆した。[308] 彼は以前にも、ネルンストの後任としてフランクを研究所の所長にしようと画策したことがあった。ハーバーはフランクに宛てた手紙にこう書いている。「研究所が君の手に渡らなかったことは、この数週間に飲んだ酒のなかで最も苦い一滴だった。君はドイツに残りたいと思っている。私は望まないが、それ以外に進む道はないだろう。名誉ある移住をする方法も、年をとってから海外で生きていく方法もわからないのだから[308]」

ハーバーは生涯にわたり、ユダヤ人であることを隠そうとした。[301] 彼はキリスト教に改宗し、ユダヤ人の学生たちにもそうするように勧めた。パレスチナに国をもつことは、東ヨーロッパのユダヤ人には適しているかもしれないが、ドイツのユダヤ人には適さないと見ていたのだ。しかし、ハーバーの妻は二人ともユダヤ人であり、彼の友人たちもほとんどがユダヤ人だった。ナチスドイツは、彼の自己認識とは関係なく、彼をユダヤ人とみなした。

当初、ハーバーは名声と地位によって解雇を免れていたが、抗議の意を込めて所長と正教授の職を辞した。辞表には次のように書かれている。「私はユダヤ人の祖父母と両親の血を引いているが、カイザー・ヴィルヘルム協会の研究所に適用された1933年4月7日の職業官吏再建法の規定では、職にとどまる権利がある。しかし、自分の科学研究や管理業務を粛々とこなすために、この認可を必要以上に利用するつもりはない[305]」。彼はこうも書いている。「私には、生涯を祖国のために尽くしてきたという誇りがあるが、その同じ誇りをもって辞表を提出する。〔中略〕私は40年以上にわたり、その人の祖母が誰かではなく、その人の知性と人柄を見て協力者を選んできた。自分が最善とするこの方法を一生変える気はない[301]」

同じ頃、ネルンストは職場でユダヤ人の同僚を探していた[295]。その同僚がユダヤ人であるせいで研究室への入室を拒否されたことがわかると、ネルンストは激怒した。彼はそのままハーバーの研究所に向かい、自分の研究所が耐えがたい状況なので雇ってもらえないかとハーバーに尋ねた。だが、ハーバーはすでに辞表を出して研究室を片づけているところで、ネルンストを助けられる立場になかった。ナチスの政策という厳しい現実に比べれば、同時期に頭角を現した二人のライバル意識など、もはや些細なことだったのだ。

一方、ナチスは国立研究所で指導的地位にあったユダヤ人科学者たちを追放した。あるナチス党員の覚書にはこう書かれている。「現行の物理工学研究所の評議会は、国家社会主義が始まる前の古い構成のままである。裏切り者のアインシュタインは排除されたが、評議員のなかにはユダヤ人や旧体制の著名人がいまだに残っている。〔中略〕ジェイムス・フランク教授（完全ユダヤ人）、ハーバー教授（完全ユダヤ人）、ヘルツ教授（第一級ユダヤ人混血）や、自由主義的・資本主義的世界観の強力な提唱者であるネンスト教授などがそれに当たる[308]」。１９３３年にノーベル賞を受賞したエルヴィン・シュレーディンガーは、ユダヤ人ではなかったが、ユダヤ人の同僚に対するナチスの扱いに抗議して、同年に教授職を辞してドイツを去った[338]。

フランクは、デンマークの著名な物理学者ニールス・ボーアに招かれてコペンハーゲンの彼の研究所で共同研究を行ったのち、アメリカで教授職に就いた[308]。ドイツの同僚に宛てた手紙に、彼はこう書いている。「私のような血統と気質の人間が活躍できる場は、ドイツにはもうないようだ。〔中略〕私がほかのドイツ人たちと同じように自分をドイツ人だと思っているのはご存じだろうが、そんなことは役に立ちそうもない。私たち夫婦がほかの土地に根を張ることはできないとわかっていても、移住するしかないのだ。しかし、おそらく子どもたち、少なくとも孫たちはうまくやるだろう。彼らが自分を二流市民であるように感じないことを願う[308]」

フランクとその同輩であるドイツ人物理学者マックス・フォン・ラウエの二人は、ノーベル賞の金メダルをナチスから守るためにボーアに預けた[339]。そのため、ナチスがデンマークに侵攻し、ボーアの研究所を占拠する直前、ボーアはメダルをナチスの手に渡さないようにするために頭を悩ませることになった。ボーア自身のメダルはすでにフィンランドの救済基金に寄付していたので、心配する必要はなかった。フランクはそのときアメリカにいたが、ドイツに残ったフォン・ラウエは、ユダヤ人の同僚に対する迫害に独りで抗議するなどの反ナチス活動を行っていた[295]。彼の名前が刻まれた金製の輸出品が発見されれば、逮捕されるのは確実だった。

ボーアの研究所のハンガリー人化学者で、のちにノーベル賞を受賞するゲオルク・ド・ヘヴェシーがボーアに協力した。ヘヴェシーは次のように書いている。「私はメダルを埋めたらどうかと提案したが、ボーアはメダルが掘り起こされるかもしれないと言って受け入れなかった。そこで私は溶かすことに決めた。侵略軍がコペンハーゲンの街中を行進している間、私はラウエとフランクのメダルを必死に溶かしていた[340]」。ヘヴェシーは二つのメダルを一緒に王水で溶かした。とはいえ、金の反応が限定的であったため、安心はできなかった。彼はその溶液を研究所の棚に置いておいたが、結局、戦争中にナチスに気づかれたり触れられたりすることはなかった。戦後、溶液中で沈殿した金がノーベル財団に送られ、二つのメダルが再鋳造されてフランクとラウエに返還された。これが、唯一融合したことのあるノーベル賞メダルとなった。

やがてデンマークは、ボーアの手に負えない状況に陥った[341]。ボーアは、多くの著名なユダヤ人科学者や反体制派の科学者がナチスドイツから逃れる手助けをしていた。加えて、彼の母親はユダヤ人であった。イギリスの諜報機関はボーアの逮捕が計画されていることを知り、２本の錆びた鍵の中にマイクロフィルムを隠して彼にメッセージを送った。イギリスとしては、ドイツの核兵器開発を加速させる可能性のある人物をナチスに収監されたくなかったし、自国の核開発のためにボーアの専門知識が欲しかったのだ。

ところが、ボーアは祖国と助けてきた仲間を見捨てようとせず、逮捕が間近に迫っているというメッセージをドイツ政府内の反ナチス派から受け取るまで、デンマークに残り続けた。

デンマークのレジスタンスの助けを借りて、ボーア夫妻はゲシュタポの追手から逃れ、漁船でスウェーデンに渡った。[341] その後の数週間で、デンマークのレジスタンスは夜間に小舟で海を渡り、デンマークに住むユダヤ人のほぼ全員をスウェーデンに送り届けた。デンマークは、ナチスに占領されながらユダヤ人住民を救った唯一の国だった。この難民船団のなかには、ボーアの子どもたちもいた。スウェーデン大使館員の妻は、ボーアの孫の一人を買い物かごに入れてスウェーデンに運んでいる。ボーアはその間、スウェーデンの国王や政治家と密会を重ね、難民の受け入れを進めた。

ストックホルムで家族と無事に再会したボーアは、イギリス政府からの招待を受け、戦争に協力することになった。[341] 1943年10月6日、中立国のスウェーデン領内では爆弾を積んでいなかったイギリスのモスキート爆撃機に乗り、ボーアはストックホルムから、ナチスの支配下にあるノルウェーの上空を通過してイギリスへ向かった。ナチスの高射砲を避けるため、パイロットは高度を大きく上げて飛行した。機内のスペースが限られていたので、ボーアは飛行服を着てパラシュートを装着し、爆弾倉に横たわっていた。ところが、ボーアの頭が大きすぎて、渡されたヘルメットを完全にかぶることができず、イヤホンを通じてパイロットが酸素供給を指示したのを聞き逃してしまった。ボーアは酸素不足で気を失い、飛行機がノルウェーを通過して海上で高度を落としたのち、やっと意識を取り戻した。その後、ボーアはフランクらとともに、極秘でイギリスとアメリカの核兵器開発に携わった。

ナチスが政権を握ってまもなく、ハーバーもほかのユダヤ人科学者らと同様に、ドイツから脱出した。[301] 彼はスイスを旅行中に、生化学者でシオニズム運動の指導者でもあるハイム・ヴァイツマン（のちのイスラエル初代大統領）を訪ねた。以前、ハーバー（とジェイムス・フランク）はヴァイツマンからパレスチナで教授職に就くよう打診されたことがあったが、そのときハーバーはシオニズムに賛同していなかったので辞退した。[314] しかし、ナチスが勢力を強めるにつれ、ハーバーは考えを改めるようになった。「ヴァイツマン博士、私はドイツで最も力のある人物の一人だった。偉大な陸軍司令官や産業界の大物以上の存在だったのだ。私は産業の創始者であり、ドイツの経済的・軍事的成長には私の仕事が不可欠だった。すべての扉は私のために開かれていた。しかし、当時私がいた地位は、華やかに見えたかもしれないが、あなたのいる地位とは比較にもならないようなものだった。あなたは豊かなところで創造するのではなく、何もない土地で、何もないところから創造し、見捨てられた人々に尊厳を取り戻させようとしている。そして、それは成功していると思う。人生の最後に、私は破産者になってしまった。私が世を去り、忘れ去られたとしても、あなたの業績は、我が民族の長い歴史のなかにさんぜんと輝く記念碑として立ち続けることだろう[334]」。ハーバーはパレスチナで職に就くことに同意し、妹とともに向かうことに決めた。だがその前に、彼はケンブリッジ大学のウィリアム・ポープの研究室からの誘いに応えた。

この招待は、ポープの許しと、科学を通じた二人の知的関係、ナチスに対する共通の憎しみを反映したものだった。ポープは第一次世界大戦中、ハーバーが開発した毒ガス兵器に対抗して連合国のためにマスタードガスを開発した人物であり、また終戦以降、イギリス人はハーバーに対して強い憎しみを抱いていたからである[301]。ハーバーはポープの研究室で短期間過ごしたのち、1934年1月末、パレスチナの新しい職場に向かう途中、3日間の予定で妹と一緒にスイスに戻った。そして滞在3日目に、眠ったまま亡くなった。

ヴィルシュテッターによると、死因は過労ではなかった。「ほかの強烈な個性の持ち主がそうであるように、ハーバーは大きな仕事や試みに刺激され、活気づいた。戦時中も、それ以前の数十年間も、晩年も、彼の健康を損なったのは過労ではなかったし、彼を早死にさせたのも過労ではなかった。むしろ、戦争の結果と講和条件、そして連合国に無法者とみなされたことに対するひどい落胆が原因だった。人をむしばみ、疲弊させるのはいつも、悲しみ、痛み、苦しみという毒なのだ[305]」

ハーバーの教え子たちに研究の場を提供していたラウエは、追悼文を書いてドイツ国内で発表したが、編集者ともどもナチスから厳しい叱責を受けた[295]。ハーバーの一周忌には、カイザー・ヴィルヘルム協会、ドイツ化学会、ドイツ物理学会が500人以上の出席者を集めて追悼式を開催した。ナチスドイツの科学・教育・国民文化担当大臣は、この式典を禁じる通達を出している。「ハーバー教授は、1933年10月1日に彼自身の要請によって解任された。その要請は、現政権に反対する考えを明確に打ち出し、国民の誰もが国家社会主義国家の施策への批判と捉えるような内容であった。こうした事実を前にすると、彼の一周忌に追悼式を行おうとする上記団体の目的は、国家社会主義国家に挑戦することにあるとみなさざるを得ない。このような記念日が特別に認められるのは、偉大なドイツ人のなかでも極めて例外的な人物に限られるからだ」[305]。ハーバーの遺産へのこのささやかな支持は、ドイツ国内で唯一のナチズムに対する組織立った学術的抵抗であった。[295]ヴィルシュテッターは次のように書いている。「講堂を埋め尽くしたのは、選りすぐりの大集団だったが、出席者よりも欠席者のほうが目立った。参加者は全員、身分を明かし、リストに名前を記入しなくてはならなかった[305]」

ハーバーとネルンストに見られる類似性は、ナチスの支配下で最期を迎えるまで、生涯にわたって続いた。アインシュタイン、フランク、ハーバーと同様に、ネルンストも1933年に教授職を辞した。[295]ネルンストは、ドイツの交戦によって、すでに大きな代償を払っていた。息子が二人とも第一次世界大戦で戦死しているのだ。ナチスが政権を握るまでに、三人の娘のうち二人はユダヤ人男性と結婚し、子どもを連れて海外に逃亡していた。残っていた孫たちも、１９３９年にドイツから脱出した。その年、ネルンストは心臓発作に見舞われ、２年後に亡くなった。彼の遺灰はのちに、ゲッティンゲンにある著名な物理学者マックス・プランクとラウエの墓の隣に移されている。死後もずっと孫たちを支援し続けたいと望んだネルンストは、最後に大きな財政上の決断を下した。莫大な資産と現金を、何世代にもわたって木材を産出する森林に換えたのだ。しかし、ナチスドイツが崩壊すると、この森林はポーランドの一部となった。

１９３９年にポーランドに侵攻したとき、ドイツ当局は発疹チフスの流行を懸念していた。[333]彼らはすぐにチクロンＢのガス室を用いて、第一次世界大戦で成功したシアン化水素を使う方法を再現した。その一方で、ナチスは強制収容所に集めた何百万人ものユダヤ人を効率よく殺す方法を見つけるのに苦労していた。

人間を殺すための最初の実験的ガス室は、１９３９年に稼働を始めた。[342]当初使用されたガスは、一酸化炭素だった。最初の実験では、ヒトラーの専属医師カール・ブラントや、ナチスの安楽死政策責任者フィリップ・ボウラー、保健省との連絡役ヴィクトル・ブラックをはじめとする役人たちが、精神病患者４名のガス処刑を見学した。その後、精神障害者を殺すために、シャワールームに見せかけたガス室が複数の病院に建設された。ナチスに殺された人々のなかには、第一次世界大戦のガス戦で化学兵器にさらされて以降、精神状態が回復しなかったドイツ軍の退役軍人も含まれていた。[306] 何千人ものユダヤ人やほかの強制収容所の収容者もこれらの病院のガス室に入れられて殺されたが、そのどれもがナチスが望んだような規模のガス室ではなかった。[342]

1941年夏、絶滅収容所が建設された。1929年からナチス親衛隊（SS）を率い、「ドイツ民族性強化国家委員」の肩書もあったハインリヒ・ヒムラーは、アウシュビッツ強制収容所の所長ルドルフ・ヘスに「ユダヤ人問題の最終的解決」のための効率的な方法を実行するよう指示した。[333・342・343] ヒムラーはヘスにこう告げている。「ユダヤ人はドイツ国民の永遠の敵であり、絶滅させなければならない[343]」

ヘスは、一酸化炭素を使用したトレブリンカ強制収容所のガス室が、即効性と致死性に欠けると感じていた。[333]「最終的解決」の責任者アドルフ・アイヒマンもこれに同意し、アウシュビッツを訪れた際に、ユダヤ人のさまざまな殺害方法に関する懸念をヘスと話し合った。[343] 問題の一つは、女性や子どもを銃で撃ち殺すことが、一部の親衛隊隊員に与えている影響であった。だがより大きな問題は、一酸化炭素と銃殺という既存の方法で、何百万人ものユダヤ人を殺すことの現実性にあった。手間と時間がかかりすぎるのである。

アウシュビッツの副所長カール・フリッチュは、チクロンBがこの問題を解決できると考えた。[343] 彼は囚人を使って殺傷力を試し、その効果を証明した。１９４１年９月、ヘスたちは、大量処刑が実現可能か検証するため、チクロンB消毒ガス室を使って、多くのユダヤ人を含むロシアからの捕虜６００人と精神病患者２５０人を殺害した。[342] 強制収容所の囚人を使ってさらに実験を重ねた結果、ヘスはチクロンBのほうが一酸化炭素よりもはるかに効率よく人を殺せるという結論に達した。[333] 親衛隊はチクロンBを人間駆除用に改造し、警告臭を取り除いた。[344]

デゲシュ社の役員たちは当初、チクロンBから警告臭を取り除く命令に反対していた。チクロンB自体の特許は失効していたが、警告臭の特許はまだ有効だったからである。[326] デゲシュによるチクロンBの独占的な製造は、この指示薬の添加に完全に依存していた。だが結局、デゲシュは親衛隊の要求に応じて、絶滅収容所向けの新たなチクロン

Bでは警告臭を取り除いた。

　ガス室は、ヘスとアイヒマンが選んだ農地に建設され、そこには「消毒用」という言葉が刻まれた。[333・343] アウシュビッツ・ビルケナウ強制収容所に建設された新しいガス室では、1日に1万人を殺害することができた。ユダヤ人やそのほかの犠牲者は、シラミを駆除するためだと言われ、服を脱がされた後、鞭や棒、銃を持った警察官の列の間を通ってガス室に入り、3分から20分の間ガスを浴びて死んでいった。[333・342・343] ヘスはこの効率を称賛した。一酸化炭素を使用していたトレブリンカでは、同じペースでユダヤ人を殺すには10倍の数のガス室が必要だった。

　一酸化炭素はチクロンBより高価で、殺すのに時間がかかり、取り扱いも難しかった。[333] 最初は精神病患者の殺害に使われ、移動可能なガス室に転用されたのち、死の収容所で大規模に使用されたが、チクロンBが採用されると一酸化炭素は使われなくなっていった。

　チクロンBの扱いで唯一困難な点は、25・7℃の温度維持であった。沸点である25・6℃を超えると揮発してガスになるためである。[333] 対策として、親衛隊は犠牲者の体温でガス室を適温に温めた後、天井の穴からチクロンＢの入った缶を投下するようにした。親衛隊員はチクロンＢを安全に取り扱う訓練を受け、作業中は常にガスマスクを着用した。使用後は、換気装置でガスを除去し、ゾンダーコマンドと呼ばれるユダヤ人の囚人部隊に、髪の毛や金の詰め物のある歯など、価値のあるものをすべて剥ぎ取らせてから死体を焼却させた。[343]

１９４２～１９４５年に、ナチスはアウシュビッツ、ベウジェツ、ヘウムノ、マイダネク、ソビボル、トレブリンカで、主にチクロンＢを使って５００万人以上を殺害した。[342] 戦後、イギリス陸軍ライン軍団の戦争犯罪調査部隊に対し、ヘスは次のように述べている。「私は１９４１年５月にヒムラーから受けた指令に基づいて、１９４１年の6、7月から１９４３年末までの間に２００万人のガス処刑を自ら手配した。その間、私はアウシュビッツの所長だった[342]」

第二次世界大戦の惨禍は第一次世界大戦のそれをはるかに上回り、過去２０００年間の戦争による死者数の半分以上となる死者を出した。[303] 死者の大部分は、焼夷弾（可燃性の薬剤を充填した弾）で攻撃された都市に住む民間人だった。また、強制収容所、死の行進、ゲットーなどで殺された600万人のユダヤ人も大きな割合を占めている。アイヒマンがヒムラーにユダヤ人600万人の殺害に成功したと報告したとき、ヒムラーはその数字の少なさに失望した。[343]

ブルーノ・テシュは、アウシュビッツ・ビルケナウ強制収容所にチクロンBを供給したテシュ&スタベノウ社を所有していた。[345] テシュと彼の補佐カール・ヴァインバッハは、1907年のハーグ陸戦条約第46条に基づく戦争犯罪の容疑で、1946年3月にハンブルクのイギリス軍事裁判所で裁かれた。第46条にはこうある。「家族の名誉と権利、個人の生命、私有財産、宗教上の信念とその実践を尊重しなければならない。私有財産を没収することはできない」[346]。ドイツとイギリスはともにハーグ条約の締約国であり、終戦時にはイギリスがドイツに対する条約内容の裁定権を握っていた。告発状によると、テシュとヴァインバッハは、「ドイツのハンブルクで1941年1月1日から1945年3月31日までの間、戦争法規と戦争慣例に違反して、強制収容所に収容された連合国民を殺戮するために使われる毒ガスを、その用途を十分把握したうえで供給した」[345]。

ドイツ国防軍の指導者たちはホロコーストの初期に、ユダヤ人を大量に射殺し、埋葬するのは不衛生であるため、チクロンBを使うのはどうだろうかとテシュに尋ねていた。[345]テシュは、それがよりよい方法であり、害虫駆除と同じようにガス室で使えることを認めた。テシュと彼の会社はその後、チクロンBの供給を始め、国防軍と親衛隊に専門技術者を派遣し、訓練を施した。

有罪判決を下すために、裁判所は三つの事実を確かめなければならなかった。「第一に、連合国の国民がチクロンBによってガス処刑されたこと。第二に、このガスがテシュ&スタベノウ社から供給されたものであること。そして第三に、このガスが人間を殺す目的で使用されると被告人が知っていたことである[345]」。法廷が検討した多くの証拠のなかには、テシュ&スタベノウ社の請求書もあった。そこに次のような記載があった。「以下の刺激剤抜きチクロンBシアン化物を貨物としてアウシュビッツに送った[343]」。それは明らかに、人間駆除用に改造されたチクロンBであった。ドイツの法律では、殺虫用のチクロンBには扱う者の安全のために警告臭が含まれていなければならないと規定されていたからである。テシュとヴァインバッハは法廷で有罪とされ、絞首刑となった。[345]

戦争末期にドイツが崩壊し、ヒトラーが自ら命を絶ったのち、ヘスは臨時政府が置かれたフレンスブルクでヒムラーに報告を行った。[343] このとき、「軍に紛れて身を隠せ[343]」とヒムラーに命じられたヘスは、海軍の制服を着てフランツ・ラング掌帆長を名乗り、イギリス軍の検閲をやり過ごした。アウシュビッツでも家族と暮らし、妻子に愛情を注いでいたヘスは、8カ月にわたり、彼らが住む場所にほど近い農場で働いた。その間、イギリス軍憲兵隊の捜索は無駄に終わっていたが、1946年3月11日、イギリス軍の野戦軍憲兵隊がとうとうヘスを捕らえた。衣類や身の回りの品とともに保管されていたのは、アウシュビッツで使っていた馬用の小型鞭だった。毎日1万人のユダヤ人の虐殺を命じ、目撃してきた男は、たとえそれが自分の正体をばらしてしまうものだとしても、他者を支配する力の象徴であった鞭を手放せなかったのだ。

ニュルンベルク裁判では、テシュやヴァインバッハなど無実を訴えた多くの被告人とは違って、ヘスは自分の犯罪について詳しく語った。[343] 唯一の反省の弁が、1947年4月12日、法廷によってアウシュビッツの地で絞首刑に処される4日前に記されている。

「牢獄の孤独のなかで、自分がひどく人道に背いた行為をしてきたことを痛感した[343]」。しかしヘスは、心中では自分が犯した罪はポーランド人に対するものだと思っていた。彼はポーランド人に許しを請うたのであり、ヨーロッパのユダヤ人を虐殺したことについては反省していなかった。

チクロンの開発は、ハーバーの監督のもと、発疹チフスへの対策として公衆衛生を改善する目的で始まった。それがナチスの大量殺戮の主要な手段と化したのは、研究室、営利事業、政府の間を巧みに行き来した創造の天才の人生における、残酷な運命のいたずらだった。ハーバーの姪ヒルデとその夫、そして彼らの子ども二人も、アウシュビッツでチクロンBによって殺された無数のユダヤ人のうちに含まれていた[334]。

ハーバーの息子ヘルマン（第一次世界大戦中、庭で拳銃自殺した母クララの遺体を発見した息子）は、１９４２年に妻と３人の娘を連れてナチス占領下のフランスからカリブ海に逃れ、そこからアメリカに入国した[334]。だが、第二次世界大戦末期に妻が亡くなると、ヘルマンは自殺した。ハーバーの２番目の妻は、彼と離婚したのち、息子のルートヴィヒと娘のエヴァを連れてイギリスに渡った。イギリス政府はルートヴィヒを敵性外国人として、初めはマン島、続いてカナダに抑留した。[347] 戦後、ルートヴィヒは第一次世界大戦の毒ガス戦を扱う歴史家となり、自ら毒ガスを浴びてその効果を体験してから本を執筆した。[348]

ハーバーの科学上の名誉回復は、彼の死とナチス政権の崩壊を経て、カイザー・ヴィルヘルム物理化学・電気化学研究所がフリッツ・ハーバー研究所と名を改めたことで、ようやく果たされた。

# 第8章

# DDT

（1939～1950）

ＤＤＴを武器に、陸軍は発疹チフスの恐怖を克服した。歴史上初めて、この冷酷な災害、飢餓、貧困の同伴者は、古来の戦争疫病のチャンピオンという殺戮者の肩書を失った。[349]

――ジェームス・スティーブンス・シモンズ准将
（アメリカ陸軍予防医学部長）、１９４５年

１９４１年12月7日午前8時前、日本軍の空母艦隊から発進した１８３機の戦闘機が、ハワイの真珠湾に最初の攻撃を仕掛けた。[350] その1時間後、54機の高高度爆撃機、78機の急降下爆撃機、36機の戦闘機による第二次攻撃が行われた。この奇襲攻撃により、アメリカの軍艦18隻と飛行機数百機が損傷を受けたり破壊されたりした。人的損害は死者２４００人、負傷者１１７８人で、アメリカ海軍は2時間の間に、米西戦争と第一次世界大戦のすべての戦闘を合わせた死者の3倍の人員を失った。[351]

9時間後、マニラ上空を飛行していた日本軍の爆撃機は、ダグラス・マッカーサー司令官が待機を命じたＢ－17フライング・フォートレス爆撃機や多数のＰ－40戦闘機か

らなる編隊のうち、半分を破壊した。[351] 続けて、グアム島（12月11日）、ウェーク島（12月23日）、香港（12月25日）、オランダ領東インド（１９４２年1月）、シンガポール（２月15日）を陥落させるなど、日本軍は矢継ぎ早に勝利を重ねていった。５カ月後、日本はオーストラリアとイギリス領インドの国境に及ぶ広大な領域を支配するようになり、連合軍はフィリピンを失った。太平洋戦争は真珠湾攻撃から４年にわたって繰り広げられ、両陣営はアラスカの南方に連なるアリューシャン列島からニューギニアの島々にまで戦力を展開した。

昆虫は北太平洋戦域では単なる厄介者にすぎなかったが、南太平洋では死をもたらす病気の媒介者であった。マッカーサーは次のように書いている。「何百万もの昆虫がいたるところにいた。蚊、ハエ、ヒル、ツツガムシ、アリ、ノミ、その他の寄生生物の大群が、昼夜を問わず人を悩ませた。病気は情け容赦のない敵だった[352]」

１９４４年、アメリカ軍第４海兵師団が熱帯のサイパン島への侵攻を準備していたとき、大隊の軍医は彼らにこう説明した。[353]「波打ち際では、サメ、オニカマス、ウミヘビ、イソギンチャク、鋭利なサンゴ、汚染された水、毒をもつ魚、熊の罠のように人間を挟む巨大な貝に注意すること。陸上では、ハンセン病、発疹チフス、フィラリア症、フランベジア（イチゴ腫）、腸チフス、デング熱、赤痢、サーベル状の草、ハエの大群、ヘビ、巨大トカゲに気をつけること。島のものは食べず、島の水は飲まず、島の住民には近づかないこと。何か質問は？」

驚いた二等兵が尋ねた。「そんな島、何でジャップに任せたままにしておかないんですか？」

マラリアは最も致命的な熱帯病だった。南太平洋では50万人ものアメリカ兵がマラリアに感染し、一部の地域では連合軍兵士の感染率（再発を含む）が年間１０００人あたり４０００人に達した。[63・354-356] １９４２年10月から１９４３年４月の間、太平洋戦域南西の戦場では、マラリアで入院した連合軍兵士と戦闘での死傷者の比率は10対1であった。[56] ニューギニアで戦っていたあるアメリカ軍歩兵部隊は、戦死者2名、負傷者13名、病人９２５名と報告している。[356] アメリカ軍とフィリピン軍の間で蔓延《まんえん》したマラリアは、１９４２年４月にバターンで被った大敗北の一因となった。アメリカ南北戦争以降で、アメリカ軍が最も多くの投降者を出した戦いであり、戦闘後には「バターン死の行進」

が行われた。[63・357]ガダルカナル島では、師団長が海兵隊員に対して、体温が39・４℃を超えた場合のみパトロール任務を休むよう命じていた。[357]１９４３年、マッカーサーは陸軍のマラリア専門家にこう漏らしている。「先生、敵と対峙している師団すべてが、マラリアで入院中の師団や病気から回復しつつある師団の助力を当てにしなければならないとしたら、長い戦いになるだろうね[63]」

この問題は主に、軍の指揮官や兵士たちが脅威を深刻に受け止めなかったこと、真剣に取り組んでいた医務官らに指揮権がなかったことから生じていた。[303・356・357]病気に対するいいかげんな態度は、ある将校の言葉に集約されている。「我々はジャップを殺すためにここにいる。蚊などクソ食らえだ[357]」。この問題について、次のように説明する者もいた。「爆弾、銃弾、砲弾、銃剣がもたらす死と毎日対峙することに慣れた屈強な兵士たちは、刺されてもほとんど何も感じない小さな蚊のために大騒ぎするのはみっともないと思ったのだ[358]」。軍事活動も感染拡大の要因となった。アメリカの軍医の一人はこう指摘している。「塹壕、たこつぼ壕、対戦車障害物、砲台、車の轍、砲弾や爆弾や地雷爆破跡の穴、妨害された灌漑事業、橋の瓦礫や即席の土手道で池と化した川、急ごしらえの飛行場や幹線道路で塞がれた排水路などがすべて、マラリア蚊の新たな繁殖場所となる可能性がある[63]」

　戦場でのマラリア対策を強化することが最優先の課題となり、軍は兵士たちに脅威を認識させるための宣伝活動を開始した。ある訓練用パンフレットにはこう書かれている。「毒ガスと同様に、マラリアは諸君を慢性的な病人にする。マラリアは諸君を貧弱な役立たずにするのだ[303]」。ニューギニアにいた知恵者のオーストラリア人軍曹は、マラリア対策に抵抗する部下たちの粋がりを打ち負かすため、次のような文言の看板を掲げた。「男らしさを守れ！　マラリアはインポテンツの原因になる！[358]」。アメリカ軍の指揮官たちも、すぐにこの手法を真似て大成功を収めた。

　何世紀もの間、マラリアの予防・治療薬は、キナノキの樹皮から抽出されるキニーネだけであり、世界のキナノキ供給量の90％以上は、ジャワ島にあるオランダのプランテーションで栽培されていた[56]。そのため、１９４２年1月、日本軍がジャワ島を制圧すると同時に世界のキナノキ生産をも手中に収めたのである。同様に、ドイツ軍はアムステルダムでキニーネの備蓄を押収している。連合軍は、種子を麦芽乳の瓶に詰めてジャ

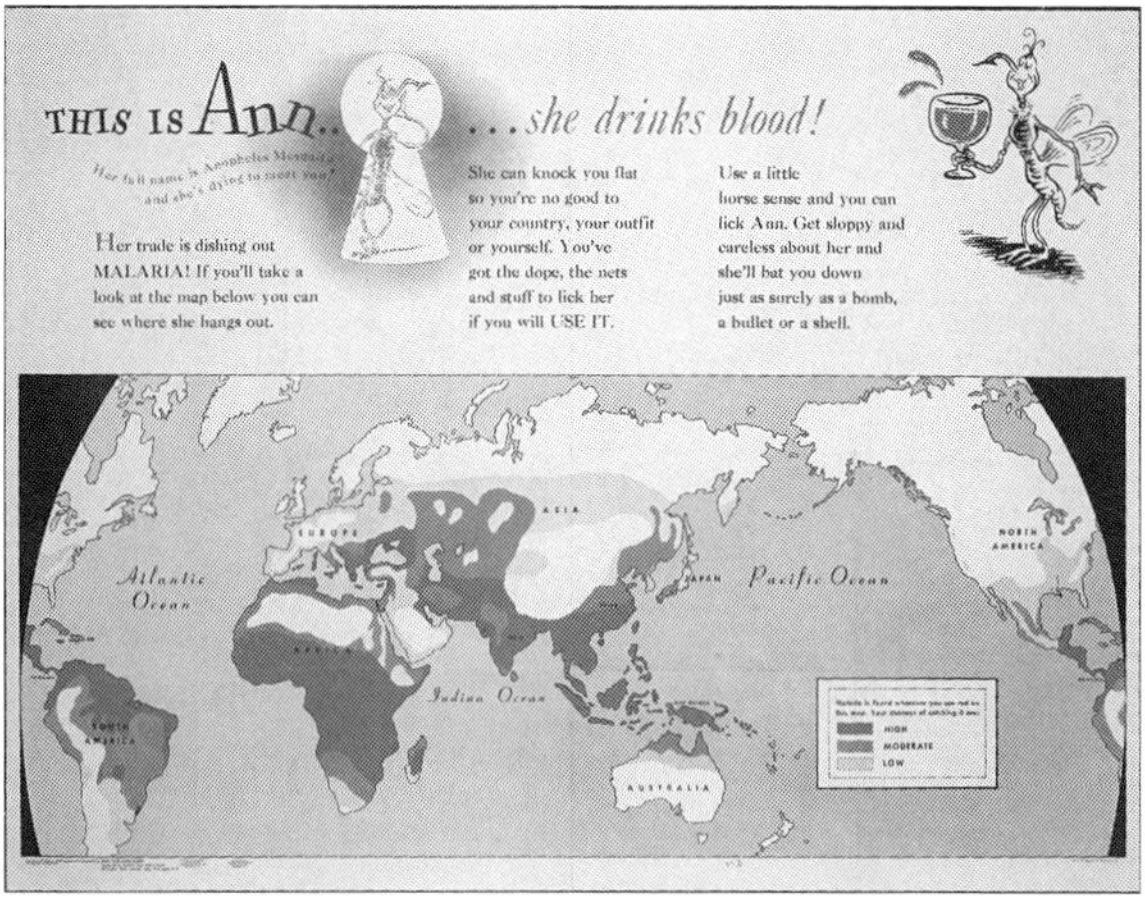


**図 8.1**　セオドア・スース・ガイゼル（ドクター・スース）は、アメリカ軍のマラリア対策キャンペーンのために、蚊を魔性の女にたとえた一連の漫画を描いた。

ワ島から密輸し、ミンダナオ島で育てることで、キナノキの小さな木立を確保した。[358] このミンダナオ島のプランテーションによって1927年からキニーネが供給され始めたが、需要分を賄うには程遠い量であった。そして、1942年5月にはミンダナオ島も陥落し、わずかな供給源を手に入れるという望みすら失われた。

　こうした失敗から、アメリカ政府は天然キニーネの代替品を発見するために徹底的な調査を開始した。[56] この試みには前例があった。

1856年、17歳の化学者ウィリアム・パーキンは、コールタールの副産物であるアニリンからキニーネを合成しようとしたが[358]、得られたのは役に立ちそうもない黒い残留物だった。ところが、実験用ビーカーから残留物をアルコールで洗い流そうとしたとき、アルコールが残留物と反応してモーブ色（やや青みがかった紫色）の染料が生まれた。彼はこの偶然の発見から財産を築き、それまでモーブ色の染料を独占していたインドのプランテーション産業を破綻させた。パスツールもまた、キニーネの合成を試みたが、失敗に終わっている。だが、第二次世界大戦中、アメリカの化学者たちがコールタールからキニーネの合成に成功し、1万5000種以上の化合物について抗マラリア効果の試験を行った。それらの化合物には、ドイツの科学者が発見した数多くの染料も含まれていた[63]。

アメリカは、アトランタの合衆国連邦刑務所、イリノイ州刑務所、ニュージャージー州矯正院の囚人約800人を対象に抗マラリア薬の効果を検証した。囚人たちは志願して、発熱を繰り返す三日熱マラリアを媒介する蚊に刺された[359]。あるジャーナリストは、彼らの愛国心についてこう語っている。

彼らは、マラリアに感染した兵士にその化学薬品を安全に投与できるか、人体がどのくらいの量を許容できるかを検証するために、新薬の量を変えながら服用することで、より大きな危険に身をさらしている。〔中略〕かつて社会の敵であった者たちは、これが完全に我々全員の戦争であることを最大限に理解している。〔中略〕自分たちの協力により、何千人ものアメリカ兵が熱帯性マラリアの被害を免れるかもしれないと知ると、囚人たちはすぐに熱狂的な反応を示した。〔中略〕採血に使う巨大な針を冗談めかして「モリ」と呼んだりしているが、注射のフルコースや繰り返される退屈な検査を拒むような者は一人もいなかった。〔中略〕薬物の性質も効果もまだ秘密だが、大規模な人体実験が行われていること自体が、悲願の実現が近いことを物語っていると思われる。[359]

仮釈放での再犯率の低さが示す通り、囚人たちのこの愛国的な奉仕活動には、大きな更生効果もあったらしい。[287]

第一次世界大戦中から戦後にかけてキニーネが不足したドイツでは、大戦間にいくつかの代用品が合成された。そのうち最も効果が高かったのは、1930年に合成されたアタブリンという化合物だった。[63] 1943年、アメリカはキニーネの新たな代替品としてアタブリンを採用した。またこの年、連合国の化学者たちはアタブリン合成の秘密を解き明かし、兵士たちを戦場にとどまらせるためにアタブリンを大量に生産した。しかし、アタブリンはまずく、吐き気や嘔吐、下痢を引き起こし、皮膚を黄色くした(アタブリン焼け)。一部には精神病を発症する者もいたうえ、[356・357] インポテンツになるという噂まであった。そのため、多くの兵士は、マラリアのリスクのほうがましだと判断した。

日本兵はキニーネの予防薬と防虫剤、分隊の全員がまとまって入れる蚊帳《かや》を使っていた。それでも、ビルマで戦った日本軍のある連隊は、兵士全員が感染したと報告している。[355]

ドイツ軍も、1941年にギリシャ、ウクライナ、ロシアに侵攻したときマラリアに悩まされ、アタブリンを使用した。[355] ドイツ軍の作戦行動がマラリア流行を引き起こすこともあった。たとえば、1943年後半にアメリカ軍とイギリス軍がイタリア戦線に押し寄せると、ドイツ軍は防波堤やポンプ場を破壊し、河川や運河を堰《せ》き止めてポン

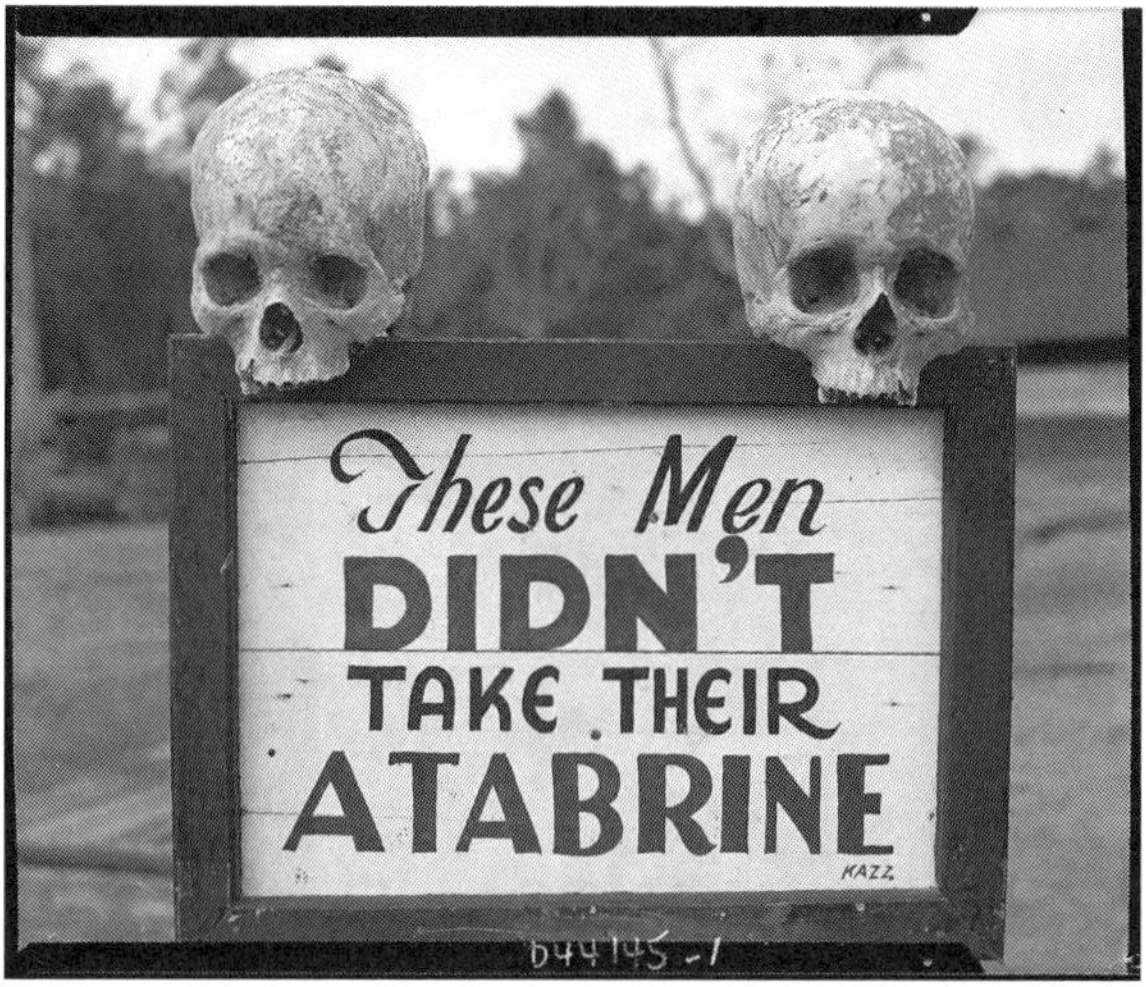


**図8.2**　「この男たちはアタブリンを服用しなかった」。第363野戦病院に掲げられた看板。戦場では、兵士にマラリア予防を呼びかけるため、効果的な宣伝活動が展開された。〔国立保健医療博物館オーチス歴史アーカイブ（OHA）220.1、MAMAS D44-145-1より〕

ティーネ沼沢地を氾濫させた[360]。海水と淡水の両方を利用して、約４００km²の埋立農地を数週間のうちに何とか氾濫させたのである。連合軍の前進を防ぐためだったが、皮肉なことに、この農地は１９３０年代初頭、ヒトラーの盟友ムッソリーニの野心的な計画により、湿地帯を埋め立ててつくられたものだった。あるジャーナリストは次のように書いている。「イタリア戦線は三つの敵、すなわちドイツ軍、地形、蚊との戦いである」[361]。以前ナチスの兵士が占領していた農場を訪れた彼女は、豚小屋の壁に、ドイツ軍の作戦行動後によく発生した蚊の疫病を描いた絵を見つけた。連合軍はアタブリンを使用して疫病を免れたが、地元住民は苦しめられていたのである。

ナチスとマラリアの関係は、強制収容所での医学実験にも及んでいた。ダッハウで行われたアメリカによる軍事裁判で、クラウス・シリング博士は戦争犯罪者とされ、1946年に絞首刑に処された。有名なマラリア研究者で、戦前は国際連盟のマラリア委員会のメンバーであり、ロベルト・コッホ研究所の熱帯病部門責任者も務めた人物だったが、ホロコーストの際、ダッハウ強制収容所の収容者に対してその技術を意のままに使ったためである[287]。1942年2月~1945年4月に、ナチスの著名な医師たちは、シリングの監督のもと、蚊に直接刺させたり、蚊の粘液腺抽出物を注射したりして、1200人以上の収容者をマラリアに感染させた。子どもを含むこの犠牲者たちは、マラリアに感染したのち、キニーネやアタブリンをはじめとするさまざまな薬を実験的に投与された。多くの者は実験的な予防接種を受け、その後も繰り返し感染していた。こうした実験を通して、ドイツはアタブリン投与のガイドラインを作成した。

この戦争犯罪法廷で、被告となった医師たちは、囚人を使ったアメリカの実験を何度も引き合いに出し、そうした手法はありふれたものだと訴えた。アメリカの囚人は志願して実験に参加していたという点が異なっていたが、ある弁護人は、アメリカでの囚人実験を根拠に次のように主張した。「人間を使った医学実験が原則的に認められるだけでなく、囚人を使った実験も文明国の刑法の基本原則に反しないという結論になるはずだ[287]」。シリングは、マラリアを治療するためにそうした実験を行うことが「人類に対する義務であると信じていた」。彼は法廷で、「私の仕事は未完成であり、法廷は私が科学の利益のために実験を終え、更生するためにできる限りのことをすべきである」と述べている[287]。戦争犯罪法廷に関する補足情報としては、ペーパークリップ作戦が挙げられる。ナチスの医師、科学者、技術者を秘密裏にアメリカへ移し、科学技術の発展のために専門知識を提供させる作戦である。ダッハウで収容者を使って研究を行っていた医師のうち少なくとも6人は、戦後この作戦のためにアメリカ軍に密かに雇用されている[362]。

一部のマラリアは予防薬で防ぐことができたが、昆虫が媒介するほとんどの熱帯病に対しては何の手立てもなかった。長年使用されてきた殺虫剤も手に入らなかった。戦争によってオランダ領東インドからのロテノンの供給が断たれ、除虫菊の不作とイギリス領ケニアの労働争議の影響でピレトリンの在庫が枯渇したためである。[349] ピレトリンは陸軍のシラミ取り粉や蚊取りスプレーの有効成分だったが、そもそも戦前にアメリカに対してピレトリンを主に供給していた国は、日本であった。[363] たとえ容易に入手できたとしても、これらの殺虫剤に十分な効果があるわけではなかった。そのため、1943年に南太平洋、ヨーロッパ、北アフリカの各戦域に新兵器としてDDT(ジクロロジフェニルトリクロロエタン)が導入されるまで、連合軍は昆虫が媒介するさまざまな病気に対してほとんど無防備だった。

オーストリアの科学者オトマール・ツァイドラーは、1873~1874年にかけてDDTを合成したが、その重要性に気づかず、ドイツ化学会で発表した論文中で6行だけ扱ったにすぎなかった。[364・365] スイスの化学者パウル・ヘルマン・ミュラーは、1939年にDDTの殺虫効果を発見し、その9年後にノーベル医学・生理学賞を受賞した。[366] 発見からわずか9年で受賞に至っていることからも、DDTがいかに早く効果を上げ、すぐに認知されたかがよくわかる。ＤＤＴは、歴史上長らく苦しめられてきた問題さえも克服する人間の能力を象徴する発明であった。

１９３５年、ミュラーは勤務先であるバーゼルのＪ・Ｒ・ガイギー社のために殺虫剤の研究を始めた。彼が文献や特許を調べた結果、ヒ酸塩、ピレトリン、ロテノンなど古くから使われてきた天然の殺虫剤に比べ、合成殺虫剤はどれも効果が薄いことがわかった。「このことが前進する勇気を与えてくれた。ほかの点でも、見込みが薄いというよりさらに状況は悪かった。農業用の殺虫剤には、厳しい条件が課される。使われる見込みがあるのは、特に安価なものか、極めて効果的なものだけである。私は自分の決断力と観察力を信頼して、理想の殺虫剤とはどのようなものであり、どのような性質をもつべきかを考えた[367]」

理想的な殺虫剤の条件として、ミュラーは以下の七つを挙げている。

1．虫に対する毒性が強い
2．効き目が早い

3．哺乳類や植物への毒性がほとんどない
4．刺激性や不快な臭いがない
5．できる限り多くの節足動物に作用する
6．化学的安定性が高く、作用が長時間持続する
7．安価である

次にミュラーは、ニコチン、ロテノン、除虫菊といった既知の殺虫剤にこの基準を当てはめてみたが、満足のいく効果を示すものはなかった。

彼はガラス容器にミヤマクロバエを入れて実験を行い、何百もの化合物を試したが、成功しなかった。「自然科学の分野では、粘り強さと不断の努力だけが結果を生む。だから私は、『今こそ、これまで以上に探し続けなければならない』と自分に言い聞かせた[367]」

DDT分子を合成してテストしたとき、その化合物がほかのどの物質よりも「強力な接触殺虫作用を示した」ことに彼は驚愕した。「ハエ用の容器は短期間のうちに強い毒

**図8.3**　実験装置の前に立つパウル・ヘルマン・ミュラー、1952年。（©Novartis AG.）

性を帯びた。徹底的に掃除した後でさえ、薬を浴びていないハエが側面に触れただけで床に落ちるほどだった」[367]。彼は、ＤＤＴが「理想的な」殺虫剤の厳しい基準を、一つを除いてすべて満たしていると判断した。満たしていなかったのは、「効き目が早い」という基準だけだった。

ＤＤＴの散布は、１９３９年にスイスでコロラドハムシに対して初めて行われ、

1940年にはこの化合物に特許が付与された。[366] スイスは戦時中、中立国として孤立していたので、国内での食糧生産が非常に重要となっており、DDT散布によるジャガイモの収穫増がとりわけ歓迎された。[363] 1940年、ミュラーが所属するJ・R・ガイギー社は、DDT粉末を5%含むコロラドハムシ用殺虫剤ゲザロールと、DDT粉末を3%または5%含むシラミ用殺虫剤ネオサイドという二つの製品を発売した。[63,368] スイス軍は発疹チフスの発生を防ぐため、戦争難民のシラミ駆除に初めてDDTを採用している。[363]

1942年秋、J・R・ガイギー社はDDT発見を戦争中の両陣営に伝えた。IGファルベン社(絶滅収容所用のチクロンBを製造した会社で、子会社のデゲシュ社が販売を担当していた)がシラミ駆除用にDDTを製造したものの、DDTはドイツでほぼ無視された。[303] ナチスは自分たちのガス室の技術に満足していたうえ、チクロンBの産業的重要性に固執していたからだ。[333] 一方、興味を示したアメリカ陸軍は、ゲザロールとネオサイドのサンプルを農務省の科学者に渡した。農務省はサンプルの化学組成を分析し、それがDDTであることを突き止めて再合成した[349,358,364](DDTという呼び名は、1943年にイギリスの軍需省が命名したことで定着した[63])。

続いて、フロリダ州オーランドにあるアメリカ昆虫・植物検疫局が、ＤＤＴの有効性を研究し、ハエに対する毒性を確かめることになった。[349・369] 同局はそれ以前に、７５００種類もの化学物質について、蚊やシラミを殺す能力を試していたが、[370] この新しい化学物質が疾病対策に役立つ見込みがあるとわかるまで、数日しかかからなかった。[371] ＤＤＴは、ハエ、蚊、シラミ、ノミ、トコジラミなど多くの害虫の神経系に作用して「ゲザロールけいれん」「ＤＤＴｓ」と呼ばれる症状を引き起こし、死に至らせたのだ。ある記者は、「触れると、脚の麻痺、けいれん、完全麻痺を経て、ついに死んでしまった」と興奮気味に書いている。[373] １９４３年５月、ＤＤＴはアメリカ陸軍の補給リストに追加された。[373]

その後、ヒトジラミの駆除用に、人間の皮膚に触れても安全なＤＤＴ混合物をつくるため、重要な実験が行われた。動物実験によって、高濃度のＤＤＴを食物と一緒に摂取すると、深刻な健康被害を引き起こし、死に至る可能性すらあることは判明していたが、人間の皮膚に付着しても安全かどうかはわかっていなかった。[358] 人体実験は大成功だった。ジェームズ・スティーブンス・シモンズ准将はこう書いている。「シラミに寄生された現地民を対象に、世界各地でこの粉末を使った実地試験を行ったところ、大変な評判となり、ボランティア希望者の多さに調査員がたびたび困惑するほどだった[349]」

理想的な使用量は、1943年夏にニューハンプシャー州ホワイトマウンテン国有林で行われた35人の良心的兵役拒否者による対照実験を通じて決定された[358]。一人ひとりのパンツに100匹のシラミを入れて繁殖させる方法であった。たちまち、それぞれが数千匹のシラミを抱えるようになり、その数は毎日丹念に調べ上げられた。参加者は、「ホワイトマウンテンの人里離れたキャンプ地に志願してやってきた大学教授、農業従事者、事務員、セールスマン、芸術家、専門職の男性たちからなる物静かな集団」であり、全員が良心的兵役拒否者だった。彼らは自分で体を掻くことを禁じられた[358]。

研究者たちは、入念に調製したさまざまなDDT混合物を2週間ごとにボランティアたちに浴びせ、その結果を観察した。シラミは最初、「一種の興奮状態となり、次に明らかな『泥酔』状態に陥り、麻痺状態となったのち、昏睡状態を経て死に至った[358]」。政務上の慣例により、ボランティアに実験結果は知らされなかったが、その夏に作成された皮膚塗布用DDTの使用ガイドラインは、数カ月後に起きた発疹チフスとの闘いのなかで、極めて重要な意味をもつことが明らかになった（良心的兵役拒否者に対するこうした実験は、ニュルンベルク国際軍事裁判でも弁護団によって引き合いに出された）。[287]適切に使用すればＤＤＴは安全であるとひとたび判断されると、陸軍戦闘支援部隊本部、軍医総監、需品総監、軍需生産委員会による大規模な生産がすぐに開始された。[349]

ＤＤＴの実験は軍事機密とされていた。ＤＤＴの有効性を知られない限り、敵軍はマラリア、黄熱、発疹チフスなどの虫が媒介する病気で犠牲者を出し続けることになるからだ。しかし、戦地で広く使われたことで、ＤＤＴの存在は否応なしにメディアに漏れた。あるジャーナリストは、１９４４年末に発表した「戦争需要によって数々の発見と進歩が促された年」という科学評論のなかで、こう伝えている。「政府・産業界の研究所や前線で最近行われていることは軍事機密だ。とはいえ、時には隠しきれないニュースが飛び込んでくることもある。私たちはそのおかげで、ジェット推進、巡航ミサイル、飛行機、ＤＤＴの進歩を知った[374]」

ＤＤＴに関する初めての報道は、１９４３年7月に業界誌上でなされた。分子構造と合成法を伝える記事だったが、世間の注目を浴びることはなかった。[303]注目されたのは、１９４４年2月22日に『*New York Times*』紙が、陸軍省がナポリで発生した発疹チフスを「この病気との闘いの唯一にして最大の武器となる新しいシラミ駆除剤『ＤＤＴ』を使って食い止めた」と報じたときだった。[375] 大流行は、ネズミや害虫が群がり、不潔で、シラミが蔓延している過密状態の防空壕から始まった。[364] シモンズ准将は次のように書いている。「発疹チフスは寒冷気候や温帯気候を好み、災害が攻撃の機会を与えるまで不潔な場所に潜んでいる。そして、忌まわしい仲介者であるシラミを通じ、哀れな者や弱った者を餌食にする[349]」

北アフリカ戦域を担当するアメリカ陸軍予防医学班の責任者ウィリアム・Ｓ・ストーン大佐は、自分が使える手札を総動員し、ロックフェラー財団の医療チームやほかの軍医の力も借りて、発疹チフスの流行を食い止めるというかつてない偉業をやりとげた。[349] 単に人道的危機を避けようとしたわけではなく、アメリカの第5軍と連合軍のイギリス、フランス、カナダ、ポーランド兵を守るためであった。[358] １９４３年12月26日からの２カ月間ほど、彼らはナポリにある40カ所のシラミ駆除施設を使い、１日５万人のペースで約２００万人にＤＤＴ粉末を浴びせた。[364・376・377] また、隔離病院をつくり、病人と接触した人たちにワクチンを接種し、２万人のナポリ人が爆撃を避けて９カ月間身を隠していた

600もの洞窟にDDTを散布した。[358]『*New York Times*』紙はこう報じている。「ナポリ人は今や米の代わりにDDTを花嫁に投げつけるようになった。イタリアでは最近、食べ物を無駄にする人がいなくなったからかもしれないし、感謝の気持ちからかもしれない」[376]

1943年12月～1944年2月にナポリで発生した発疹チフスは1377件のみで、アメリカ兵に死者は一人も出なかった。これは主に、先に入手可能だった既存の殺虫剤の散布に続いてDDTによる防疫対策が行われたことによる。[320・358]約30年前となる第一次世界大戦中、ウクライナやバルカン半島で900万人もの死者を出した発疹チフスの流行と比較すれば、それは人々が「息を呑む」ような成果だった。

その後、連合国の支配域の拡大に伴い、各地にシラミ駆除施設が建設された。1945年4月には、ドイツから発疹チフスが広がるのを防ぐため、連合国はライン川に沿って「衛生封鎖」を行った。『*New York Times*』紙は、「ドイツの民間人、避難民、釈放された囚人は、まず検査を受け、DDTの粉を浴びてからでないと川を渡ることが許されない」と伝えている。[378]シラミに寄生された人の下着にDDTを1回撒くだけで、

1カ月はシラミが寄りつかなくなった。[377] この並々ならぬ努力が民間人と兵士を守ったのだ。ある記者は、「どの軍においても銃弾以上に恐れられていた発疹チフスが、今や我が国の兵士や水兵の間でまったく知られていない」としている。[376]

1945年10月、イギリス軍はベルリンから5万人のドイツ人児童を避難させた。「過密で荒廃した街で、食うや食わずの日々を送っている」[379]ためだった。迫り来る冬期の死亡率を最小限に抑えるため、イギリス軍は「コウノトリ作戦」のもと、1日あたり2000人の子どもを田舎に避難させるとともに、発疹チフス対策として全員にDDT粉末を散布した。

DDTは戦時中、発疹チフス以外の対策にも利用されていた。1943年8月には、蚊の成虫に対する残留殺虫剤としての効果が実証された。[380] 研究者たちが建物の内壁にDDTを散布したところ、ハマダラカが死滅したのだ。マラリアに対する最初の実地試験は、1944年5月、イタリアのナポリの北にあるカステル・ヴォルトゥルノで行われた。[63] 連合国管理委員会の公衆衛生小委員会マラリア管理支部に属するマラリア予防実践部隊は、ハマダラカに対する効果とマラリアの発生率を調べるため、町にあるすべての家と建物の内壁にＤＤＴを散布した[381]。次の試験はテヴェレ川の三角州で実施され、どちらの調査も2年にわたって続けられた。これらの研究を担当したのは、数カ月前にナポリで発疹チフスの撲滅に成功したロックフェラー財団保健委員会の人員であった。ほかにも多くの実験が即座に行われた。

１９４４年７月末には、アメリカ陸軍の軍医総監ノーマン・Ｔ・カーク少将が、「現代における最も偉大な発見の一つ」であるＤＤＴをマラリアを媒介する蚊の駆除に使用すると発表した[361・382]。ドイツ軍の作戦行動でマラリアが発生したイタリアの沼地に、ＤＤＴが空中散布されるのを見た記者は、次のように書いている。「ポエニ戦争でローマ帝国海軍の重要拠点となったラティウムの海岸に立ち、この驚くべき働きをする化学物質の実験結果を観察するのは、刺激的な体験であった[361]」。最初の大規模な実験が成功すると、陸軍はＤＤＴをすべての戦域で大規模に使用し始めた。「陸軍の予防医学は、マラリアと激しい抗争を繰り広げていたあらゆる戦線で勝利を収めている」とシモンズ准将は書いている[349]。

予防と対策の組み合わせにより、アメリカ軍のマラリア感染率は、１９４４年には開戦時の3分の1から4分の1程度まで低下した。[383] ニューギニアでは、連合軍兵士のマラリア感染率が、1943年1月には年間1000人あたり3300件だったのが、1944年1月には年間1000人あたり31件まで減少している。[357] 終戦時には、アメリカ兵の全疾病による年間死亡率は0・6%となり、第一次世界大戦の15・6%に比べてはるかに低いだけでなく、「戦史上のどの軍隊よりも低い」死亡率を達成した。[384] この目覚しい成果は、ペニシリン、アタブリンのほか、メチカインをはじめとする新しい麻酔薬、止血剤のフィブリン泡、濃縮血漿《けっしょう》、新しい外科技術、そしてDDTのおかげだった。

ウィンストン・チャーチル首相は、1944年9月28日の下院での演説で、ビルマで日本軍と戦うイギリス陸軍が23万7000人の病兵を抱えている現状を嘆いた。[385] だが彼は、「十分に実験され、驚くべき結果をもたらすことがわかった素晴らしいDDT粉末」に希望を見出していた。「今後、ビルマに駐留するイギリス軍、アメリカ軍、オーストラリア軍は、インドをはじめとするあらゆる戦場で大規模に使用することになるだろう」。また、日本軍も「ジャングル熱」やマラリアに苦しんでおり、それが「我々のインド人、白人、アフリカ人部隊が被った多大な損失を相殺している」と指摘したうえで、「日本軍やジャングルのその他の病との戦いに、最大限のエネルギーを投じる」ことを議員らに確約した。

１９４４年12月、イタリアでマラリアの撲滅に成功してからわずか数カ月後に、陸軍は時速２００km、高度約45ｍで飛行する雷撃機を使い、太平洋上の26$km^2$の島に１０００$m^2$あたり０・５ＬのＤＤＴ溶液を散布した。直前に島を占領した連合軍のマラリア予防のためだった。ある特派員は、「今まで数え上げ、埋葬してきた７０００以上の日本人の死体に対しても、ＤＤＴが大量に使われた」と伝えている。[386]

このような作戦が可能になったのは、ＤＤＴが登場したばかりではなく、アメリカ化学戦局が毒ガス散布用に開発し、すでに戦地に配備していた機材が、ＤＤＴなどの殺虫剤散布に容易に適用できたからだった。[303]たとえば、Ｍ－10煙幕弾はノズルを交換するだけでＤＤＴ散布に使え、毒ガスの残留物を中和するための汚染除去スプレーも散布に利用できた。

問題だったのは、医学的見地からすれば、戦闘のために部隊を上陸させる前にＤＤＴ

を海岸線に散布する方法が賢明であったが、それを敵が化学兵器や生物兵器と誤認する可能性があることだった。[303] これが原因で、敵が化学兵器や生物兵器を使用し始めるかもしれないからだ。敵にしてみれば報復攻撃をしたにすぎないが、その場合、第一次世界大戦のときのように報復の応酬に陥っていたことだろう。そのため、連合軍によるＤＤＴ散布は通常、占領後に行われた。

軍医補だったレイモンド・Ｗ・ブリス准将は、アメリカ兵がデング熱の流行に悩まされたサイパン島を訪れた際、「約８０００人のジャップが殺された」ことには驚かなかったが、蚊やハエがまったくいないことには驚かされた、と語っている。[387] アメリカ軍が太平洋の島々を制圧した当初は、虫が雲のように飛び交って視界が悪かったが、今は「蚊が1匹でも見つかれば、四つ葉のクローバーを見つけたのと同じように思える」。あるジャーナリストはこう書いた。「最初に上陸した海兵隊員の亡霊がいまだガダルカナル島にいるとしたら、2年の歳月がもたらした変化を目にして、寛大で楽しげな笑みを浮かべているはずだ」。[388] 海軍基地の副司令官は、「もうアタブリンは飲んでいないんだ。まったくね」と記者に語っている。

戦争初期に熱帯病で大きな損害を被ったアメリカの国民は、これらの驚くべきニュースを帰還兵を迎えるかのごとく受け入れた。シモンズ准将は次のように言っている。「軍医総監の部局に毎日のように届く進捗報告には、前線からの戦況報告に匹敵する面白さがある〔中略〕こうした報告が大衆の想像力をかき立て、ＤＤＴというシンボルは神秘的で現実離れしたオーラを放ちつつある。『ジープ』『レーダー』『バズーカ』といった戦争由来のよく知られた陸軍用語の仲間入りをしてもおかしくないほど、その知名度は急速に高まっている[349]」

アメリカのＤＤＴ生産量は、１９４４年1月には月6万ポンド（約27ｔ）以下だった。同年末には月２００万ポンド（約９０７ｔ）に急増したが、ほぼ軍用に限られており、供給は極めて不足しているとされた[389,390]。終戦時、アメリカの生産量は月３００万ポンド（約１３６１ｔ）に達した[373]。１９４４年1月、デュポン社はナポリの発疹チフス対策で供給したＤＤＴに対し、1ポンド（約４５４ｇ）あたり１・60ドルを請求したが[391]、大幅な生産増により、１９４５年1月には1ポンドあたり60セントまで下げた。同月、シモンズ准将はこう書いている。「最も貧弱な想像力の持ち主であっても、ＤＤＴの将来性は十分に予見できるだろうし、たとえ今日すべての調査が中止されたとしても、我々には誇れる実績がすでにある。思うに、これは将来の健康面での闘いに対する最大の貢献である[349]」

戦時中、病気を媒介する昆虫防除の進展は、DDTやアタブリンの開発・普及にとどまらなかった。防虫剤はフタル酸ジメチル（ディート）の配合によって改良され[63]、幼虫駆除用のパリスグリーンを散布する飛行機の最大積載量が、700ポンド（約320kg）から3000ポンド（約1360kg）に増加したことで、マラリア対策は大幅に改善された[392]。1944年には、とりわけ腕のよいパイロットが、50万ポンド（約227t）以上のパリスグリーンをコルシカ島に散布している。また、密閉された空間で蚊を殺すために、液体フロン12を使ってピレトリンを放出する噴霧器がつくられ、3500万個が戦場に配備された[357]。

最も注目に値するのは、これまで協力したりしなかったりを繰り返してきた組織が、媒介性疾患、特にマラリアの撲滅に向けて協調したことだろう。アメリカ陸軍、アメリカ海軍、公衆衛生局、全米研究評議会、昆虫・植物検疫局、軍需生産委員会、米州問題研究所が互いに協力し合い、化学メーカー、大学、財団と手を組んで戦場でのマラリア撲滅に取り組んだ。また、アメリカ、イギリス、オーストラリア間では、国際的な協力関係が築かれた。

こうした協力体制と戦場での需要により、ＤＤＴの生産量は天文学的な水準にまで拡大した。たとえば１９４５年８月までに、ウェスティングハウス社だけで太平洋戦線向けのＤＤＴ噴霧器が月１３０万個生産されている。[393] 噴霧器は軽量なスチール容器でつくられており、中身はピレトリンが２％、ＤＤＴが３％、シクロヘキサノンが５％、潤滑油が５％、フロン12が85％だった。[373] ＤＤＴだけでなく、フロンを殺虫剤に使用した点でも革新的であり、１９４５年にアメリカで最も著名な医師の一人は、「フロン式噴霧器だけで、数年のうちに第二次世界大戦の戦費を上回る額を回収できるだろう」と書いている。[394] だがフロンはオゾン層を破壊することから、のちにモントリオール議定書で使用を禁じられた。

一方、ヨーロッパ諸国はマラリア撲滅のためにＤＤＴを早急に必要としていた。ギリシャでは、終戦直後からマラリアが流行し、地域によっては住民全員が感染したという。[395] これを受けて、1945年8月、国連救済復興会議は史上最大の抗マラリア戦を開始した。

同月、パウル・ミュラーとJ・R・ガイギー社の研究部長パウル・ラウガーは、報道機関に向けた初の公式声明のなかで、DDTによって年間100万〜300万人のマラリアによる死亡を防ぐことができ、「やがては地球上から昆虫が媒介する病気がなくなるかもしれない」「最終的にはアメリカからすべてのハエと蚊を一掃できる」と述べた。[396] また、ハマダラカとチフス菌を媒介するシラミは、「ドードーや恐竜と一緒に絶滅種の仲間入りをするだろう[303]」。

## DDTの奇跡（1945〜1950）

DDTによる奇跡の話が本当なら、昆虫が媒介する病気が発生する余地はなくなるはずだ。イエバエは希少なものとなり、犬はノミのいない幸福な生活を送るようになるだろう。[376]

——ナポリのチフス克服に関する『*New York Times*』紙の報道、1944年戦時中、ＤＤＴの小規模な実験的使用は民間にも認められていた。たとえば、１９４５年7月8日、ロングアイランド州立公園委員会とナッソー郡蚊駆除委員会は、戦線で使われた煙霧発生装置を応用したトッド式殺虫剤噴霧器の実験をニューヨーク州ジョーンズ・ビーチで行っている。[397]『*New York Times*』紙の記者によれば、その様子は次のようだった。「今日、ジョーンズ・ビーチ州立公園を訪れた6万人の観光客のうち、早い時間に到着した人たちは突然、甘い香りのする煙に包まれた。トラックに搭載された装置から、微粒子化された軽油と5％のＤＤＴ溶液を混合した霧が噴霧されたのだ。この霧は毎分1エーカー（約４０４７m²）の割合で海岸に広がったが、人間に害や不快感を与えることはない」。実際、モデルのケイ・ヘファノンが雇われて、ＤＤＴの霧の中でホットドッグを食べ、コーラを飲んだ。「霧がわずか15分で消えた後、ハエも蚊もまったく残っていなかった」と『*New York Times*』紙は伝えている。[372]この実験によって、1エーカーあたりわずか17セントの費用で、蚊やハエを根絶できることが証明された。[398]

終戦が近づいた頃、戦場でのＤＤＴの成功をつぶさに観察してきた人物が、「戦後のＤＤＴの可能性はほとんど無限大だ」と書いている。[358]１９４５年8月初め、軍需生産委員会は、民間や農業用に少量のＤＤＴを使用することを許可した。[399] その数日後、アメリカは広島に原子爆弾を投下し、続いて長崎にも投下した。『*Time*』誌は、最初の原爆の写真と、ＤＤＴが民間人にも使用可能になったというニュースを同じページに掲載した。[400]

その後まもなく戦争が終わり、ＤＤＴの生産が軍用に限定されなくなったため、アメリカの化学会社は生産量を拡大し、民間にも供給するようになった。１９４５年、アメリカの生産量は３６００万ポンド（約１万６３２９ｔ）に達した。[102] この年、ＤＤＴを配合し始めた殺虫剤「フリットガン」の広告には、日本兵を後ろから撃つ兵士の姿と、フリットガンでハエにスプレーする人物の姿が対で描かれ、「ジャップであろうがハエであろうが、重要なのはすばやい対処だ」という文言がつけられた。[303] １９５０年代後半には、アメリカの年間生産量は国民一人あたり1ポンド、つまり年間1億８０００万ポンド（約８万１６４７ｔ）に達した。[102]

大規模生産が可能だったのは、殺虫剤メーカーが化学兵器用の生産施設を利用していたおかげでもあった。[303] そうした施設は化学戦局（１９４６年に化学部隊に昇格）から購

**図8.4a、図8.4b**　1945年７月８日に行われたジョーンズ・ビーチでのDDT実験と、モデルのケイ・ヘファノンによる実演。（上：Bettman Collection所蔵。下：ジョージ・シルク撮影、LIFE Picture Collection所蔵。ともにゲッティイメージズ提供）

入したり、リースされたものだった。毒ガス兵器生産施設が民間の殺虫剤工場に転用された有名な例に、ロッキーマウンテン兵器工場がある。このマスタードガスの生産工場は、新しい殺虫剤会社がＤＤＴに似た構造の殺虫剤であるアルドリンとディルドリンを開発するために使用された。会社を率いていたのは元司令官だった。

アメリカでは、ＤＤＴをはじめとする新しい殺虫剤が、化学工業の急速な発展を促した。１９３９年に殺虫剤と殺菌剤の製造に力を入れていたアメリカ企業は83社であったが[363]、１９５４年には２７５社に増加している。

戦後の大ブームによって、ＤＤＴはアメリカ人の生活の隅々にまで浸透した。「ハエや蚊といった昆虫を部屋から追い出す」効果があるとして、壁紙やペンキにまで添加されるほどであった[401]。ＤＤＴ入り塗料には、住宅の玄関、網戸、ゴミ箱、排水溝を保全したり、フジツボから船体を保護したりするなど、さまざまな用途があった[402]。シャーウィン・ウィリアムズ社は、クリーブランドでの博覧会で１万匹のハエを放ち、数週間前に塗装した網戸に止まらせることで、15万人の観客を前にＤＤＴ塗料の効果を実証してみせた。ハエは次々と「ＤＤＴｓ」症状を起こして死んだ[303]。

**図8.5**　企業は子ども部屋の壁紙など、消費者に向けたさまざまな製品にDDTを取り入れた。

1945年7月、コネチカット州農業試験場と農務省昆虫・植物検疫局は、「音楽好きの人々が蚊に刺されることなく楽しめるように」、ポップスコンサートの前にヘリコプターでイェール大学のスタジアムにDDTを散布した。[403] また1945年3月30日、ニュージャージー州蚊駆除協会により、DDTを込めた迫撃砲を沼地や草原に放つ提案がなされ[404]、8月4日に陸軍機が同州の塩性湿地に散布を実施した。同年8月9日には、ミシガン州保健局もマキノー島にDDTを散布している[405]。ある記者はこう伝える。「今日ここで、ハエの絶滅が記念された。何百もの使い古したハエ捕り器が大きな焚き火で燃やされ、島の名物である馬車の御者たちは、馬用の虫除け網をしまい込んだ。〔中略〕ハエに対するDDTの効果は原子爆弾並みだった」

1945年8月半ば、ポリオによる小児麻痺の流行を阻止するため、時速320km、高度約45mで飛行するミッチェル爆撃機が、イリノイ州ロックフォードの半分に約5000LのDDTを散布した[406,407]。人の排泄物から食品にポリオウイルスをうつす可能性のあるハエを根絶することが目的だった。DDTの効果を検証するために、市の残り半分はそのままにされたが、どちらが試験区でどちらが対照区かは、当局と目ざとい住民しか知らなかった。その理由について、計画を担当したイェール大学のポリオ専門家は、「情報を公表すると、人々が保護区域に押し寄せる可能性がある。そうした移動とそれに伴う混乱を防ぐためだった」と説明している。この実験をきっかけに、アメリカ

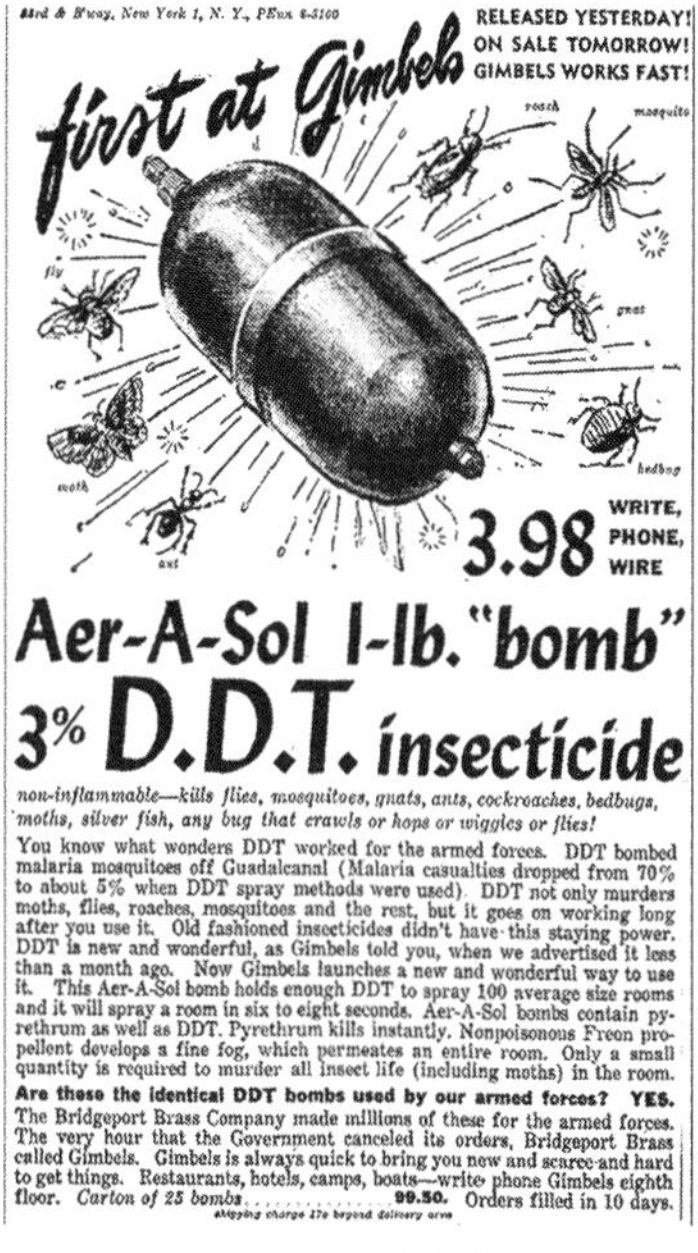


**図8.6**　ギンベルズ社が提案した新しく素晴らしいDDTの使い方。

東海岸では、陸軍向神経性ウイルス委員会のハエ駆除部隊が主導する多くの実験が行われた。[408]

高級百貨店はＤＤＴ製品を高級品として扱った。１９４５年８月、メイシーズは殺虫剤「ＭＹ－Ｔ－ＫＩＬ」を１クォート（約９４６mL）あたり49セントで販売し始め[409]、ブルーミングデールズは０・５

パイント（約473mL）を1・25ドルで販売する広告を出した。[410] だが9月になると、供給制限が十分に緩和され、動物園の動物までもがDDTの恩恵を享受できるようになった。11ガロンのグレード2の重油に3・5ポンド（約1・6kg）のDDTを混ぜ、松脂《まつやに》で香りづけした殺虫剤が、ジョーンズ・ビーチの実験と同じ殺虫剤噴霧器で、セントラルパーク動物園のゾウのチャン、キリン、バイソン、ヘラジカ、アカシカなどに散布された。[411] また公園局により、動物園内に張りめぐらされた蒸気管や水道管を通じて、鳥小屋に殺虫剤が送り込まれた。ハエやその他の厄介な昆虫は、このようにして動物園から駆除されたのである。

同年9月、ウェスティングハウス社の家電部門は、戦時中に使用されたDDT噴霧器を「家周りのハエや蚊などを殺したい主婦が、近い将来もっと利用できるようになる」と発表した。[412] この噴霧器には、1ポンドのエアロゾルが入っていた。これは15万立方フィート（約4248$m^3$、住宅10～15軒分）にいる虫を殲滅するのに十分な量だった。ひとたびバルブを開ければ、「殺虫剤1滴が1億個にも及ぶ非常に細かい粒子となって、空気中に放出され」、便利なことに「使用時に特別な防護服やマスクを着用する必要もない」とされた。

ＤＤＴが市場で爆発的に広まるにつれ、あらゆる種類の詐欺まがいの宣伝が登場するようになった。１９４５年９月、ＤＤＴ製品が店頭に並び始めてからわずか１カ月後に、アメリカ農務省は、１９１０年の殺虫剤法の表示規定に違反して、推奨される５％ではなく、０・01％しかＤＤＴを含まない「いわゆるＤＤＴ製品」を販売した企業や個人に対し、全国的な対策活動を開始した。[413] このとき虚偽の広告に関する苦情に対応していたニューヨーク市の商事改善協会は、次の二つの懸案事項を指摘している。「ラベルやコピーでＤＤＴを強調し、殺虫剤の主成分であるとほのめかしている」「ＤＤＴがすべての害虫を殺すと明示したり、暗示したりしている」[414]

ＤＤＴの発売は、戦時規制の緩和策の一環であった。そして、大恐慌と戦争により、数十年にわたって鬱積していたアメリカ人の消費意欲を抑えることは、もうできなくなっていた。『*New York Times*』紙は記事のなかで、クリスマスプレゼントに「手榴弾型」のＤＤＴエアロゾル噴霧器を勧めた。[415] メイシーズは１９４５年10月１日、「メイシーズはいつ入荷する?」と書いた横断幕の下に次のようなリストを羅列した広告を掲げた。[416]

――いつになったら本当に質のよいアメリカ製の腕時計が手に入る？
先週はエルジンとハミントンの在庫がありました。次はおよそ1カ月後に入荷します。
――芝刈り機は？
数週間前に初めて入荷し、現在もあります。
――フレンチカフスの男性用ワイシャツは？
先週の木曜はどこにいらっしゃったのですか？　今後もご注目ください。
――飛行機は？
数日中に。
――掃除機は？
数週間後にサンプルが到着し、11月までには在庫も改善されるでしょう。
――DDTエアロゾル「噴霧器」は？

メイシーズのお得な新価格でご提供します。

――蓄音機は？

８月６日にこの４年間で最も多く入荷しました。まだまだ豊富に在庫があります。

――シーツは？

お伝えしていませんでしたが、ございます。３～４週間後にお知らせします！

――洗濯機は？

10月中に入らなければ、11月になります。展示品だけではありません。ご購入いただけます！

――ハーモニカは？

在庫復活！　９月14日に初めてメタルハーモニカが入荷しました。


その威力のおかげで、ＤＤＴは比喩として使われるようになっていた。ニューヨーク市長フィオレロ・Ｈ・ラ・ガーディアは、１９４５年のノーディール党の市長候補ニューボールド・モリスのラジオ演説の巧みさについて、こう評している。「誠実さに裏打ちされた最も印象的かつ効果的な演説で、まるで重砲を巧みに扱いながら、有益なDDTを散布しているかのようだった[417]」。戦犯の訴追に関するニュースにさえ、DDTは登場した。「伝染病の巣窟だった大森収容所がDDT粉末できれいにされ、そこに東条将軍をはじめとする高位の戦犯たちが入所した。その駆除にはさらに強力な粉末が必要となるだろう[418]」

生産量の増加はさらなる価格の下落を招いた。終戦からわずか1年後の1946年、アメリカ政府はマイマイガ根絶のために広範な土地にDDTを散布したが、その費用は1エーカーあたりわずか1・45ドルであった。一方、より効果の薄い鉛のヒ酸塩を高出力の地上噴霧機で散布した場合は、1エーカーあたり25ドルもかかった[419]。アマチュア昆虫学者のエティエンヌ・レオポール・トルーヴェロは、1860年代後半、趣味であった養蚕用カイコの交配に使うために、フランスからマサチューセッツ州にマイマイガをもち込んだ[320]。幼虫はトルーヴェロの自宅の裏庭から逃げ出し、（彼がフランスに戻ったのと同時期に）彼の家の通りで繁殖したのち、貴重な樹木を破壊しながらアメリカ東部全域に広がったのだった。

**図8.7**　「急げヘンリー、フリットだ！」セオドア・スース・ガイゼル（ドクター・スース）は、戦前から戦後にかけて、DDTが配合された殺虫剤フリットガンの広告を描いた。

１９４６年には、25社のアメリカ企業がすでにＤＤＴエアロゾル噴霧器の製造事業に参入していた。[303] ＤＤＴは、戦後と恐慌後の好景気の到来に貢献し、生産、流通、マーケティング、販売、施工、医療分野の雇用を急増させたのである。

ＤＤＴが効く害虫のリストは、昆虫学者が生涯をかけて収集したコレクションの帳簿のようだった。著名な昆虫学者クレイ・ライルは、同じ分野の専門家に向けて、１９４７年にＤＤＴの現状をこう説明している。「昆虫学者が化学者や技術者と協力して得た成果によって、これほど短期間のうちに、どれだけ質素な家庭でも、どれだけ遠く離れた家庭でも通用するくらい、殺虫剤の名前が普遍的な価値をもつようになったことは、歴史上初めてだろう。昆虫学者は、素人の目には魔法使いのように映るようになった。実際、成果のいくつかは魔法に近いところがある。〔中略〕これは昆虫学者にとって、遠い昔から人類を悩ませてきた害虫を絶滅させる断固とした対策を開始する好機ではなかろうか。〔中略〕世界の想像力に挑む戦後計画よりも劣る対策で満足していてはならない」[419]

終戦後すぐに、DDTは農業に不可欠な製品となった。ワシントン州では、ヒ酸鉛とフッ化アルミン酸ナトリウム（氷晶石）を使っていたリンゴ生産者がDDTに切り替えたところ、コドリンガによる被害が大幅に減少した。[363] カンザス州の牧場主は、ハエ駆除のためにDDTを1ポンド使用するごとに、食肉の生産量が2000ポンド（約907kg）増加すると見積もっている。DDTによって農産物の収穫量が驚くほど増えたという報告が、あらゆる生産現場から届いていた。1920年には、アメリカの農場労働者1人が生産する食料は8人分だったが、1957年には23人分にまで増加した。[420] また、それまでは、洗っていない農産物にヒ酸鉛などの金属系農薬が残留し、毎年多くの中毒者を出していたため、DDTが代替農薬となったことで消費者も恩恵を受けていた。[421]

アイダホ州では、ＤＤＴを使ったハエ駆除活動が開始され、「アイダホにハエはいない」というスローガンが書かれたポスターが、約1万カ所の公共施設に貼られた。[419] ライルは次のような予測を立てている。「来年の春先にキャンペーンが強力に展開されれば、１９４７年末までには、市や郡の保健所がハエを見かけた人に報告を求め、報告のあった土地に散布隊が出向き、繁殖源を突き止めて駆除するという事態が多発するだろう。これは夢のような話ではなく、ほぼ確実に起こることである[419]」

同様の計画はアメリカ各地で実施され、１９５０年までに45州６００都市で、化学戦局が開発した煙霧発生装置を使ってＤＤＴが散布された。[303] このとき、余剰となっていた軍用機と退役したパイロットを安価なＤＤＴと組み合わせたことで、農薬の空中散布事業が活性化した。こうしてＤＤＴは、自治体、州、政府の防虫計画や、農業、家庭に浸透していった。

戦後まもなくすると、ほかの合成殺虫剤も市場に出回るようになり、塩素化合物のクロルデン、トキサフェン、リンデン、ＢＨＣ、メトキシクロル、有機リン化合物のパラチオンなど、１９５３年までに計25種類の新規農薬が誕生した。[363] なかでもクロルデンは、「ＤＤＴ以来の大発見」として高く評価された。[303] 売上は好調で、農薬工場は需要に応えて24時間体制で操業した。ミュラーはこう書いている。「当初、これらすべての殺虫剤は楽観的に迎えられ、人々は、ジクロロジフェニルトリクロロエタン（ＤＤＴ）の寿命も残りわずかだろうと予想した。今では全体的に（これらの新しい殺虫剤の）話題は減り、ＤＤＴは特に衛生分野で支配的な地位を維持しているばかりか、向上させてさえいる[367]」

実際、ＤＤＴは世界中でマラリアを撲滅していった。アメリカでは１９４４年7月、シモンズ准将が、戦地での抗マラリア計画を拡張し、国内でも積極的なマラリア対策活動を行うよう提唱して成功を収めた。[303] この活動は、１９４６年に伝染病センターに姿を変え、のちにアトランタのアメリカ疾病予防管理センター（ＣＤＣ）となった。

イギリスは、アフリカの植民地でマラリア対策にＤＤＴを使用したが、安全性を疑う長老たちの抵抗を乗り越えなくてはならなかった。１９４６年にケニアのキプシギス族保留地で行われた抗マラリア作戦では、効用と安全性を説くイギリスの昆虫学者の言葉に対して、キプシギス族の指導者たちは懐疑的な態度を示した。この作戦に関するド

**図 8.8**　1947 年 6 月 30 日の『*Time*』誌に掲載されたペンシルベニア塩製造会社の広告。文中に「DDT は全人類の恩人だ」とある。

キュメンタリーで、ナレーターはこう語っている。「アフリカ人たちは初め、あまり感心していなかった。ある者はDDTで殺されるのではないかと恐れ、またある者は何らかの魔術ではないかと疑った[422]」。これに対し、昆虫学者はDDTをかけた粥を食べて見せたが、「それでも人々を納得させることはできなかった」。ある長老は、部族を丸ごと絶滅させるかもしれない悪い毒だと言った。だがほかの国と同様、結局DDTはケニアでも受け入れられた。この新しい殺虫剤の害虫に対する効果は、誰の目にも否定できないものだったのだ。こうして、病気の克服と飢餓の軽減を同時に実現する道が開かれた。

DDTは、多くの国々で目覚ましい公衆衛生上の成果を上げ続けた。ペルーでは、1945年12月から1946年1月にかけて発生した腺ペストの大流行を直ちに食い止めるため、殺鼠剤のフルオロ酢酸ナトリウム（化合物1080）と併せて使用された[423]。インドでは、発売後20年間で死亡率が大きく50％も低下したことが評価された。セイロン（スリランカ）でも、家庭にDDTを散布する対策を実施した後、わずか1年で死亡率が34％低下している[424]。

世界中の人々が、公衆衛生、食糧安全保障、家庭での害虫駆除に対してＤＤＴがもたらす恩恵を受け入れた。これほど低価格でありながら、疫病から家庭内の困りごとに至るまで、さまざまな問題を解決してくれる万能薬に対し、保健大臣も主婦たちも、人間の知恵の底知れなさを垣間見たように感じたのだ。終戦から23年のうちに、化学会社と消費者の熱意によって10億ポンド（約45万３６００ｔ）のＤＤＴが製造・散布された[425]。人類の歴史上、新しい化学物質がこれほど広く使われたことはなかった[421]。ＤＤＴの成功は世界中の化学研究所を活気づけ、科学者たちはさまざまな合成農薬を次々に開発した[370]。これらの農薬によって、緑の革命が起こり、企業は利益を上げ、媒介感染症や飢饉を防いだとされるミュラーのような科学者の評判も高まることになった。

# 第9章

# IGファルベン

（1916～1959）

見よ、これぞ世界の敵、文明の破壊者、国家の寄生虫、混沌の息子、邪悪の化身、腐敗物、人類滅亡の元凶となる悪魔である。[305]

——宣伝大臣ヨーゼフ・ゲッベルス、ニュルンベルクのナチス党大会にて、１９３７年９月９日

神が私たちに地球を与えてくださったのは、畑として耕すためであり、悪臭を放つ瓦礫とゴミの山を築くためではない。[426]

——アメリカ軍テルフォード・テイラー准将（ＩＧファルベン社役員を裁いたニュルンベルク裁判の主席検事）、１９４７年８月27日

第一次世界大戦後、化学会社は戦争から利益を得ているだけでなく、戦争を助長しているとして、多くの非難を浴びた。[303] １９３４年、『*Fortune*』誌は、戦争で敵兵を一人殺すのにかかる費用を２万５０００ドルと見積もった記事を掲載した。[427]「炸裂した砲弾の破片が前線の兵士の脳や心臓、腸に入るたび、その２万５０００ドルの大部分が、ほぼ

利益として兵器メーカーのポケットに入ることになる」[427]。あるフランスの経済学者は、軍需産業において競争は独特な役割を演じると指摘している。「武器取引は、１社が得た注文によって、そのライバル社の注文までもが増える唯一の商売である。敵対する大国に各々属する大手軍事会社は、同じアーチを支える柱のような対抗の仕方をしている。互いの政府の対立が互いの繁栄をもたらすのだ[427]」

ノースダコタ州のジェラルド・ナイ上院議員により、この『*Fortune*』誌の記事は連邦議会議事録に掲載され、それがさらに『*Reader's Digest*』誌の購読者向けに要約された[303]。同じ年、ベストセラーとなった『死の商人』は、第一次世界大戦でアメリカに２万１０００人の新しい億万長者が誕生したことを強調して読者の関心を煽り、その後も同じような書籍が次々と出版された[428]。上院の軍需産業調査特別委員会の委員長を務めたナイに対し、デュポン家の一人は、共産主義者が自社やほかの化学会社に対する民衆の反感を煽ったと非難した。第一次世界大戦中に２億２８００万ドルもの利益を上げたデュポン社は、批判の矢面に立たされたからである[303]。ナイは、「次の戦争がデュポンの独占的地位を安泰にするだろう」と皮肉で返した[429]。

フランクリン・D・ルーズベルト大統領もまた、同様の見解を述べている。「管理を外れた民間の兵器・軍需品の製造と取引は、国際的な不和や争いの大きな原因になっている。〔中略〕破壊装置の製造業者や商人たちの無秩序な活動が主な要因となり、世界の平和を揺るがす深刻な脅威が生じている。よって、すべての国の人々が一致団結して対応しなくてはならない[430]」

第二次世界大戦前の数年間、化学兵器と殺虫剤は、互いの開発に影響を及ぼし合いながら発展した。ドイツでは特にその傾向が強く、1916年には、化学大手のBASF、バイエル、ヘキストと、中小規模のAGFA、カセラ、カレ、テルメール、グリースハイムからなる複合企業「ドイツタール染料工業利益共同体（IG《イーゲー》）」が結成された[326]。

1925年、これら8社は戦後の経営資源を統合して「利益共同体染料株式会社（IGファルベン）」という名の一企業となった[326]。化学会社として世界最大の規模を誇り、翌年には3倍以上株価が上がった同社は、軍需産業に進出し、硝酸塩工場と硝酸塩の購入者である火薬産業を統合した。また、ドイツ国内での石油生産の不足が戦争の大きな足かせであったため、コストは高くついたものの、石炭から合成油を生産する計画を積極的に推し進めた。

ナチスが台頭してくると、ＩＧファルベンは党指導部に取り入り、１９３３年初頭のヒトラーの選挙戦では莫大な資金援助を行った。[326] ドイツ最大の企業が、ヒトラーの選挙活動に単独で最高額の献金を行ったのだ。

当初、ＩＧファルベンの幹部はユダヤ人科学者の保護を目指していた。[326] 高圧化学的方法の研究で技術者として初めてノーベル化学賞を受賞したカール・ボッシュは、同社幹部として１９３３年３月の選挙直後にヒトラーと会い、石炭から石油を合成する計画の重要性について話し合った。ボッシュはその場で、ユダヤ人科学者を追放すればドイツの物理学と化学は１００年遅れることになるだろうと告げた。ヒトラーは即答した。「ならば、我々は１００年間物理と化学なしで働こう！[326]」。こののち、ヒトラーがボッシュと会うことは二度となかった。

１９３３年４月、ボッシュはかつてパートナーだったハーバーが、すでにキリスト教に改宗していたうえ、ドイツを代表する科学者の一人であるにもかかわらず、ベルリン大学の教授職とカイザー・ヴィルヘルム物理化学・電気化学研究所の所長職を辞任させられたことを知った。[326] ボッシュはユダヤ人ではないドイツのノーベル賞受賞者を集めて、ユダヤ人科学者の迫害に抵抗するグループをつくろうとした。だが、ハーバーの弟子にすら「ユダヤ人のために剣を抜くわけにはいかない」と言われ、この試みは失敗に終わった。[301]

ＩＧファルベンは、１９３７年には完全にナチス化した。[326] 入党していなかった役員も、ほぼ全員が入党を済ませた。監査役を含め、ユダヤ人幹部は全員解雇され、ボッシュは会社経営者から名誉職に退いた。同社はナチス党への財政支援を推進するとともに、軍需品（合成油、合成ゴム、潤滑油、爆薬、可塑剤、染料のほか、毒ガスを含む戦争に不可欠な何千種もの化学物質）を提供してその拡張主義を手助けした。

１９３８年3月11日のオーストリア併合以降、こうした事業拡大の成果が出始めた。[326] 併合から数日後、ＩＧファルベンは、オーストリア最大の化学会社シュコダ・ヴェッツラー・ワークスを吸収する権限を得るため、ナチス占領軍に文書を提出した。[326,426] シュコダ社を管理下に置く銀行の株式の過半数は、ロスチャイルド家（金融業を営むユダヤ人の一族）が保有していた。そのため、この会社を買収することでオーストリア産業界におけるユダヤ人の影響力を削ぐことができる、とＩＧファルベンの幹部は主張したのだ。１９３８年秋までに、シュコダのユダヤ人幹部は解雇され、統括責任者はナチスの突撃隊員に踏み殺され、ロスチャイルド家の代理人はオーストリアから逃げ出して、シュコダはＩＧファルベンの所有となった。[326]

次にナチスとＩＧファルベンの拡張主義の犠牲となったのは、チェコスロバキアだった。１９３８年9月29日、イギリスのネヴィル・チェンバレン首相とフランスのエドゥアール・ダラディエ首相は、ミュンヘン協定に調印した。[326] ナチスの要求に屈し、チェコスロバキアのドイツ語圏であるズデーテン地方の支配を認めたのだ。その後、ＩＧファルベンは、チェコスロバキア最大の化学会社であるプラハ化学金属生産協会（プラハ協会）を吸収する計画を推し進めた。[426]

プラハ協会の役員の25％がユダヤ人であったため、ＩＧファルベンは買収に必要な影響力を有していた。[326] 当地の政治情勢を確認したズデーテン・ドイツ経済委員会は、ＩＧファルベンに「プラハのチェコ系ユダヤ人による経営はもうおしまいだ」と報告している。[426] ミュンヘン協定調印の翌日、ＩＧファルベンの会長ヘルマン・シュミッツはヒトラーに電報を打ち、同社がこの地域に関心をもっていることをほのめかした。「総統閣下が成し遂げられたズデーテン・ドイツの帝国への返還に深い感銘を受けました[426]」。彼はさらにこうつけ加えた。「(IGファルベンは)50万ライヒスマルクを閣下がズデーテン・ドイツ領で自由に使えるようにいたします[426]」

1938年10月1日、ドイツ軍がズデーテン地方に進駐した[426]。プラハ協会の買収に向けた「交渉」は、経営陣の抵抗により難航した。12月8日の会合で、IGファルベン側の責任者ゲオルク・フォン・シュニッツラーはプラハ協会の幹部に対し、プラハ協会の重要な化学工場の買収計画を邪魔していることはわかっていると告げた。続けて、そうした態度を取るなら「ズデーテン地方の社会秩序が脅かされており、いつ騒乱が起きてもおかしくない」とドイツ政府に報告する必要が生じ[426]、あなたが騒乱の責任を負うことになるだろうと脅した。翌日、プラハ協会の幹部はその工場の売却に同意した。

次に狙われたのはポーランドだった。それまでと同様、IGファルベンは侵攻に先立ち、当地で買収したい化学会社のリストを作成した[326・426]。1939年9月1日、ドイツがポーランドに侵攻して第二次世界大戦が始まった。その3週間後、IGファルベンの幹部は自ら要望して、吸収したポーランドの化学工場の管財人となった[426]。

ボッシュは、自分が化学工学によって硝酸塩や石油やゴムの合成を可能にしたせいで、ドイツの侵略と戦争が起こったのではないかと思い悩み、鬱に陥った[326]。１９４０年2月、彼はカイザー・ヴィルヘルム研究所から自分が飼っていたアリの巣を持ち出し、シチリア島に移住したが、体調は悪化の一途をたどり、４月にはドイツに帰国した。そして、フランスの陥落、ドイツと自身が築いた会社の最終的な破滅を予見したのち、４月26日に65歳で亡くなった。

ドイツは5月9日にフランスへ侵攻し、6月下旬にはヨーロッパのほぼ全域を支配下に収めた[326]。フランス、ノルウェー、オランダ、デンマーク、ルクセンブルグ、ベルギーの化学会社を吸収したＩＧファルベンは、さらにソビエト連邦、スイス、イギリス、イタリア、アメリカなど、中立国、同盟国、敵国を問わず、まだ征服していない国の化学会社を傘下に収める計画を立てた。ＩＧファルベン史の専門家はこう書いている。「ＩＧは絶頂期にあった。バレンツ海から地中海まで、チャネル諸島からアウシュビッツまで、世界がかつて見たこともないような産業帝国を支配していた[326]」

占領地域の化学会社の経営者のうち、IGファルベンに支配権を譲ろうとしない者に対しては、「ユダヤ系企業」とみなされて資産をすみやかかつ完全に没収されるだろう、と脅しをかけた。[326] ヨーロッパ第2位の化学会社であったフランスのクールマン社は、その実例となった。ドイツに占領される前、クールマンの経営者はユダヤ人だった。ユダヤ系企業として差し押さえるにはこの事実だけで十分であり、クールマンの幹部はIGファルベンの要求に屈するしかなかった。

IGファルベンは、ユダヤ人の資産の略奪や、絶滅収容所用のチクロンBの製造だけでなく、強制収容所の収容者を使った化学物質の実験においてもホロコーストに加担した。[426] IGファルベンの役員の一人はのちに、「強制収容所の収容者はどのみちナチスに殺されていたはずだ」「実験には、無数のドイツ人労働者の命を救った人道的な側面もあった」という理由で人体実験を正当化している。[431]

IGファルベンが犯した最大の罪はおそらく、奴隷労働だろう。ナチスとその同盟企業は、軍需品や兵器の生産工場が形成する広大なネットワークのなかで、強制収容所の収容者を奴隷として扱った。奴隷は安上がりな消耗品であり、秘密を漏らさなかった。

奴隷労働の計画を立てる際、ハインリヒ・ヒムラーはヒトラーに対し、収容者を奴隷として使う利点をこう説明している。「外部との接触は完全に絶たれます。囚人は郵便物すら受け取ることがありません」[362]

IGファルベンの化学者オットー・アンブローズは、合成ゴムと合成油を生産する大規模な製造施設の場所として、アウシュビッツ強制収容所を選んだ。同種の施設のなかでは世界最大であり、IGファルベンとしても最大規模の試みだった。[326・426] アンブローズがアウシュビッツを選んだのは、奴隷労働力、炭鉱、（ソラ川、ヴィスワ川、プシェムシャ川からの）豊富な水、鉄道・道路網が利用できるためだった。

アンブローズは、アウシュビッツの奴隷労働力をIGファルベンの施設で使う「レンタル料」について、ヒムラーと交渉した。IGファルベンと親衛隊がともに利益を得られる取り決めであるうえ、二人が小学校の頃からの知り合いであったことから、交渉はスムーズに進んだ。[362] IGファルベンは、1人につき1日3ライヒスマルクを親衛隊に支払うことで合意した。アンブローズはこの取り決めについて次のように上司に伝えている。「強制収容所の管理者が開いてくれた晩餐会の席で、強制収容所の優秀な運営陣が合成ゴム工場の支援に加わるすべての手はずを取りまとめました。親衛隊との新たな友好関係は、非常に有益なものとなっています[362]」。アンブローズの博士課程での指導教官は、ハーバーの友人でノーベル賞受賞者のユダヤ人、リヒャルト・ヴィルシュテッターだった。ヴィルシュテッターが1939年にスイスに亡命した後も、二人は文通をしていた。にもかかわらず、アンブローズはホロコーストに加担することを選んだのだ。ヴィルシュテッターは、1942年に亡命先で亡くなった[305・326]。

アウシュビッツのIGファルベン複合施設は「IGアウシュビッツ」と呼ばれ、ベルリンよりも多くの電力を消費していた[326]。2万5000人の強制収容所の収容者が、この施設の建設で命を落とした。主要な強制収容所から建設現場まで強制的に歩かせたせいで多くの収容者が亡くなり、生産性が低下すると、IGファルベンは奴隷労働者用に独自の強制収容所を建設した。モノビッツと呼ばれたこの収容所の入口にも、「働けば自由になれる」というアウシュビッツの標語が掲げられた。こうして、数十万人を収容できる最初の強制収容所（アウシュビッツI）、ビルケナウの絶滅収容所（アウシュビッツII）、IGファルベンのゴムと燃料の生産施設（アウシュビッツIII）、IGファルベンのモノビッツ強制収容所（アウシュビッツⅣ）からなるアウシュビッツのすべての施設が完成した。

ＩＧファルベンの幹部は、親衛隊医師の「選別」によって生じる労働力不足に不満を抱いていた。親衛隊が熱心に「最終的解決」を実行しようとするせいで、ＩＧファルベンの施設で働けるはずのユダヤ人が、ビルケナウでガス処刑の対象に選ばれることがあまりに多かったからだ[326]。たとえば、アウシュビッツに送られた５０２２人のユダヤ人のうち、81％がガス処刑の対象とされ、ＩＧファルベンの労働者となったのは19％にすぎなかった。ＩＧファルベンの労働者を増やそうとした親衛隊幹部は、ガス室のある火葬場の近くではなく、ＩＧファルベンの施設近くでユダヤ人を列車から降ろすよう規則を変更した。次に４０８７人のユダヤ人が運ばれてきたときには、59％がガス室に送られたが、41％がＩＧファルベンの労働者となり、労働力は改善した。１９４１～１９４５年の間に、ＩＧファルベンは27万５０００人の強制収容所の収容者を奴隷にした（死亡者やほかの奴隷保有業者と交換された者を除く[426]）。

ＩＧファルベンの幹部は、それでも労働力不足に不満を感じ続けていた。「女性や子どもや老人を数多く含むユダヤ人がベルリンから送られ続けるようなら、労働者の割り当てについて強く約束はできない」[326]。IGファルベンの労働者となったアウシュビッツ収容者はたいてい、モノビッツで数カ月間働いた後、健康を損なってビルケナウへ送られた[326]。ある親衛隊将校はモノビッツの収容者たちにこう告げている。「お前たちは全員死刑だが、刑の執行にはもう少し時間がかかりそうだ」[326]

IGアウシュビッツでは、絶滅収容所よりましな食事が出されていたものの、収容者たちは毎週3kgから4kgも体重が減るほど飢えていた[326]。そうした状況下で、IGファルベンの幹部は、全収容者に占める病人の割合が5％以上になってはならず、一人が14日以上病気にかかり続けてはならないという規則を設けた。超過した場合は病人をビルケナウに送ることで調整された。

IGファルベンの監督たちは、規則違反を親衛隊に報告することによって、奴隷労働者の間の規律を保っていた[326]。親衛隊の懲罰を受けた違反としては、次のようなものがあった。「怠け者」「さぼり」「従わない」「従うのが遅い」「作業が遅い」「ゴミ箱の骨を食べる」「捕虜にパンをねだる」「タバコを吸う」「10分間仕事を離れる」「労働時間に座り込む」「薪を盗む」「スープの入ったやかんを盗む」「金銭を所持する」「女性収容者に話しかける」「手を温める」[326]。こうした違反に対し、親衛隊は食事の停止、鞭打ち、絞首刑、ビルケナウへの移送など、さまざまな種類の処罰を下した。

１９４５年1月17日、赤軍（のちのソ連軍）がアウシュビッツに向かって進軍してくると、アンブローズは、ＩＧファルベンの戦時中の活動や残虐行為に関する書類の破棄に奔走した[362]。翌日、親衛隊の警備部隊は、モノビッツに残っていた収容者たちを徒歩でドイツ内陸部に移動させた。この死の行進により、2日のうちに6割の収容者が亡くなった。1月23日、アンブローズはモノビッツを去り、あとには感染症で衰弱して死の行進ができない収容者だけが残された。そのうちの一人は、イタリアの化学者で作家のプリーモ・レーヴィであった。4日後の1月27日、赤軍はアウシュビッツ強制収容所に残された者たちを解放した。一方、ドイツに戻ったアンブローズは、ＩＧファルベンの記録を破棄し、化学兵器工場が洗剤や石けんの生産工場に見えるように偽装した。

アメリカ軍によるニュルンベルク裁判では、24人のＩＧファルベン幹部が戦争犯罪の罪で起訴された[426]。最も重い罪状は「第三項：奴隷制と大量殺人」であり、「これらの活動の過程で、何百万もの人々が故郷を追われ、国外に追放され、奴隷にされ、虐待され、恐怖にさらされ、拷問され、殺害された」[426]。1947年8月27日、主任検事のテルフォード・テイラー准将は、身も凍るような発言から陳述を始めた。

本件の深刻な罪状は、不用意に、あるいは無思慮に法廷に提出されたものではない。起訴状は、人類史上最も悲惨で、最も破滅的な戦争をもたらした重大な責任を告発するものである。彼らが行った大規模な奴隷化、略奪、殺人の告発である。実に恐ろしい罪であり、いかなる人も、軽率に、あるいは復讐心に駆られて、あるいは自らが負う責任を深く謙虚に認識することなく、これらの罪を引き受けるべきではない。この件に関しては、笑いも憎しみもない[426]。

テイラー准将は、IGファルベンの経営陣の行動に見られる組織的な性質を強調した。

この者たちが問われている罪は、怒りに任せて犯したものでもなければ、突然の誘惑に負けて犯したものでもない。また、秩序を重んじる人の不注意や失敗でもない。人は、一時的な情熱によって巨大兵器をつくり上げたり、突発的な残虐性に駆られてアウシュビッツの工場を建設したりはしない。彼らの行為は、細心の注意のもとでなされたのだ。〔中略〕この傲慢で極めて犯罪的な企てにおいて、被告人たちは熱心で主導的な参加者だった。彼らは、自由の炎を踏み消すとともに、国民を残忍にし、憎しみで満たすことを目的とした第三帝国が、国民を怪物的で過酷な圧政のもとに置く手助けをした。帝国の資源を結集し、ドイツの恐怖を広める武器や征服の道具をつくるために恐るべき才能を発揮したのだ。彼らは、ヨーロッパを覆う黒い死のマントの縦糸と横糸であった。[426]

ドワイト・Ｄ・アイゼンハワー将軍は、終戦時に調査団を任命し、占領国での化学会社の吸収を含め、ナチスの軍事力強化にＩＧファルベンが果たした役割について調べさせた。[326] テイラー准将はニュルンベルク裁判で、「ヨーロッパには、彼らが欲っする鉱山や工場が点在していたため、征服の歩みを進めるごとに産業の略奪計画が立てられ、迅速かつ無慈悲に実行された」と述べている。[426] アイゼンハワーの調査団は、「ＩＧファルベンの巨大な生産設備、広範な研究、多種多様な技術的経験、経済力の全般的な集中がなければ、ドイツは１９３９年９月に侵略戦争を始めることはできなかっただろう」と結論づけた。[326]

法廷は「奴隷化と強制労働への関与による戦争犯罪および人道に対する罪」と「奴隷にされた人々への虐待、脅迫、拷問、殺人の罪」でアンブローズに懲役８年の判決を下した。[432] ほかの11人のＩＧファルベン幹部も有罪となり、１年半から８年の禁固刑を言い渡された。[326] 主任検事はこの結果に憤慨し、「ニワトリ泥棒も喜ぶほど軽い罰だった」と述べている。[326]

## タブン（１９３６～１９４５）

硝石、（木炭）、硫黄を混ぜ合わせれば、雷と稲妻ができる。[433]

――ロジャー・ベーコン、１２７０年代

目下のところ、我々は昆虫を毒殺したいと思っている。軍隊の健康を脅かすからだ。偶然にも、化学戦局は〔中略〕ドイツ人と日本人を毒殺する方法を改善するために積極的に活動している。〔中略〕日本人、昆虫、ネズミ、細菌、がんを毒殺する生物学的な原理は本質的に同じである。これらのうちいずれかに対して開発された基本情報は、ほかのものにも必ず当てはまる。[303]

――ウィリアム・Ｎ・ポーター（化学戦局長）、１９４４年

ナチスがドイツの全権を握り、開戦を迎える前に、ＩＧファルベンの幹部は化学兵器の生産を強化するよう提唱した。来たるべき戦争で、敵の民間人に対して化学兵器を使えば、人々が「あらゆるドアの取っ手、あらゆるフェンス、あらゆる敷石が武器だ」と気づいてパニックを起こすという主張だった。[400] たとえ連合国軍が報復に出ても、名高いドイツ人の規律によって優位に立てるとの見立てだった。

ニコチンを筆頭とする高価な殺虫剤の輸入によって経済的負担が生じていたことも、

ドイツ国内での化学兵器の製造に期待がかかる要因となっていた。[400・434] 1937年のドイツの法律では、農家に殺虫剤の使用が義務づけられていたため、化学会社は昆虫に毒性のある安価な化学薬品を開発すれば、農家に販売して利益を上げることができた。さらに、殺虫剤の研究過程で人間に有害な化学物質を発見すれば、軍への販売で利益を得ることも可能になるのだ。

IGファルベンの化学者ゲルハルト・シュラーダーは、新しい殺虫剤を見つけるため、有毒化合物のクロロエチルアルコールの構造を操作していたときに、この二つの領域を同時に大きく進展させた。[435] 分子内の原子をさまざまに入れ替えながら、生じた化合物の毒性をテストしていった結果、有機リン酸エステルと呼ばれる化学物質群にたどり着き、その多くが昆虫に対して極めて強い毒性をもつことを発見したのだ。[303・370・435]

1936年12月23日、シュラーダーはシアン化物を結合させた有機リン化合物を合成し、10万分の2というごくわずかな濃度でも、アブラムシが死滅することを確認した。[435] その後、製造技術の実験をしていた彼が、この新しい化学物質に「人間にとって極めて不快な毒性」があることを把握するまでには、数週間とかからなかった。[435]「最初に気づいた症状は、人工光のもとで視力が大幅に落ちるという不可解な作用だった。1月初旬の暗がりの中では、電灯の明かりで何か読むことも、帰宅時に車で自宅にたどり着くことも難しかった[435]」。また、「不注意でベンチの上に物質Ⅶをほんの少量落としただけで、角膜に強い刺激があり、胸に非常に強い圧迫感が生じた」という[435]。

世界初の有機リン系神経ガスの曝露《ばくろ》事故から回復したシュラーダーは、1937年2月5日、発見した物質のサンプルをエルバーフェルト工場衛生研究所の教授に送った[434,435]。3月には、殺虫剤に使用されることを期待して、「物質Ⅶ」が属する化学系統の特許保護願を提出した[435]。しかし、1935年のナチスの法令により、軍事利用の可能性がある特許出願書類は厳重に秘匿することが義務づけられていた。そのため、マウス、モルモット、ウサギ、ネコ、イヌ、霊長類といった哺乳類に対する「物質Ⅶ」の強い毒性がシュラーダーの同僚によって確認され、「ドイツ特許155／39（極秘）」が発行されたことで、殺虫剤として商業化される可能性は失われてしまった[435]。

シュラーダーの同僚がこの発見を陸軍兵器局に伝えたところ、兵器局は直ちに研究と製造への統制を極秘裏に実行した。シュラーダーはこう伝えている。「数日後、ベルリンのシュパンダウ城塞にある陸軍対ガス研究所でシアン化物(Ⅶ)の調製を実演せよとの要請があった。当時この部門の責任者であったリュディガー大佐は、この新しい物質が軍事的に重要であることを認識していた。彼はシュパンダウの化学実験室を改装する手はずを整え、シアン化物を製造する近代的な技術実験場をつくる準備をしていた[435]」

ナチスは、すぐにこの新しい化学物質の利点に気がついた。無色透明で臭いがほとんどなく、吸入しても皮膚から吸収しても死に至るのだ。同1937年、IGファルベンの新工場に移ったシュラーダーは、「有機リン化合物の研究を邪魔されることなく進められる」ようになり[435]、当時のドイツ人労働者の平均年収の16倍に当たる5万ライヒスマルクのボーナスを受け取った[362]。

その後の詳しい経緯を彼はこう語る。

1937年から1939年にかけて、ドイツ陸軍兵器局はシアン化物(Ⅶ)の工業生産に追われた。私が調製番号9/91とした物質である。グロス教授はこれを「Le100」と呼んでいた。陸軍兵器局は「ゲラン」と呼び、のちに「物質83」と名づけ

**図9.1**　IGファルベンの研究室でのゲルハルト・シュラーダー。（バイエル社史アーカイブより）

た。１９３９年、陸軍兵器局は物質83を製造する独自の工場をミュンスターの訓練地（ハイトクルークおよびラウプカンマー）に建設した。１９３９年末、アンブローズ所長は最高司令部から、物質83の大規模生産を行う特別工場を設立せよとの命令を受けた。建設地には、オーデル川沿いのデュヘルンファース付近（ブレスラウの北西約40kmの地点）が選ばれた。新工場の建設は１９４０年秋に始まり、１９４２年４月、アノルガナ社が物質83の生産を開始した。物質の名称はその後、「トリロン83」に変わり、次に「Ｔ83」、最終的には「タブン」となった。[435]

ナチス政権で初代大臣を務めたヘルマン・ゲーリングは、秘密国家警察（ゲシュタポ）を創設し、ドイツ空軍総司令官とナチスの4カ年計画全権委員となり、ナチス司令部でヒトラーに次ぐ地位までのぼり詰めた人物である。戦後、主要な戦犯の一人としてニュルンベルク裁判で死刑を宣告された際、絞首刑から銃殺刑への変更を求めたが[362]、連合国管理委員会に却下されたため、小瓶に入れて18カ月間、肛門とへそに交互に隠し続けた青酸カリで自殺した。彼は戦時中、タブン（禁忌を意味する「タブー」に由来）の生産をはじめ、ナチスの戦争にさまざまな面で関与していた。[362]

タブンの発見後、ゲーリングはＩＧファルベンの監査役会長カール・クラウフに報告書を求めた。クラウフは報告書に、タブンが「優れた知性と優れた科学技術的思考から生まれた武器」であり、「敵の後背地に使用できる」と記した。[362] ゲーリングもこれに同意し、神経ガスは「民間人を恐怖の渦に巻き込み、心理的な大混乱を引き起こすだろう」とクラウフに書き送っている。[362] １９３８年8月22日、ゲーリングは、タブンを含む化学生産の特殊課題に関する全権をクラウフに与えた。[362]

研究を続けていたシュラーダーは、同年12月10日、タブンの10倍もの毒性をもつ化合物を発見した。[435]「有毒物質兵器としての作用が、これまでに知られた物質と比べて驚くほど強い」と彼は報告している。[435] 試験の結果、「この興味深い物質の温血動物に対する毒性はタブン以上であり、殺虫剤としては使えない」と判明した。[435]

タブンと同様、この新物質にもさまざまな呼び名が生まれた。シュラーダーは「Le２１３」と呼んだが、陸軍兵器局は「『ストッフ１４６』としてコード化した」という。その後、「トリロン１４６」「Ｔ46」を経て、最終的には「サリン」と呼ばれるようになった。[435] シュラーダーと開発協力者の名前の頭文字をつなげた呼び名である[362,431]（ＩＧファルベンの“S”chraderと“A”mbros、ドイツ軍の“R”üdigerとvan der L“in”de）。

１９３９年６月、ベルリンの国防軍の研究所で、シュラーダーの製法を用いてサリンを生産する準備が整い、９月には最初のサンプルが製造された。[431,435] 同じく９月にポーランドを壊滅させたのち、ヒトラーは連合国に向けた熱狂的な演説のなかで、ドイツが防御不可能な新兵器を保有していることを明らかにした。

タブンとサリンの大規模な製造には、資金面と技術面に多くの課題があった。そのため、まずＩＧファルベンの役割を隠す目的で新会社を設立し、そこからドイツ国防軍に流した資金を使ってタブン工場が建設された。[431] 技術面の困難はさらに大きく、タブンの合成では問題がすぐに山積みとなった。タブンの成分が鉄や鋼を腐食させるため、銀でメッキを施す必要があり、またタブンの毒性が工場の労働と運営に障害をもたらしたのだ。蒸気とアンモニアで機器を除染し、人工呼吸器や10回しか使えないゴムスーツを作業員に着用させる対策が取られたにもかかわらず、タブンの量産が始まるまでに３００件以上の曝露事故が発生した。最悪の場合は2分で死に至っている。体脂肪が多いと曝露の副作用が抑えられることから、工場では脂肪分の多い食品が作業員に与えられた。作業員と奴隷労働者のこうした犠牲により、ナチスの科学者たちは、タブンの人体に対する毒性のデータを得ることができた。[436]

ひとたび技術的問題が解決されると、工場では月に１０００ｔのタブンを生産できるようになった。[437] 最初に原料を製造し、タブンを合成したのち、爆弾や砲弾に詰めるため、巨大な地下施設に運ばれる。[431] 配備の準備が整うと、砲弾は秘密裏に敷地外へ運び出

**図9.2**　イギリスの偵察機が1941年に撮影したIGファルベンのタブン工場（写真右上）。ポーランドの下シレジア県デュヘルンファースに位置した。オットー・アンブローズによって計画・管理されたこの秘密施設では、[362]3000人の奴隷労働者が砲弾や爆弾の薬きょうにタブンを詰めていた。親衛隊准将で化学者のヴァルター・シーバーが開発したガスマスクの信頼性をテストするため、強制収容所の収容者に神経ガスを噴霧した場所でもある。1945年2月5日、デュヘルンファースはソ連軍に占領されたが、親衛隊はその前に、グロース・ローゼン強制収容所まで奴隷たちを行進させ（3分の1は行進を生き延びた）、軍需品をひそかに運び出していた。証拠書類も破棄され、IGファルベンの従業員たちは逃亡済みだった。ナチスの小隊が砲撃でソ連軍の注意を引いている隙に、IGファルベンの技術部員がタブンの施設を洗浄していたため、ソ連軍が施設を発見したときには、すでに無人でタブンもなかった。しかしソ連軍は、スターリングラード郊外に新たなタブン製造施設を建てる目的で、IGファルベンの工場を解体して本国へ輸送した。（©HES. National Collection of Aerial Photography, NCAP-000-000-036-543,ncap.org.uk）

され、上シレジアの地下兵器庫で保管された。

サリンの強力な殺傷力も評価していたナチスは、144号棟と呼ばれる秘密施設でサリンを製造した。[431] 神経ガスの研究開発施設では、1200人の労働者が雇われた。サリンとタブンは、1分間に2000発撃てる機関銃の弾丸など、さまざまな発射手段によって巧妙に兵器化された。

シュラーダーはナチス政府のため、1940年代初頭までに、100～200種類の化学物質について毒ガス兵器としての毒性を調査した。[303] 一方、ナチスはIGファルベンが製造・供給した神経ガスやその他の化学物質の毒性を、強制収容所の収容者を使って試していた。[311・400・426] そのうえ、タブンで殺された動物の臓器や、事故や実験でタブンに曝露された人々の写真4000枚を展示する博物館をつくっている。[431]

シュラーダーは、パラチオンやマラチオンなどの有機リン系殺虫剤も大量につくり出した。[303] 彼はDDTよりもパラチオンのほうが昆虫に対する毒性が強いことに気がついた。DDTと違って、あらゆる昆虫を殺すことができるのだ。これらの化合物が発見され、昆虫や人間に対する毒性が明らかになったのは、ちょうどナチスの宣伝機関が、駆除するべき昆虫やその他の害虫とユダヤ人を同一視するというようなたわ言を撒き散らしていた時期であった。[400]

ナチスが参考にしたのは、ユダヤ人を「害虫、クモ、イナゴの大群、ヒル、巨大化した寄生虫、毒のある蠕虫《ぜんちゅう》」とした前世紀のドイツ語の文章だった。[400] 19世紀のドイツの著名な聖書学者パウル・ド・ラガルドは、ユダヤ人について次のように述べている。「人が害虫や寄生虫とつき合うことはない。育てたり、大切にしたりすることもない。人はそれらをできる限りすみやかに駆除するものだ」[438]。ヒトラーはこの表現をさらに誇張して、ユダヤ人を「疫病」「黒死病より悪い病原菌の保菌者」と呼んだ。宣伝大臣ヨーゼフ・ゲッベルスはこう述べている。「ノミは愉快な動物ではないので、我々が飼ったり保護したり増やしたりして、ノミに刺されたり苦しめられたりする義務はない。むしろ駆逐するのが我々の義務である。ユダヤ人も同様だ[400]」

ナチスは最終的に、タブン、寒暖両用のマスタードガス、アスファルトも燃やせるNストッフと呼ばれる焼夷ガスなど、月に1万2000tの毒ガス兵器を生産するようになった。[431] ドイツ空軍は、ホスゲン、シアン化水素、マスタードガス、タブンその他のさまざまなガス、酸、塩基を詰めた15～750kgのガス爆弾を50万個近く備蓄していた。

ナチス指導部は、こうした備蓄兵器を使わなければならないというプレッシャーを強く感じていた。ナチスの化学部隊を指揮していたヘルマン・オクスナー将軍は、開戦当初、これらのガスは強力な恐怖兵器であるとの見方を示した。[431]「ロンドンのような都市は耐えがたい混乱に陥り、敵国政府に大きな圧力がかかることに疑いの余地はない」

1944年になると、ナチスは一度につき2000発もの飛行爆弾（V兵器）をイギリスに向けて発射し始めた。[431] 最初の2週間で約2000発のロケットがイギリスに降り注ぎ、連合国側は「クロスボウ作戦」でこれを迎え撃った。毎日およそ50tのV兵器がロンドンで炸裂し、イギリスは航空戦力の半分を投じて必死にロケット弾を撃ち落とそうとした。ドイツ軍は、ロケット弾やほかのさまざまな手段でタブンを使用できたが、そうはしなかった。とはいえ、もう少しで使うところだったのは明らかだった。ヒトラーはDデー（ノルマンディー上陸作戦当日。1944年6月6日）の前、ムッソリーニに「ロンドンを廃墟の庭園にする」兵器があると豪語しており、[431] マルティン・ボルマン（ヒトラーの個人秘書）、ヨーゼフ・ゲッベルス（宣伝大臣）、ロベルト・ライ（ナチス労働戦線総裁）といったヒトラーの側近たちも、タブンの使用を支持していたからだ。

　連合国側は、ドイツの神経ガスの存在を知らなかった。バーナード・モントゴメリー将軍に至っては、ノルマンディーの海岸に部隊を上陸させる際、対ガス装備をイギリスに置き忘れている。[431] Ｄデーの侵攻作戦でガス攻撃を受けなかったのは、ナチス側が連合軍の戦力を誤認していたからだろう。

　アンブローズはシュラーダーと協力してサリンを開発するとともに、最大のタブン製造会社で取締役を務めていた。そのため、ドイツの化学兵器力に関する知識では、誰にも引けを取らなかった。アンブローズと、軍需大臣でヒトラーの建築家を務めたアルベルト・シュペーアは、スターリングラードでの敗戦後、１９４３年5月にヒトラーと会談した。[431] それから2年ほどのち、シュペーアは、地下壕の換気口にタブンを送り込み、ヒトラーを暗殺しようと企てたが、この方法ではタブンの使用に伴う技術的な欠陥を克服できなかった。[326] 戦後、ニュルンベルクで裁かれた22人の主要戦犯のうち、罪を認めたのはシュペーアだけだった。裁判官は彼に対し、22年の禁固刑を言い渡した。

　１９４３年5月のヒトラーとの会談では、ソ連の進撃をくつがえすために化学兵器を使用する可能性が話し合われた。アンブローズは、化学兵器の製造能力は連合国のほうが上だと指摘した。ヒトラーは、前世代のガス兵器については「そうだろう」と認めたうえで、「しかし、ドイツにはタブンという特殊なガスがあり、これはドイツが独占している」と主張した[426]。これに対し、アンブローズは正反対の評価を伝えた。「タブンもまた、海外に知られていると推測される正当な理由があります。〔中略〕ドイツがこうしたガスを使おうとした場合、他国はそのガスをすぐに模倣するだけでなく、さらに大量に生産することさえできると確信しています[426]」。ナチスが化学兵器を戦場で使用しなかったのは、この誤った評価によって、ガス兵器の先制使用で得られる成果よりも、報復によって被る損害のほうが大きいと予想したからだろう。

戦時中、アメリカの科学雑誌は、神経ガス関連の化学物質を扱う記事の掲載を中止した[431]。アメリカの技術出版物の動向を常に把握していたナチスは、当然ながらそれを検閲のせいだと思い込んだが、実際に掲載を禁じられたのは、神経ガスというよりDDTの実験に関する記事だった。皮肉なことに、ミュラーの勤め先であるJ・R・ガイギー社は、1942年にDDTの発見をナチスに伝えていた。しかし、DDTに関するアメリカの秘密主義が、図らずも、ナチスの科学者に連合国も有機リン系の神経ガスを開発したのだと信じ込ませる結果を招いたのだった。[303・431]

連合国側もまた、あと少しで化学兵器を使うところだった。１９４０年６月、イギリス陸軍参謀総長のジョン・ディル卿は、ドイツ兵がイギリス本土に上陸した場合、化学兵器を先制使用するべきだと主張した。「自国の存続が危ぶまれ、都合のよいルールしか認めない無慈悲な敵に脅かされているこのときに、成功する可能性が最も高そうな手段を採用することに躊躇すべきではない[431]」。彼の部下である上級スタッフの一人はこれに反対し、イギリスが先に化学兵器を使用すれば、「勝ち負けが本当に重要なのだろうか、と思い始める者も出てくるだろう」と書いている。ウィンストン・チャーチルはディルに賛成だった。

チャーチルと戦時内閣が2年以上にわたって強い圧力をかけたにもかかわらず、イギリスの化学兵器計画は遅々として進まなかった。チャーチルは、この失敗によってイギリスがドイツの侵攻に対して危険なほど脆弱になったと感じていた[431]。「これらの命令が履行されないことをどう説明するのか。その責任は誰にあるのか。〔中略〕関係者は殴られるべきだ[431]」

1944年7月には、イギリスの化学兵器の備蓄は、自国の防衛だけでなく、攻撃用にも十分な量に達した。チャーチルは参謀たちに宛てた文書のなかで、世論がどのような兵器や使用法を道徳的とするか、非道徳的とするかは、短期間のうちに変わるものだと書いている。「女性のスカートが長くなったり短くなったりするのと同じく、単なる流行の問題だ。〔中略〕相手が卑劣な手段であらゆる利益を得ているのに、なぜ我々は常に紳士的に振る舞ってあらゆる不利益を被らなくてはならないのか、私にはわからない。〔中略〕ドイツに毒ガスを放射せよと命じるのが、数週間先か数カ月先になるという見方には私も同意する。だが、やるというのであれば、絶対にやらせてほしい。その間に、あちこちで見かけるような讃美歌を歌う制服姿の敗北主義者によってではなく、良識のある人々の手でこの問題を冷静に研究してもらいたい[431]」

化学戦争に備えて、イギリスはガス兵器を大量に備蓄するだけでなく、ガスマスク7000万個、容器入り防毒軟膏4000万個、除染用漂白剤4万tを製造した[431]。連合国と枢軸国は、終戦までに約50万tの化学兵器を蓄えたが、両陣営とも戦場では使わなかった。とはいえ、第二次世界大戦で備蓄された毒ガスの量は、第一次世界大戦で使用された毒ガスの総量の約５倍にのぼった。

ヨーロッパ戦域で唯一、化学兵器による大量の死傷者（強制収容所の収容者を除く）が出たのは、ドイツ空軍がイタリアのバーリ港で連合軍艦隊を空襲した１９４３年12月２日であった。[431] このとき破壊されたアメリカの戦時標準船ジョン・ハーヴェイ号が、密かに２０００個のマスタードガス爆弾を積んでいたのだ。これは真珠湾攻撃以降、連合国が海上で被った最大の損害であり、アメリカが脆弱なイタリア海域にこの船を入れたことに、チャーチルは愕然とした。アイゼンハワー将軍は、ルーズベルト大統領やイギリス戦時内閣の承認を得て厳しい検閲命令を下し、惨事の原因を秘密にしようとしたが、民間人や兵士に大量の死傷者が出た理由を封じ込めることはできなかった。そこで連合参謀本部は、「連合国の方針により、敵が先にガスを使用しない限りは、ガスを（絶対に）使用しないが、報復の準備は万全である。なお、想定内のリスクである事故を否定するものではない」と発表した。[431]

タブンとサリンに関するナチスの秘密主義は、戦争中も変わらなかった。科学者たちが知っていたのは、合成方法のすべてではなく、特定の段階の手順だけだった。[431] シュラーダーでさえ、自分がきっかけを与えた研究の全体を知ることはできなかった。化学薬品に関する議論では、多くの偽名が使われた。タブンやサリンの原料すら偽名で呼ばれていたうえ、何度も変更されている。しかし、これらの情報を記録した台帳は、終戦時にナチスによって埋められてしまった。

たった一度の漏洩により、ナチスの秘密主義が破られそうになったこともある。1943年5月、イギリス軍はチュニジアで、一人のドイツ人化学者を捕らえた。[431] この化学者が、トリロン83(タブン)について知っている情報を漏らしたのだ。「無色透明の液体で臭いがほとんどない」「神経毒であるため、ほかの毒ガス兵器との区別がつかない」「瞳孔がピンの頭ほどに縮み、喘息のような呼吸困難を引き起こす。濃度が高ければ15分ほどで死に至る」。ドイツ人化学者は、成分や効果のほか、投与と防護の方法についても詳細な情報を提供した。イギリスがタブンと同じような効果をもつ化学物質をすでにテストしていたにもかかわらず、情報機関は尋問官が極秘文書に記録したこの情報を無視した。

## 有機リン酸エステル（1944～1959）

害虫を自ら殺す植物という農家にとって最も大きな夢が今、現実味を帯びてきた。この夢の実現を担うのは、植物の外側ではなく内側に使用される新しい浸透性農薬、すなわちドイツで開発されたリン化合物である。[439]

――『*Science News Letter*』誌、シュラーダーの浸透性農薬に関する論説、1951年

タブンの存在に関する衝撃がようやく認識されたのは、1945年4月、モントゴメリー将軍率いる第21軍集団のイギリス軍が、ラウプカンマー（強盗の隠れ家）と呼ばれる廃墟化したドイツ軍の訓練地と、付近の掩蔽壕《えんぺいごう》群を攻略したときだった。[362]ラウプカンマーには動物を使って化学兵器の実験をするための動物園があり、掩蔽壕には未知の物質が入った砲弾が残されていた。現地に到着したアメリカとイギリスの化学兵器専門家が、移動式実験室でウサギを使って検証したところ、未知の物質は比類のない毒性を示した。その物質は慎重にイギリスに輸送されたのち、化学防衛研究所の科学者によって分析された。科学者たちは、曝露を受けて瞳孔が収縮する事故に見舞われたものの、そ

の週末のうちにタブンの組成と毒性、そして解毒剤であるアトロピンの効果を明らかにした。[440]

ヨーロッパでの戦争が終わりに近づいた頃、アメリカ化学戦局は化学兵器を強化するため、ヒトラーが抱える化学者たちと有機リン系神経ガスの輸入を優先した。[362] 国の優先順位はドイツ征服からソ連の封じ込めと日本征服にすでに移っており、捕らえたドイツの化学者や占領した研究所は重要な資産となっていた。[431] 化学戦局を率いるウィリアム・ポーター将軍は、検証用として260kgのタブン爆弾5発をラウプカンマーからアメリカに送るよう命じた。[362] アメリカ軍はこれに応じて、数カ月のうちに約530tのタブンをアメリカへ輸送している。化学戦局はまた、国務省が反対したにもかかわらず、化学兵器の開発支援のために、ドイツの化学者をアメリカに連れてくる作業に着手した。

連合軍はレバークーゼン占領後、1945年3月にシュラーダーを逮捕した。[434] そして、ほかの著名なドイツ人科学者たちとともに、ドイツ空軍司令部として使われていたタウヌス山地の中世の城、クランスベルク城に収容した。[362] 連合国はこの城を「ダストビン(ゴミ箱)」というコードネームで呼び、ナチスの科学者、医師、実業家に加え、IG

ファルベンの化学者20人以上と役員６人を拘束していた。１９４５年８月から９月にかけて、イギリスの諜報目的小委員会（ＢＩＯＳ）のチームがこの城でシュラーダーの尋問を行った。

シュラーダーは、連合国の調査官に協力して、有機リン系神経ガスに関する機密報告書[435]と有機リン系殺虫剤に関する非機密報告書を作成した。[441]非機密報告書は、彼の発見を商品化しやすくする目的で、ＢＩＯＳ調査官の要請によって用意されたものである。その序文には次のように記されている。「ここに報告されている情報は、すでにＢＩＯＳの報告書に記録されているものであるが、報告書にはほかのデータも含まれているため、必然的に『機密』に分類されている。そこで、より多くの人が情報を利用できるように、シュラーダーの業績の殺虫に関する側面のみを扱った以下の報告を作成した。〔中略〕対象となる分野の研究者に、一言警告しておく必要があると思われる。記載されている化合物のなかには、主に殺虫用でありつつも、温血動物にも毒性を示すものが含まれている。同種の一般的なほかの物質は、高等動物に対してさらに強い毒性を発揮することが知られており、この種類の合成研究を行う作業者が、自身や周囲の人を実際に危険にさらすほどの毒性をもつ物質を調製する可能性は十分にある[441]」。ＢＩＯＳによる勾留が解かれたのち、シュラーダーは仕事に戻り、破壊された研究所を再建して、有機リン系殺虫剤の改良に取り組んだ。

一方、１９４５年春にドイツが崩壊すると、東部のタブンとサリンの工場はソ連の支配下に入った[431]。ソ連は占領区域で、ソマンと呼ばれるさらに強力なナチスの神経ガスも発見した。有機化学者リヒャルト・クーンと共同研究者のコンラッド・ヘンケルによって開発されたガスである[436]。アンブローズと同じく、クーンはユダヤ人のノーベル賞受賞者リヒャルト・ヴィルシュテッターの指導を受けて博士号を取得していた[304]。彼は指導教官と親しい間柄であったにもかかわらず、１９３８年にノーベル化学賞を受賞したとき、ヒトラーがそれをユダヤ人の賞と呼んだために、当初は受けようとしなかった[362]。

１９４４年の夏、クーンはドイツ陸軍のためにタブンとサリンの毒性を研究していた際に、ソマンを合成した[442]。彼の研究チームは、タブンとサリンには重要な神経伝達物質を阻害する毒性があり、吸入後すぐに死に至ることを明らかにした[436]。また、アトロピンが解毒剤に使えることも発見している。

シュラーダーはイギリスの尋問官に対し、ソマンの発見について次のように説明した。「１９４４年、ドイツ陸軍兵器局によって、私の研究成果は知らないうちにクーン教授に伝えられていた。クーンは、イソプロピルアルコールの代わりにピナコリルアルコールをサリン分子に導入した。戦争省はこの物質を『ソマン』と名づけた。私は１９４４年８月にこれを生成して調査した。温血動物に対する効力は、おそらくサリンの２倍である。サリン・ソマン類は、非常に強い生理作用をもつため、植物の保護にはまず向かない[435]」。連合国はのちに、タブンを「ドイツの（German）神経ガスＡ」の意味で「ＧＡ」、サリンを「ＧＢ」、ソマンを「ＧＤ」と呼んだ[315]。

クーンの発見した時期が遅かったために、ナチスはソマンを兵器化するには至らなかった。戦後、連合国側の尋問官による取り調べを受けた際、クーンはナチスの化学兵器計画への参加を否定した[362]。尋問官の一人は、クーンの主張に対する不信感をこのようにまとめている。「リヒャルト・クーンの履歴があまりきれいだとは思えなかった。彼はドイツ化学会の会長として、ナチス崇拝とその儀式を極めて忠実に遂行していた。授業を始めるときにはヒトラー式の敬礼を欠かさず、本当のナチス指導者のように『ジークハイル（勝利万歳）』と叫んでいた[362]」

実際、クーンはオットー・ビッケンバッハが助成金を申請していた「化学兵器および細菌毒の効果に関する血漿《けっしょう》タンパク質の生物学的・物理化学的実験」への資金提供を承認した[436]。ビッケンバッハはその資金を使って、ナッツヴァイラー強制収容所で化学兵器ホスゲンの人体実験をした。ナチスはまた、ザクセンハウゼンとノイエンガンメの強制収容所でも、収容者を使った化学兵器実験を行った[443]。戦後の戦争犯罪法廷で、ビッケンバッハの弁護人がクーンに弁護側としての陳述を求めたとき、彼は次のように答えている。「ハイデルベルクで長年にわたり医療活動に従事したオットー・ビッケンバッハ氏については、個人的にも科学的にも存じ上げている。ヘキサメチレンテトラミンを使った彼の実験が科学的に卓越した正確なものであったこと、そして彼が全人類のために高い目標を追求していたことは、疑いの余地がない。先ほど知った英雄的な自己実験が、その確信を裏づけてくれた。彼が達成した成果、これから達成するであろう成果が、多くの人々の幸福に寄与すると私は考えている[436]」

ソ連がソマンの研究開発に力を注いだのに対し、イギリスはサリンの実験に集中した。イギリスの研究者たちは、ボランティアの軍人のほか、チンパンジー、ヤギ、イヌなどの哺乳類を使って曝露実験を行った。[431] ボランティアに死亡者が出たにもかかわらず、イギリスはまもなく毎時６kgの割合でサリンを生産し始めた。アメリカにも同様のサリン生産計画があったが、規模がはるかに大きく、費用も１kgあたりわずか３ドルに抑えられていた。

ヨーロッパでの戦争が終わると、アメリカのさまざまな政府機関が、ナチスの科学者、医師、技術者をアメリカの科学技術や兵器の機密研究開発のために正式に採用する「オーバーキャスト作戦」を実施した。[303] アメリカ統合参謀本部は１９４５年７月６日、「ドイツの科学技術専門家のアメリカでの利用」という件名の機密文書において、この作戦を承認した。[362] 当初、統合参謀本部はハリー・S・トルーマン大統領に作戦のことを知らせなかったが、翌年の夏の終わりには大統領の承認を得ている。

この極秘作戦は、ドイツ人家族が自分たちの宿舎を「キャンプ・オーバーキャスト」と呼んでいたことで作戦名が露見すると、「ペーパークリップ作戦」に改められた。新しい作戦名は、陸軍情報部の将校がナチスのファイルに目印としてペーパークリップをつけていたことに由来する。ナチスの採用に反対する役人が出てくることは確実であるため、国務省に見せるべきではないファイルをわかるようにしていたのだ。またこのとき、ドイツの科学者、医師、技術者を採用する際の条件が、「戦犯である者、その疑惑のある者は不可」「現役のナチスは不可」から、「ドイツの軍事力の復活を目論むような人物を避けること」に変更された。[362]

計画は控えめな内容から野心的な内容へ、一時的なビザの発給から永住権の付与へと発展していった。ソ連の脅威が顕在化し、それに伴ってドイツ人専門家の才能をめぐる競争が生じたためである。[362] ペーパークリップ作戦では、1600人以上のナチスの科学者、医師、技術者がアメリカの機関に採用された。化学部隊（旧化学戦局）もそうした機関の一つであり、アンブローズは、ヨーロッパ化学戦局の陸軍情報部の責任者フィリップ・R・タール中佐が戦時中に採用した科学者の一人だった。

タールはまた、アメリカ・イギリス合同の連合諜報目的小委員会（CIOS）でアメリカ側の組織を率いていた。発見されたナチスの科学文書（化学兵器関連を含む）の翻訳と解釈を担当する3000人以上の技術専門家からなる組織である。[362] タールはイギリス側の責任者であるエドモンド・ティリー少佐には秘密にしたまま、アンブローズを勧誘していた。

化学部隊は、タブンとサリンの生産要件に関するアンブローズの詳細な知識を求めていた。化学部隊にとってはそれが、彼の犯罪を裁くことよりも価値のあるものだったのだ。[362]終戦直後、タールはタブンの製造に使われる銀メッキ機械の設計図を手に入れるため、アンブローズを護衛なしで極秘任務に派遣した。また、アンブローズの協力を得るために、彼の依頼でナチスの化学兵器の科学者全員をダストビンから解放しようとしたこともあった。その際には、イギリス軍需省の大佐の命令書を偽造することさえしている。アンブローズは最終的にフランス占領区域に潜入し、知識の提供と引き換えにIGファルベンの工場で管理職に就かせるよう交渉した。イギリス人将校の報告によれば、タールは「（アンブローズが）逮捕を免れるために手を貸していた」という。[362]1945年7月28日、タールはダウ・ケミカル社から出向していた化学戦局の検査官を手配し、フランス占領区域内でアンブローズと面会させた。多くの成果があったこの会合で、検査官はアンブローズに対してこう述べている。「平和条約が締結されたのちも、ダウの代表という（本来の）立場であなたとの関係を続けていきたいと思っています[362]」

一方、アメリカ軍のほかの関係者は、アンブローズを逮捕するため、彼を何度もフランス占領区域から誘い出そうとした[362]。対敵諜報部隊の潜入工作員がアンブローズの動きを追っていたが、アメリカ占領区域に罠を張っておびき寄せる計略は失敗した。潜入工作員の動きをスパイに追跡させていたアンブローズが、罠に身代わりを送ったからだ。翌日、アンブローズはＩＧファルベンの社用便箋で、罠を仕掛けたアメリカの軍人に「約束の時間に間に合わず、申し訳ありません」と書き送った[362]。

１９４４年末、ドイツの敗北が濃厚になると、アンブローズは側近のユルゲン・フォン・クレンクに、毒ガス兵器に関する文書や、ＩＧファルベンとドイツ国防軍が交わした契約書をすべて破棄するよう命じた[362]。アンブローズは知らなかったが、フォン・クレンクは重要書類の一部を鉄製のドラム缶に入れ、農場に埋めさせていた。そして、この隠し文書がアンブローズを破滅へと導いた。

ティリー少佐は、タールがＣＩＯＳの共通目標に反する独自の意図をもっていることに気づいた[362]。アンブローズを保護し、アメリカの化学兵器開発に利用しようとするタールの行動に憤りを感じていたティリーは、１９４５年10月27日、ＩＧファルベンの文書が隠されたドラム缶を発見したことで、ついにチャンスを得た。文書のなかに、アンブローズの有罪を証明する内容があったのだ。２日後、イギリスのＢＩＯＳはアンブローズに対して独自に逮捕状を出した。

それから３カ月にわたり、アンブローズはフランス占領区域で無事に過ごしていたが、１９４６年１月17日に区域外に出ようとしたところを捕らえられた。ダストビンでティリー少佐から尋問を受けた後、ニュルンベルクの拘置所に移送された彼は、ニュルンベルク継続裁判の第６号裁判（ＩＧファルベンに対する裁判）において、人道に対する罪で有罪判決を受けた。ところが、１９５１年に刑務所から早期釈放され、アメリカの化学部隊で働くようになる。ほかの多くの熱烈なナチス党員や戦争犯罪者と同様、アンブローズも冷戦という新たな競争体制のなかで成功を収めたのだ。

終戦から１年以内に、化学部隊は５種類の有機リン酸エステルを製造するとともに、サリンを効率的に合成する装置の改良を行った。[303] そして、殺虫剤としての効果を調べる目的と、戦場での神経ガスの生物学的指標として昆虫を用いる可能性を探る目的から、これらのガスを昆虫に試した。また、神経ガス中毒の識別法と治療法を改良するために、ジョンズ・ホプキンス大学医学部と下請け契約を結び、人間のボランティアを使って有機リン系殺虫剤の実験を行った。

化学部隊はこうして、戦時中の経験と専門知識を活かしながら、新しい農薬を市場に送り出すための実験や実地試験を行うことで、社会にその存在意義を伝えようとした。[303]

彼らは自分たちの開発した除染装置、迫撃砲、発煙装置が、殺虫剤の散布手段になると訴えた。火炎放射器や焼夷剤を使えば、雑草を枯らしたり、氷や雪を溶かしたりできるし、発煙装置で果樹園を霜から守ることもできる。毒ガス兵器は暴動の鎮圧に使える、というのである。毒ガス技術の潜在的な使い道は無限にあるように思われた。こうした努力により、化学部隊は政府からの持続的な資金提供を保証してくれる支持者を獲得していった。それに加え、アメリカ政府は税制優遇措置によって化学メーカーを援助し、国防総省も大口の契約を提供した。

有機リン系殺虫剤の研究も続けられた。たとえば、イギリスのインペリアル・ケミカル・インダストリーズ社（ICI）が、新しい殺虫剤を探す過程で1952年に開発した「アミトン」は、ハダニに対して強い毒性をもつことが明らかとなり、商業的な成功が期待された。[434] ところが、実地試験でアミトンを使用した際、神経伝達を阻害される症状が農家の人々の体に表れた。この殺虫剤の毒性は、数mgで十分に人を殺せるほど強かったのである。[303,431] 安全に販売することができないと悟ったＩＣＩは、イギリス政府にサンプルを提供した。その後、この発見はイギリス政府からアメリカの化学部隊にも伝えられた。

イギリスのポートンダウン研究所化学防衛実験施設では、アミトンを化学兵器として使えるかどうかが検証された。その結果、シュラーダーとクーンが開発した神経ガス（Ｇ剤）よりも、アミトンのほうが皮膚を介した毒性作用が強いことがわかった。[434] ポートンダウンの化学者は、アミトンの構造を改良し、Ｖ剤を開発した。皮膚に塗られたＶ剤の毒性はサリンの約１０００倍であり、ピンの頭ほどの小さな滴を浴びただけでも15分で死に至った。[315]

Ｖ剤から生まれた化学兵器のうち、最も重要なのはＶＸである。蒸発しやすいＧ剤とは違って、この新しい化学物質は重くて粘性があるため、かなりの期間、戦地を駐留不能にすることができた[431]。1956年から、アメリカとイギリスはVXの効率的な製造法を開発するために協力し、1959年にはアメリカの製造施設が稼働を始めた[303,431]。1950年代の間に、商業的な殺虫剤の開発事業が、それまでで最も毒性の強い化学兵器へと発展したのである。VXを込める運搬手段としては、地雷、砲弾、圧搾空気タンク、ミサイルなどがあった[431]。

次に実現した革新的な技術開発は、ロケットや砲弾の中に神経ガスの原料を分けて収納するバイナリー兵器だった。発射時に原料の隔壁が破裂し、飛行中に化学反応を起こして神経ガスが発生する仕組みである[431]。この技術により、神経ガスを直接扱うことで生じる危険がなくなった。比較的無害な原料のみを人が扱い、化学兵器に変わる反応は飛行中のロケットや砲弾が担うようになったのだ。

戦後、科学者や技術者が有機リン系化学兵器の改良を行ったのと同時期に、農薬メーカーに勤める別の科学者たちも有機リン系農薬を改良していた。IGファルベン幹部がシュラーダーの記録の多くを破棄していたうえ、そのほかの記録も失われていたため、殺虫剤に関するシュラーダーの非機密報告書には、抜けている部分があった[441]。それでも、イギリスの化学会社が１９４７年２月にパラチオンの販売を開始するのに十分な内容だった。[434] アメリカの化学会社はそれよりも早くから、シュラーダーの非機密報告書を利用して、特許やライセンスの制約を受けずに有機リン系農薬を製造していた。

これらの農薬のうち最初に製造されたのは、アメリカのモンサント社が１９４６年に殺鼠剤として発売したＨＥＴＰ（ＴＥＰＰとも呼ばれる）だった。[303] 化学部隊の報告によると、この化合物には１ポンド（約４５４ｇ）で２００万匹のネズミを駆除する能力があった。その後、ハーキュリーズ、アメリカン・サイアナミッド、シェル、ナイアガラ、ストウファー、ケマグロ、ビクター、ベルシコールといった化学会社が、有機リン系殺虫剤の製造に次々と参入した。

シュラーダーによる最も重要な発見の一つが、「浸透性農薬（植物の根から吸収され、茎や葉に浸透する一部の有機リン系農薬）」である。[303,435,444] 害虫がこの農薬を散布した作物を食べると、毒を取り込んで死んでしまうのだ。シュラーダーは、フルオロエチルアルコール系の殺虫剤を研究している際に、この驚くべき「植物用の化学療法薬」を発見した。[435] 彼はその０・１％の溶液をトウモロコシに散布する実験を行い、８日後にトウモロコシの茎と葉をウサギに食べさせた。すると、ウサギは24時間以内に死んでしまった。同様に、葉を食べるイモムシや師管液を吸うアブラムシも死滅した。彼は言う。「物質47が根だけでなく、葉にも届いていることが、この実験によって間違いなく証明された。植物の隅々まで毒が行き渡り、昆虫のみならず、一部の温血動物にも毒性を示すことから、師管液の流れの中に毒が存在するのは明らかである。この発見により、何十年も研究されてきた問題が解決に近づいた[435]」

浸透性農薬の並外れた利点は、植物の循環系が毒の運搬役となることで、殺虫スプレー液が届かない部分にいる昆虫でも駆除できることだった。加えて、シュラーダーが開発した浸透性農薬の多くは、長期間にわたって植物を害虫から守る効力をもっていた。

シュラーダーは、ドイツのブドウ畑に蔓延《まんえん》しているフィロキセラに対抗するため、すぐにこの新しい技術を活用した[435]。シュラーダーの発見以前、フィロキセラの駆除には、発生地周辺の広大な区域を立ち入り禁止にし、散布者が二硫化炭素を植物に吹きかける方法が用いられていた。その結果、ブドウ畑が損傷を受け、4年間は不毛となった。畑の所有者にとってはさんざんな結末である。一方、シュラーダーの技術を使えばブドウの木は保全され、実がついた。毒を含んだ実がなることもあったが、そうした最悪の事態が生じても、次の収穫では健康なブドウが実った。彼の発見した浸透性農薬は、さまざまな作物の害虫を駆除する新たな道を開き、その技術は世界中で熱狂的な支持を得た。

シュラーダーはコロラドハムシの駆除にも手腕を発揮した。食料が不足していた戦中戦後のドイツでは、１９４４年夏から１９４５年の終戦直後にかけて、重要な作物であるジャガイモをコロラドハムシが脅かした。その駆除に専心したシュラーダーは、１９４５年中に新しい有機リン系の殺虫剤を発見した。それまで使われていたヒ酸石灰よりも、低濃度で効果的にコロラドハムシを駆除できるものだった。「ヒ酸石灰はコロラドハムシとその幼虫を殺すだけだが、新しい物質なら植物の葉裏に産みつけられた卵も確実に殺すことができる。この方法により、極めて効率よくコロラドハムシの大発生を阻止できる可能性がある」と彼は書いている。[435]

戦後、シュラーダーは化学兵器には関心を示さず、より優れた殺虫剤の開発に熱心に取り組むようになった。実際、シュラーダーの勤め先で、解体後のIGファルベンから生まれた化学大手のバイエルは、シストックス（1952年）、メタシストックス、ジプテックス、グサチオン、フォリドール（ともに1954年）といった化学物質を市場に送り込んだ。[434] ほかの多くの化学者たちもまた、有機リン化合物を合成して新しい殺虫剤をつくり出し、1959年までに、約5万種類の化学物質が合成され、その殺虫能力をテストされ、40種類が商品化に至っている。[445]

戦時中、シュラーダーを高く評価したのは、ナチスの指導者たちだけだった。彼の成し遂げた多くの化学的発見が秘密にされたために、ほかの人々が彼のことを知る機会がなかったのだ。しかし戦後、人類の敵となる昆虫に効く強力な殺虫剤をもたらしたことで、彼の名は広く認められるようになり、ドイツ政府やドイツ化学会、勤務先のバイエルから賞が授けられた。[434] その後、1967年にバイエルの植物保護研究所の管理職を退いた彼は、1990年に87歳で亡くなった。

シュラーダーが第二次世界大戦の直前に開発を始めた有機リン系殺虫剤は、戦後になって、パウル・ミュラーが開戦時に開発した有機塩素系殺虫剤と競合し、最終的には勝利を収めた。もっとも、この勝利は、誰も予想しなかった要因によってもたらされたものだった。その要因とは、農薬、特にＤＤＴによる環境破壊に愕然《がくぜん》とした心優しい女性の手による一冊のささやかな本であった。

# 第4部

# エコロジー

# 第10章

# 抵抗性（1945～1962）

お前は最近、地上を歩き回ったか？　おれは出かけていって、人間の素晴らしい発明をよく観察した。それでわかった。生の技術にかけては何も新しい発明はなかったが、死の技術となると、もはや自然を凌駕していた。化学と機械を使って、伝染病と悪疫と飢饉をひっくるめたような虐殺をしでかすようになっているのだ。[446]

――地獄でドン・ファンに語りかける悪魔（ジョージ・バーナード・ショー『人と超人』第３幕）、１９０３年

卵は冷たく横たわり、数日間ちらついていた生命の火はすでに消えていた。[447]

――レイチェル・カーソン、１９６２年

第一次世界大戦後、食糧安全保障について憂慮し、媒介性感染症の危険性を懸念していた多くの専門家たちは、自然を征服することが賢明な解決方法だと考えていた。アメリカ農務省の主任昆虫学者リーランド・オシアン・ハワードは、１９２２年にこの努力目標について簡潔に記している。「現在の危機的状況を理解している人は、ほんのわず

かしかいない。人間も国家もそれぞれ常に内輪で争ってきたし、戦争は人類の野心から生じる必然であるように思われてきた。1914年から1918年にかけて世界が得た教訓が、国際戦争の再発防止に十分な力を発揮することを期待するのは、おそらく高望みしすぎであろう。だがいずれにせよ、人間同士ではなく、全人類とそれに対抗する勢力との間で戦争が起こっているのだ[448]」

その勢力の筆頭が昆虫だった。ハワードによれば、私たちはほとんどの生物に対して「地球の同胞」のような感覚を抱いているが、昆虫についてはそうではないという[448]。「彼らは地球の習慣、道徳、心理にそぐわない何かを備えている。もっと醜く、活動的で、冷酷で、残虐な、地獄のような惑星からやってきたのだと言う人もいるだろう[448]」。人類に勝算はない、と彼は言う。「（昆虫が）我々とは比べものにならないほど優れた武器と装備を備えているからだ。このエネルギーと活力の圧縮体は、我々にとって最も謎めいた敵であり、最後のライバルであり、おそらくは後継者である[448]」

昆虫との長年にわたる闘いを経て、ハワードはこうした見解をもつに至った[449]。ウォルター・リードは、黄熱の媒介者候補である蚊の調査をキューバで行う前に、ハワードに相談していたし、ハワードが1901年に出版した『蚊：いかに生き、病気を運び、分類され、駆除されるのか』は、ウィリアム・ゴーガス少佐がハバナとパナマ運河地帯で蚊を駆除する際の指南書となった。[450] しかし、戦間期やそれ以前の時代には、人間の敵となる昆虫と戦う効果的な化学薬品がないという問題があった。

状況を大きく変えたのは、第二次世界大戦だった。以後は、ヒ酸塩、石灰や硫黄の散布、植物の抽出物、石油乳剤だけを武器に人類が昆虫に立ち向かうことはなくなった。有機化学が華々しく登場し、効果的な新しい化学殺虫剤が次々と開発されたおかげで、人類は有利な立場に立ったのだ。昆虫学者たちはこれらの手段を意欲的に活用し、昆虫対策の呼びかけに戦争用語を使った。[303]

とはいえ、誰もが昆虫に対する化学薬品の大規模な使用を楽観視していたわけではない。DDTが戦時中に初めて使用されたときにさえ、警鐘を鳴らす者がいた。DDTの熱心な支持者であったジェームス・スティーブンス・シモンズ准将はこう述べている。「こうした強力な殺虫剤は諸刃の剣であり、不用意に使えば農業や園芸に欠かせない貴重な昆虫まで駆除してしまう可能性があることは、十分承知している。さらに重大なのは、動植物界の生命のバランスを崩し、生物のさまざまな基本サイクルを狂わせる可能性があるという点だ[349]」。第二次世界大戦の直後には、DDTをはじめとする新しい農薬が、無分別で想像力に欠けた使われ方をしたせいで、シモンズが警告したような問題が現実に起こった。一部の科学者と公衆衛生の専門家が、その懸念について書き記している。

アメリカ伝染病センター（のちのCDC）に所属する担当の科学者たちは、1948年に次のように書いた。「1946年や、特に1947年には、DDTの一般利用が始まった年（1945年）よりも効果が落ちているという苦情が聞かれるようになった。〔中略〕苦情の多くは主に心理的なものであり、初期のDDT散布の結果、大量のハエから1年以上解放されていたため、少数のハエにも耐えられなくなったのだと思われる[451]」。人々の疑念を期待値が上がったせいにしたこの科学者たちでさえ、殺虫剤が野生生物に及ぼす影響について懸念を表明している。「殺虫剤が常に家庭内で使用されるのであれば、好ましくない生物学的な不均衡を引き起こす心配はない。しかし、これらの化学物質を広大な非居住地域に散布する場合、〔中略〕人間の経済や幸福に関わる野生生物に害が及ぶ危険性について、真剣に考えなくてはならない。これらの種に対する危険は、目立つ形で直接的かつ即座に訪れるかもしれないし、人知れず間接的に遅れて訪れるかもしれない[451]」。同様に、イギリスのあるマラリア学者は、蚊に対するＤＤＴの使用を呼びかけながらも、「ＤＤＴは非常に粗野で強力な武器であり、この物質が日常的に空中から使用されることに対しては恐怖と嫌悪しか感じない」と述べている[303]。

ＣＤＣの科学者たちは、これらの新しい農薬の人間に対する慢性毒性に関しては「まったく手つかずのままである」としている[451]。人間のＤＤＴ中毒については、昆虫や鳥類に見られる症状に似た急性の症例しか報告されていなかった。「嘔吐、しびれ、四肢の部分的な麻痺、軽いけいれん、四肢の固有感覚と振動感覚の消失、膝蓋腱《しつがいけん》反射の亢進が急性の中毒症状であった[451]」。ＤＤＴが民間で使用され始めてからわずか2年で、誤用による死者が急増した。ＣＤＣの科学者たちはこう書いている。「ＤＤＴ製剤による致死的な中毒の最も詳細な報告は、ＤＤＴ（5％）、レタン３８４（2％）、キシレン（７％）、脱臭灯油（86％）からなる市販製剤を１２０mL飲んだのち、牛乳1クォート（９４６mL）とビールをグラスで数杯を飲んだ58歳の男性のものだろう。症状は、急激な上腹部痛と血性物の嘔吐であった。これらの症状は7日目に昏睡状態で死亡するまで強度を変えながら続いた[451]」

人間や動物の健康への懸念に対し、反論として出された意見の一つが農薬の特異性だった。ある著名な専門家は、1946年に次のように書いている。「昆虫の大群に対抗するため、この種の武器の開発に携わってきた者たちは、殺虫剤がある昆虫には数分で死の苦しみをもたらし、別の昆虫には笑い飛ばされるという明らかな特異性をもつことをとうに知っている[373]」。とはいえ、著者は同じ記事の中で、「DDTが昆虫を殺す仕組みはまだ解明されていない」と認めている。

DDTをはじめとする有機塩素系殺虫剤は、長期間にわたる目覚ましい効果を発揮した。専門家は、「DDTの優れた特徴の一つは、その残留性である」と書いている[373]。しかし、その残留性が問題を引き起こした。あるDDTメーカーの主任昆虫学者はこう述べている。「南太平洋の蚊が多い島で、侵攻前に低空飛行の爆撃機が散布する様子を目撃した軍人と話したことがあるが、1回の散布を生き延びた昆虫は、1匹の蝶だけだったそうだ。まさにこの証言に基づいて、戦後には、DDTは訓練された使用者の手に委ねられるべきであり、また委ねられるはずだと信じている。ＤＤＴはどの殺虫剤よりも多くの種類の昆虫を殺すが、それは残留物の毒性が長期間持続し、次の世代の昆虫にも及ぶからだ。そこに最大の危険がある。昆虫界には人類の友人が数多くいるが、ＤＤＴは敵も味方も等しく破壊する。昆虫界で自然のバランスが崩れれば、人間界にも極めて悲惨な影響が及ぶだろう[358]」

１９５1年には、生態系のバランスの乱れが指摘されている。研究者たちの報告によれば、ＤＤＴの使用によって捕食昆虫がいなくなったせいで、柑橘類に被害を与える昆虫が増加していた[452]。もっとも、ＤＤＴに対する抵抗性の進化は、それ以前から知られていた。実際、昆虫が殺虫剤への抵抗性を進化させるという見方は１９１４年に初めて主張され[453]、１９１６年にシアン化水素を使って実証されている[454・455]。ＤＤＴが登場するずっと前である。ただ、この仮説はほとんど注目されなかった[303]。

ギリシャにＤＤＴ耐性をもつイエバエが出現したのは、１９４7年だった。全国的な散布が始まってからわずか1年後のことである。その後の数年間でＤＤＴ耐性をもつ蚊、ノミ、トコジラミ、ゴキブリが、耐性をもたないひ弱な集団に取って代わった[456]。多くの致命的な病気を媒介するシラミ、ハエ、蚊が、ＤＤＴやその他の新しい殺虫剤に対する抵抗性を獲得していることが、１９５２年までにアメリカを含む世界各地で明らかになった。[303,457] たとえば、１９４６年にカリフォルニア州南部でＤＤＴが導入されたのち、イエバエが抵抗性を獲得するまでにかかった期間はたったの２年だった。イエバエはさらにその後の２年間で、メトキシクロル、リンデン、クロルデン、トキサフェン、アルドリン、ディルドリンといった代替殺虫剤に対しても抵抗性を獲得する進化を遂げている。[457] 朝鮮戦争の戦場で、ＤＤＴ耐性をもつシラミを発見したアメリカ陸軍は、除虫菊という古い解決策に頼らざるを得なくなった。

殺虫剤への抵抗性が軍事上の重大な懸案事項となったことで、多大な研究資源が投じられた。その最初の成果は、１９５１年に開催された全米研究評議会の会議上で、著名な進化生物学者テオドシウス・ドブジャンスキーが、抵抗性は自然淘汰による進化の必然的な結果だと説明したことだった。とはいえ、これは1世紀前にチャールズ・ダーウィンが徹底的に説明していた内容であった。「生物学者は、種や人種や集団を特定の『タイプ』や『標準』の具現化とみなすような、進化論以前の時代から受け継がれてきた思考習慣を捨てなければならない」とドブジャンスキーは述べている。[457]

抵抗性の進化に対抗するために、人間社会は「多様化が進む新しい殺虫剤の絶え間ない進歩に頼らざるを得ない」というのが化学会社の出した結論だった。[303] 抵抗性の進化が、新しい殺虫剤が次々と供給される市場をつくり出したのだ。いくつもの有機リン系殺虫剤が市場に投入され、たとえばアメリカン・サイアナミッドは、マラチオンが「DDTやほかの塩素化炭化水素系殺虫剤に抵抗性をもつハエにも効く」と宣伝した。[303] その後、昆虫が有機リン系殺虫剤に対する抵抗性を獲得すると、化学会社はカーバメート系殺虫剤という新系統の殺虫剤を発売した。ユニオン・カーバイド社は1957年、「安全、安価で安定していて、比較的広範囲に効く」セビンという商品名の新しいカーバメート系殺虫剤（カルバリル）を発表している。[303]

1962年には、約140種の害虫がすでにDDT耐性を獲得していることが明らかにされた。[425] ある専門家は「使えば使うほど、さらに使う必要が生じる。私たちはかつてないほどに深刻な害虫問題を引き起こしてしまったのだ」と述べている。[320] 野生生物の専門家は、「（たいていが私利私欲のため、社会的な代償を無視して）効果がなくなるまで頑固に使い続けた結果、悲惨なことに、世界は汚染され、動物相は貧しくなった」と書いた。[458]

野生生物への被害は、戦時中にＤＤＴを空中散布した南太平洋の島々で最初に確認された。[303] ある昆虫学者はこう伝えている。「サイパン島は壊滅状態に近い。〔中略〕鳥も哺乳類も昆虫もいなくなり、ハエがわずかに残るばかりだ」。[459] 戦争が終わりに近づいた頃、自然主義作家のエドウィン・ウェイ・ティールは、昆虫を一掃するためにＤＤＴを大量使用する戦後計画に警告を発した。「戦後、十分な量の殺虫剤と飛行機、愚かな役人が揃えば、歓喜の雄叫びとともにすべての昆虫に対する聖戦を始めることだろう。〔中略〕畑や森への空中散布は、逃げ惑う盗賊を殺すために、大勢の仲間まで機銃でなぎ払っておこうという思慮深い用心にほかならない」。そして最終的には「人間の救いがたい愚かさを示す無味乾燥な記念碑が出来上がる」という。[460]

終戦から1年後、全米オーデュボン協会は、ＤＤＴの大量散布による環境災害について国民に警告を発した。[458] アメリカ魚類野生生物局も、同時期にＤＤＴ曝露《ばくろ》による野生生物の死亡率に関する研究を発表している。[461] 野生生物、特に鳥類や魚類の急性中毒という明白な事例だけでなく、ＤＤＴの環境残留性と慢性毒性による遅発的な影響も１９５０年代に発見された。[320,420] たとえば、ニレに散布されたＤＤＴにより、翌年その木に止まったコマツグミが死ぬなどしている。[462]

ＤＤＴをはじめとする有機塩素系農薬は、脂肪への溶解度が高いうえ、環境中に残留するため、獲物から捕食者に移動しながら濃度を増していった。たとえば、１９４８年にカリフォルニア州のレイク郡蚊駆除局は、ブヨを駆除するため、ＤＤＤ（ＤＤＴの代謝産物である殺虫剤）をカリフォルニア州のクリア湖の水に14ｐｐｂの濃度で散布した。[320] １９５４年と１９５７年にも、20ｐｐｂの濃度でＤＤＤの散布を繰り返した。その結果、プランクトン中のＤＤＤ濃度は、水中濃度の２６５倍になった。プランクトンを食べた魚はプランクトンの倍の濃度のＤＤＤを蓄積し、その草食魚を食べた魚や鳥は水中濃度の８万５０００倍の濃度のＤＤＤを蓄積した。この影響で、クビナガカイツブリという鳥の繁殖不全と大量死が起こった。世界全体を見ても、有機塩素系農薬を集中的に使用した地域で、鳥類、特に高次の栄養段階の鳥類に同様の繁殖不全や個体数の減少が生じていた。[463] 深刻な減少が見られた種のなかには、アメリカの国章に描かれているハクトウワシや、地球上で最速の動物であるハヤブサも含まれていた。卵の殻が薄くなり、繁殖不全に陥るため、鳥類はＤＤＴやその代謝産物に対してとりわけ弱いのである。

南部9州約11万km²に及んだヒアリ駆除のような、アメリカ政府の大規模な散布計画では、野生生物に信じがたいほどの被害が出た。[464] アメリカ農務省は、ヒアリが脅威であり、農作物や家畜に莫大な損害をもたらす存在であると国民に認識させるため、広報活動を展開したのち、１９５７年に駆除計画を開始した。[320・420] だが、ある野生生物学者が「フケをなくすために頭皮を剥ぐようなものだ」と述べている通り、ヒアリは単に不快なだけの存在だった。[464] 『*Saturday Evening Post*』紙は、「ヒアリは確かに不愉快な害虫だが、この計画が何百万もの鳥や魚や小動物の殺戮を正当化するものかどうかは疑わしい」と書いている。[465] 実際、ヒアリは巣に棲んでいるため、スポット散布に弱かった。にもかかわらず、農務省は南部の州の広大な土地にディルドリンのペレットを撒き散らした。[320]

１９５９年、アメリカで最も発行部数の多い雑誌であった『*Reader's Digest*』誌は、大規模な農薬散布の危険性について警鐘を鳴らした。「アメリカ合衆国は破壊的な昆虫との集中決戦の最中にある。ところが、使用する武器が強力で広範囲に影響が及ぶため、論争が巻き起こっている。すでに40万$km^2$以上の農地や森林に何十万tもの毒物が散布された。今年はさらに何十万tもの毒物が国中にばら撒かれる。北部の森林に生息するトウヒノシントメハマキ、中西部の小麦畑約3万7000$km^2$に広がるバッタ、南東部のシロヘリクチブトゾウムシのほか、アブ、ブヨ、マメコガネ、アワノメイガ、マイマイガを駆除するためである[464]」。記事では、著名な動物学者の言葉が引用されている。「現在の広域散布計画は、北アメリカの動物にとって、これまでで最大の脅威となっている。その影響は森林伐採、密猟、汚水、干ばつ、石油汚染よりも大きく、もしかするとこれらの破壊要因をすべてかけ合わせた以上になるかもしれない[464]」。また、この記事は化学農薬への依存が高まる可能性にも注目している。「農薬は、ネズミだけでなくネズミを食べるタカやフクロウ、キツネも殺し、害虫だけでなく益虫も殺す。結果として、害虫との闘いで自然界の味方がいなくなり、ますます強力になる化学農薬に全面的に依存するようになるのではないだろうか？[464]」。そして、農薬に対する抵抗性が急速に進化していることについて、こう問いかけている。「ほかの害虫に対する一時的な勝利の代償として、のちのち超耐性昆虫という災難に見舞われるのではないだろうか？」[464]

だが、2年後の1961年、『*Reader's Digest*』誌は「庭の害虫とさよならする？」という記事で態度を一変させ、「自分で自分の世話をする小さな楽園のような庭という、怠け者の家主にとっての究極の夢」を実現したとして、DDT、リンデン、クロルデン、マラチオンなどの有名な新農薬と、デュポン、アメリカン・サイアナミッド、ベルシコール、エッソ、シェル、ダウ、ユニオン・カーバイドといった化学会社の貢献を称えた。[466]

農薬の悪影響に対する市民の抗議は、アメリカ全土で散発的に起こり、たいていは政府関係者が憤慨しながらも対応していた。抗議の足並みが初めて揃ったのは、アメリカ農務省がマイマイガを駆除するため、ニューヨーク州南部でDDTを空中散布した1957年だった。[420, 464] 農村部約1万2000$km^2$と、ウェストチェスター郡やロングアイランドの都市部で実施され、灯油に溶かしたDDTの霧が、駅の通勤客、遊び場の子どもたち、有機農園の手入れをする主婦たちの上に幾度も降り注いだのだ。[447] このとき、散布計画の中止を求める裁判が起こされたが、失敗に終わった。「大量散布とマイマイガによる害を食い止める公共の目的の間には合理的関連性があり、任命された職員による適切な権限の行使の範囲内である」という判決だった。[303]

農薬の無差別使用に関する問題は、まだ広く知られておらず、文化的な変革と、難しいテーマを魅力的なメッセージにまとめられる声の登場が待ち望まれた。

環境に対する人々の関心を呼び覚まし、産業界の激しい反発を招いたのは、「心優しき破壊者」レイチェル・カーソンの声だった。[467] 初めて物語を発表した1918年、11歳のとき以来、彼女は書くことに情熱を注ぎ続けた。その情熱は、ペンシルベニア女子大学在学中に、雷雨のなかでテニスンの詩「ロックスレー・ホール」の最後の数行を読んだとき、まだ直接見たことがなかった海への憧れと結びついた。[468]

雷を抱いて吹きつける激風をのみ込み、
雨も雹《ひょう》も、火も雪も、ロックスレー・ホールに降り注げ。
風が海へと吹き上げるなか、いざ漕ぎ出そう。

偶然ではあるが、カーソンが「ロックスレー・ホール」を読んだのと同時期に、ウィンストン・チャーチルはこの詩を評して、これまでに書かれたもののなかで最も先見性があると述べている。[327] カーソンにとっては、確かにその通りだった。1929年に大学を卒業した彼女は、マサチューセッツ州ウッズホールの海洋生物学研究所でひと夏学んだのち、ジョンズ・ホプキンス大学で生物学の修士課程に入学するという夢をかなえた。[467]

しかし、そうした勢いは、株式市場が大暴落した最初の学期中に失速した。[467] 彼女の奨学金は年間200ドルだったが、突如としてこのささやかな収入が経済的に困窮していた家族の頼みの綱となり、両親、兄、シングルマザーの姉とその娘二人は、ボルチモアの一軒家で彼女と同居するようになった。やがて父親が亡くなり、姉も二人の娘を残して他界した。当時29歳だったカーソンは、年老いた母親とともに子どもたちの面倒を見ることになった。

大恐慌の最中、カーソンはこの小さな複合家族を養うために、商務省漁業局で海に関する報告書やパンフレットを書いた。[467] そのパンフレットの一つがあまりによい出来だったので、彼女の上司は『*Atlantic Monthly*』誌に投稿するよう勧めた。このような上司に恵まれたことは極めて幸運だった。というのも、1937年に『*Atlantic Monthly*』誌に掲載された「海のなか」という短い作品で彼女はすぐに成功を収め、100ドルの報酬が得られたからだ。[469] また、その文章がとてもよかったため、サイモン&シュスター社の編集者と著名なノンフィクション作家から、4ページの文章をふくらませて1冊にするように勧められた。[467]

家庭の事情や政府の仕事もあって執筆には時間がかかったが、1941年11月にサイモン&シュスターから『潮風の下で』が出版された。[470] その美しい文章は、すぐに評論家たちの称賛を浴びた。だが、出版のタイミングはこれ以上ないほどに悪かった。[467] 発売から1カ月後、海の生き物に関する彼女の本は、日本軍の真珠湾攻撃のニュースと世間からの注目を競うことになったからだ。結局、この本は商業的には成功しなかった。企画していたイギリス版が紙不足という状況に直面したように、軍需品さえ本の売上に不利に働いた。店頭に本が5年間並んだのち、カーソンが得た印税は700ドルにも満たなかった。

カーソンは政府のために執筆を続け、現在の魚類野生生物局で昇進を重ねていった。[467]動物保護に最も力を入れている政府機関の執筆者という立場から、彼女は1945年に一般利用が始まったDDTに対する懸念の芽生えを最前列で目撃することになる。魚類野生生物局からDDTの危険性に関する報告書の編集を命じられたことで、彼女はその危険性を最初に認識した人物の一人となったのだ。

「DDTが害虫を一掃してくれるという話をよく耳にする」ことから、カーソンは『*Reader's Digest*』誌の編集者にDDTに関する記事を書きたいと申し出た。併せて、研究者たちが「有益な、不可欠とさえいえる昆虫たちにどのような影響を与えるか、水鳥や昆虫を食べる鳥たちにどのような影響を与えるか、不用意に使えば自然の微妙なバランスを乱してしまうのか否か」を調査していることも指摘している。[471]これはもしかすると、1945年に次のように書いたエドウィン・ウェイ・ティールの影響だったかもしれない。「今日、DDTで世界を思い通りにつくり変えようとしている人たちは、自分たちの楽園をあらゆる虫がいない世界として思い描いている。遠い昔の幻想を抱き続けているのだ。幾千の苦い教訓があるにもかかわらず、彼らはいまだに、自然という織物から網目を変えることなく糸を引き抜くことができると思っている」[460]。『*Reader's Digest*』誌にＤＤＴに関する一般向けの記事を書くというカーソンの提案は、ほかの多くの一般向け科学記事の提案と同じ運命をたどった。結果的に、カーソンは別のテーマに移行した。

海に関する最初の本を出してから10年後、１９５１年にカーソンは2作目となる『われらをめぐる海』を出版した[472]。今度は万事が順調に進み、この本は驚くべき成功を収めた[467]。『*New York Times*』紙の書評欄にはこう書かれている。「ホメロスからメイスフィールドに至るまで、偉大な詩人たちは海の深い神秘と果てしない魅力を呼び起こそうとしてきた。しかし、華奢で優しいミス・カーソンは、その中でも比類のない成功を収めているように思う。一世代に一度か二度は、天才的な文才をもつ科学者が世に現れることがある。ミス・カーソンの『われらをめぐる海』は、まさに名作である」[463]。『*New York Times*』紙の別の書評は、次のような嘆きで締めくくられている。「この本の出版社が、ミス・カーソンの写真を本のカバーに掲載しなかったことが残念でならない。説明が厄介な科学について、これほど美しく正確に書くことができる女性がどのような人物なのか、ぜひ知りたいものだ」[473]。『*Boston Globe*』紙はこう書いた。「七つの海とその不思議について書くような女性は、体格がよさそうだと想像したのではないだろうか？ミス・カーソンは違う。小柄でほっそりしていて、栗色の髪に、海の緑と青を併せもつ瞳をした女性である。スリムで女性的な彼女は、淡いピンクのマニキュアを塗り、口紅とパウダーを上手に、だが控えめに使っている[474]」

『*New Yorker*』誌はこの本の内容を「海のプロフィール」と冠したシリーズにまとめて掲載し、カーソンに７２００ドルを支払った[467]。『*Yale Review*』誌は75ドルを支払って1章分だけ掲載したが、そのおかげでアメリカ科学振興協会の賞と賞金１０００ドルが彼女に授与されることになった[467]。ブック・オブ・ザ・マンス・クラブは『われらをめぐる海』を月例選定図書の次点に選び、『*Reader's Digest*』誌には要約版が掲載された[471]。カーソン本人もグッゲンハイム・フェローを受賞して助成金を得たり、『*Saturday Review of Literature*』誌で紹介されたりしている。全米図書賞のノンフィクション部門をはじめ、数々の賞を受賞した『われらをめぐる海』は、『*New York Times*』紙のベストセラーリストに86週連続でランクインし、32カ国語に翻訳され、初版で１３０万部以上を売り上げた。彼女は44歳にしてついに成功を収め、以後は執筆業に専念できるようになった。

全米図書賞の受賞スピーチで、カーソンはこれから書く著作の構想を語っている。「私たちはあまりにも長い間、望遠鏡を反対側から覗いていたのではないでしょうか。私たちは虚栄心と欲望にとらわれて、人間にばかり、1日や1年といった目先の問題にばかり注目してきました。そして常に、この偏った視点から地球とそれを片隅に置く宇宙を眺めてきました。こうした現実はありますが、偏った視点を捨て去れば、人間にまつわる諸問題を新たな視点から見ることができるのです。望遠鏡を逆さまにして、長い展望のもとに人間を眺めてみれば、自分たちの破滅を計画する時間も意思も減退することでしょう[471]」

『われらをめぐる海』の成功により、1952年に再刊された『潮風の下で』は、瞬く間に『われらをめぐる海』と並ぶベストセラーとなった[471]。『*New York Times*』紙は、これを「皆既日食並みに珍しい出版事象」と評した[463]。

続いて、1955年には『海辺』が出版された[475]。その連載の第1回が『*New Yorker*』

誌に掲載されたとき、エドウィン・ウェイ・ティールは「またやってくれたな！」という言葉を贈っている。[471] この新刊も多くの称賛と賞を受け、『*New York Times*』紙のベストセラーリストに載った。同紙の書評には、「彼女の知性は伝染しやすく、読者はいつの間にか、今まで心から嫌悪していたトゲトゲでヌルヌルしたあらゆる種類の生き物に対して、極めて友好的な関心を抱いていることに気がつく」と書かれている。[476] こうした不快な題材で読者を引きつけられるカーソンの能力は、彼女にとって最も重要な、そして最後の仕事となる農薬という題材でも、読者の関心を引くための鍵となった。

これは当初、環境を含むさまざまな話題を『*New Yorker*』誌で執筆していた児童文学者E・B・ホワイトに対して、カーソンが提案したテーマだった。[463] だがホワイトは、農薬について書くべきなのはカーソンだとして、彼女にその提案を返した。ホワイトはカーソンへの手紙にこう書いている。「マイマイガの件はほんの一例にすぎないが、公害という広大なテーマ全体は、誰にとっても最大の関心事であり、不安の種だと思う。それは台所から始まり、木星や火星にまで及んでいる。いつも特別なグループや利害関係者が代表を務めてはいるが、彼らは決して地球そのものの代表ではない[463]」

1957年には、カーソンの執筆活動を妨げる悩ましい問題が、再び家庭に生じた。[471]婚外子である5歳の息子を残して、姪が亡くなったのだ。49歳だったカーソンは、年老いた母と、病気がちの幼い子どもの世話をすることになった。それでも、農薬をテーマとした出版計画は、翌年には具体化し始めた。人間や野生生物に意図しない影響を及ぼす可能性を無視して、政府がヒアリやマイマイガに対して無差別に農薬を使用していることに恐怖を感じながら、彼女は情報を集めた。

1950年代のアメリカに見られた抑圧的な政治情勢、共産主義の脅威に対する被害妄想、政府権力に対する強烈な敬意、宗教的・愛国的な熱狂について、カーソンは十分に認識していた。[467]農薬に関する議論をまとめ始めた頃、彼女が尊敬する経済学者ジョン・ケネス・ガルブレイスが、消費主義に対する批判を展開した。それは、カーソンの前に立ちはだかる文化的な課題の要約でもあった。「今日では誰もが、その社会領域や政治信条にかかわらず、容易に受け入れられるものを求める。論争を始めるような人物は厄介者とみなされ、独創性は不安定な気性の証しとされる。聖書の表現を拝借するなら、『導く者も導かれる者もおとなしい』のだ[477]」。論争を巻き起こす独創的な女性だったカーソンは、なおさらその通りだと思ったに違いない。

『沈黙の春』（仮タイトルは「地球に背く人間」だった）が出版されるまでの数年間には、本の登場を膳立てするような複数の出来事が起こった。[466・467・471] 1954年、第五福竜丸という日本の漁船が、ビキニ環礁で行われたアメリカの水爆実験による放射性降下物のなかを通過した。[478] マグロ漁をしていただけの乗組員を襲った病状と死は、放射能の危険性を世界中に知らしめることとなった。1957年、ソ連は核弾頭を搭載できる大陸間弾道ミサイルの技術を完成させた。[425] また、放射性降下物から放出されるストロンチウム90の半減期が29年弱であり、牛乳に混ざって子どもの骨や歯に取り込まれると、がんを引き起こす可能性があると知り、アメリカ人は震え上がった。[479] 実際、1961年には乳幼児の歯からストロンチウム90が検出されている。[480]「全米健全核政策委員会」は核実験や「代表なき絶滅」に反対する人々を結集し、[467・481] 主婦たちは「人類ではなく、軍拡競争に終止符を打つ」ことを目標に「平和のための女性ストライキ」を組織した。[482] だが結局、ソ連は核ミサイルをキューバに配備した。[483]

1950年代にアメリカ国民の安心感を揺るがしたのは、放射性降下物に関する啓発活動だけではなかった。化学物質に対する恐怖もまた、同様の働きをした。食品を汚染する農薬の危険性は、1959年の感謝祭の休暇期間中、メディアと国民の意識に急激に浸透した。アメリカ食品医薬品局が、すでに商品が店頭に並んでいたにもかかわらず、除草剤アミノトリアゾールが使われたクランベリーの販売を禁止した所以《ゆえん》である。[484] アメリカン・サイアナミッドは前年に、食品への残留を許可するよう食品医薬品局に申請していたが、ラットを使った実験でアミノトリアゾールが甲状腺がんを引き起こしたため、却下されたのだ。豊作の年に大きな経済的損失を被ったクランベリー生産者たちは、この作物の汚染について発表した保健教育福祉省のアーサー・フレミング長官の辞任を求めた。「何千人ものクランベリー生産者と販売者、何百万人もの消費者に対する正義のもと、昨日の誤った情報に基づく不用意な声明によって生じた計り知れない損害を是正するため、速やかに対策を講じることを要求する。あなたは1匹のノミを駆除するために、1頭のサラブレッドを殺している[484]」。アメリカ国民はこの出来事を通じて、汚染された食品が市場に出回るのを政府は防止していなかったことに気づいた。また、政治家が食べ物を政争の具とするきっかけをつくったのも、おそらくはこの出来事だった。大統領選挙の期間中、リチャード・ニクソンもジョン・F・ケネディも、汚染がなかったニューイングランドの農村部で、有権者の支持を得るためにクランベリーをしきりに食べたからである。[425]

1961年、アメリカのドワイト・D・アイゼンハワー大統領も、退任演説で次のように述べたことで、政治情勢に影響を与えた。

平和を維持するために不可欠なのは、軍組織です。破滅する危険を冒してでも侵略しようとする者が現れないように、私たちは強力で即応性のある武器をもたなくてはなりません。〔中略〕私たちは、大規模で恒常的な軍需産業を築かざるを得ませんでした。〔中略〕私たちの労働、資源、生活のすべてがそこに関わっています。社会の構造自体がそうなっているのです。政府の委員会においては、それが意図的であるか否かにかかわらず、軍産複合体が不当な影響力を獲得しないように警戒しなくてはなりません。誤って与えられた権力が悲劇を起こす可能性は存在しており、これからも存在し続けるでしょう。この複合体から受ける重圧によって、私たちの自由や民主主義のプロセスを危険にさらしてはなりません。確かなことなど何一つないのです。安全と自由をともに発展させるために、巨大な軍事・産業の防衛機構を平和的な手段と目標に適合させることができるのは、警戒心と知識を備えた市民だけなのです。[485]

「軍産複合体」の中核を担っていたのは、化学会社であった。

深刻な薬害問題も、世間が『沈黙の春』を受け入れる土台をつくった。1960年9月、食品医薬品局に入局したばかりだったフランシス・ケルシーは、アメリカの製薬会社リチャードソン・メレルから、鎮静剤のサリドマイドを国内で販売するための申請書を受け取った。[486] もともと西ドイツのグリュネンタール社によって合成され、世界中の製薬会社が許可を得て製造していた薬である。つわりの治療薬、より一般的には睡眠薬や、呼吸器疾患、神経痛の治療薬として46カ国で使用され、[467・486] 脳波検査を受ける子どもの入眠薬としても処方されていた。[486] グリュネンタールは、「妊婦や授乳中の母親に最適な薬」として売り出していた。[421]

動物実験で安全性が確認されたことから、リチャードソン・メレルは薬の迅速な承認を求めた。だが、動物と人間で異なる症状が表れたことに不安を感じたケルシーは、食品医薬品局が60日の回答期限を迎えるたびに、安全性の証明が不十分であるという決定を下した。安全性に関する証拠を次々と提出していたリチャードソン・メレルは、不満を募らせていった。ある記者は次のように伝えている。「彼女は自分の職務を厳格かつ単純に捉え、遂行していたが、その間に、官僚的で小うるさいとか、理不尽だとか、果ては愚かだとさえ言われるようになったという[486]」

１９６１年の春、ドイツの研究者たちは、それまでほとんど見られなかった「アザラシ肢症」という先天性欠損症の不可解な流行に悩まされていた。腕がなく、肩の下に「アザラシのヒレのような」未発達な指があるのがその典型例である[486]。このとき、ドイツだけでなく世界中で、両腕がなかったり、両足がなかったり、あるいは手足がまったくない状態の赤ん坊が何千人も生まれた。その他の部位の欠損も数多く確認され、何千人もの新生児が死に至った。ドイツの小児科医がサリドマイドとの関係を明らかにしたのは、１９６１年11月３日のことだった。製薬会社が配ったサリドマイドのサンプルを医師の妻が飲み、その後生まれた新生児に欠損が生じた例もある。リチャードソン・メレルは、食品医薬品局に申請書を提出したのち、国内の医師1200人に250万錠のサンプルを配布していた。それが先天性欠損症を引き起こしたのだ。11月29日、同社はサリドマイドが先天性欠損症を引き起こしているという報告を受け、翌日にはケルシーにも同じ報告が届けられた。「そうした仮定を立てるには決定的な証拠が不足している」と同社は発表したが、その後、薬の申請を取り下げた[486]。調査官らが、リチャードソン・メレルとグリュネンタールの両社が規制当局を欺いていたことを突き止めたからだった[421]。

ケルシーが迷惑がられるほどに勤勉だったおかげで、アメリカではサリドマイドによる先天性欠損症がほとんど起こらなかった。心に刻むべきは、製薬会社や医療関係者が十分なテストもしないまま新しい化学物質を積極的に市場に押し込んだのち、より慎重な方法を選んだ女性を批判したことである。農薬をめぐる問題との類似性に気づいたカーソンは、あるインタビューの中で述べている。「サリドマイドも農薬もまったく一緒です。どちらのケースも、結果がどうなるかわからないまま、急いで新しいものを使おうとする私たちの意欲の表れなのです[487]」

これらの惨事により、世間がカーソンのメッセージを受け入れる下地は整ったが、個人的な事情が重なって、彼女の歩みは失速した[471]。まず、母親が重い病気にかかり、1958年末に亡くなった。1960年初頭にはカーソン自身の健康状態も急速に悪化したが、本の完成を急ぐ彼女の気持ちは強く、3月には全体が形になり始めた。しかし、その後も病気が重なり、前年春に主治医による根治的な乳房切除術を受けていたにもかかわらず、12月にはがんの転移が発覚した。「迷信深い人だったら間違いなく、本を完成させまいとする邪悪な力が働いていると信じ込んでいただろう[471]」。それでも彼女は、可能な限り執筆活動を続けた。「おそらくこれまで以上に強く、本を完成させたいと願っている[463]」。放射線を照射する「200万ボルトの怪物」を、彼女はこう表現している。「唯一の味方とはいえ、何とすさまじく、恐ろしい味方だろう。がんを殺している間さえ、その味方が私に何をしているのかはわかっている[467]」

# 第11章

# 沈黙の春（1962～1964）

害虫とは、主な競争相手である人間から大いに嫌われたという事実によってのみ、ほかの多くの生命体と区別される生物である。〔中略〕人間は、同じ種族であるホモ・サピエンスの軍隊をいくつも滅ぼし、さまざまな文明が生まれては消えていった。しかし、局所的に見た場合を除けば、人間が害虫と呼ぶ競合種のうち一種でも滅ぼしたことがあるかどうかは疑わしい。[488]

――ジョージ・C・デッカー（『沈黙の春』を評した著名な科学者）、1962年

化学戦に勝利はなく、すべての生命はその激しい砲火にさらされる。[447]

――レイチェル・カーソン、1962年

書名とは、読者を遮ったり招き入れたりする扉のようなものである。カーソンの頭の中では、『地球に背く人間』のほか、『自然に背く人間』『自然のバランスを保つには』『自然の征服』『人類のための異議』といった多くの候補が競い合っていた。『人類のための異議』は、DDTの空中散布に抗議するロングアイランド住民に最高裁が下した判

決に対し、ウィリアム・O・ダグラス判事が唱えた異議を指したものである。[425,466] これらはすべて読者を限定してしまう書名であるため、カーソンはよりよいものを探していた。そのカーソンに、鳥に関する章の題名として「沈黙の春」を勧め、のちにこれを書名とする提案をしたのは、ホートン・ミフリン社の編集長ポール・ブルックスだった。[471] カーソンのエージェントであったマリー・ローデルは、詩人ジョン・キーツによる「湖のスゲは枯れ果て、鳥たちも歌わない[489]」という2行を本の冒頭に入れるよう彼女に勧めた。

カーソンのそれまでの著作は、読者を海辺や海中に誘うような、美しく祝賀的で叙情的な内容であり、議論を呼ぶことはなかった。ところが、『沈黙の春』は1962年秋に出版されるかなり前から論争を巻き起こしていた。そうした反響を予想していたブルックスは、執筆を始めたカーソンに「一つ確かなことがある。世界はその本を待っている」と告げた。[466] 話題となったのは、扱う問題の規模が大きかったせいでもある。化学会社は1962年にはすでに、5万4000種の農薬に使用される約500種の化学物質をアメリカ市場に登録しており、アメリカでは、この年だけでも36万km²以上の土地に約16万tという驚異的な量の農薬が使用された。[490]

この本が産業界から激しい反発を受けることはわかりきっていたので、カーソンはすべての事実関係を著名な専門家たちに確認し、ホートン・ミフリンの担当弁護士も名誉毀損に当たる部分はないと断言した。[466, 471] また、カーソンのチームは、議会の幹部、政府の役人、政治団体、園芸協会、自然保護協会に出版前の原稿を送った。[467] 6月にこの本の要約版が『*New Yorker*』誌に掲載されたときはすでに戦線が形成されており、それまでに同誌に掲載されたどの作品よりも多くの手紙が読者から寄せられた。[474] 43万人の読者を誇る『*New Yorker*』誌が、『沈黙の春』への激しい攻撃の口火を切る役目を果たしたのだ。[466] 誌面の編集で重要な役割を担った『*New Yorker*』誌の編集者ウィリアム・ショーンはこう記している。「普段なら『*New Yorker*』誌が世界を変えると思ったりしないが、今回ばかりは違うかもしれない」。[466] 『*New York Times*』紙は「今や『沈黙の春』は『騒がしい夏』である」[491] とか、「どれほど暑い日でも、寒気を感じずに（連載を）読める人はほとんどいないだろう」[492] と評している。

まだ連載の途中であったにもかかわらず、『*New York Times*』紙はこの本が出版後にもたらす影響を正確に予測していた。「ミス・カーソンは農薬の利点を無視し、悪い面だけを指摘しているとして、人騒がせだとか、客観性に欠けるといった非難を受けるだろう。だが、それこそが彼女の狙いであり、手法なのではないだろうか。何百万人ものドライバーが無事に車庫に戻ったという統計だけを見ていても、高速道路での不注意はなくならないのだ[492]」

『*Washington Post*』紙のオーナーであったアグネス・E・マイヤーのほか、女性有権者同盟、全米ユダヤ人女性会議、アメリカ大学婦人協会といった女性団体の代表者など、多くの著名人がカーソンの支持に回った[467]。また、ウィリアム・O・ダグラス判事やスチュワート・ユードル内務長官ら著名な自然保護推進者や科学者、公人からも支持された。ダグラスは「『アンクル・トムの小屋』以来、最も革命的な本である」と断言しており[493]、『沈黙の春』の裏表紙には、「人類にとって今世紀最も重要な年代記である」という彼の言葉が掲載された。『*New York Times*』紙は、「政府機関が商売人の甘言を退け、適切な規制を実施する気になるくらいに、人々の関心を呼び起こすようであれば、著者はDDTの発明者と同様に、ノーベル賞に値するだろう」と書いている[492]。

この本の商業的成功は約束されたようなものだった。10月のブック・オブ・ザ・マンス・クラブ図書に選定されたり、雑誌で抜粋の掲載が予定されたり、消費者同盟が会員向けの特別版を契約したり、「CBSレポート」というテレビ番組で特集が企画されたりしたからである。[320・471]

こうした肯定的な動向と帳尻を合わせるかのように、カーソンとその著書に対する攻撃は、9月に出版されるかなり前から続いていた。[467] 殺虫剤のヘプタクロルとクロルデンを製造していたベルシコール社は、『*New Yorker*』誌が要約版を掲載し続けるなら告訴すると脅したが、[466・471]『*New Yorker*』誌は掲載をやめなかった。同社は次に、ホートン・ミフリンに対して、出版を続ければ訴えると告げた。ホートン・ミフリン宛の手紙には、こう書かれている。「残念なことに、我が国や西ヨーロッパの化学業界関係者は、自然食品愛好家やオーデュボン協会などによる真摯な意見に加えて、以下の目的で化学業界を非難している人々の悪影響にも対処しなければならない。その目的とは、（1）すべてのビジネスは貪欲で不道徳であるという誤った印象を与えること、（2）我が国や西ヨーロッパの国々の農薬の使用量を減らし、食料供給を東ヨーロッパ諸国並みにすることである。こうした悪辣な団体から資金を与えられて、多くの無実の団体が化学産業を攻撃するようになっている[463]」

『沈黙の春』は「明日のための寓話」という章から始まっている。

アメリカの中央部に、あらゆる生命が自然と調和した町があった。町の周囲には、穀物畑や果樹園のある豊かな農地が碁盤の目のように広がっていた。春には白い花々が緑の野原の向こうに雲のように浮かび、秋にはオークやカエデやカバが、松の緑を背景に燃え盛るような色彩を放った。キツネは丘から声を響かせ、鹿は朝霧の野原を見えつ隠れつしながら静かに駆け抜けた。〔中略〕あるとき、この地に奇妙な災いが忍び寄り、すべてが変わり始めた。それは邪悪な呪いのようだった。鶏たちは謎の病にかかり、牛や羊は病気で死んでしまった。いたるところに死の影があった。〔中略〕ようやく見かけた鳥たちは、死にかけていた。激しく体を震わせ、飛ぶこともできなかった。訪れたのは、沈黙の春だった。〔中略〕野原も森も湿地も静まり返っていた。〔中略〕かつてあれほど魅力的だった道端の草木は、火で焼かれたように茶色く枯れ果てた。〔中略〕この病んだ世界で新たな生命の誕生を沈黙させてしまったのは、魔術でも敵の攻撃でもない。人間自身である。[447]

野原を漂う白い雲によるこうした破壊は、ジャガイモ飢饉の最中にアイルランドを旅した司祭の「腐敗した大量の作物を目の当たりにして私は悲しみにくれている。あちこちで哀れな人々が腐りゆく畑の柵の上に座り、食べ物を失った惨状をひどく嘆き悲しんでいた」という記録の再現であった。[21] また、読者は第一次世界大戦中にヨーロッパの戦場を汚染した塩素ガスの雲を連想し、冷戦が生んだ放射性降下物に対する恐怖を思い出した。実際、カーソンはこの本のなかで、農薬について語る前にストロンチウム90に触れたり、たびたび放射線という言葉を比喩的に使ったりしているほか、[494]「化学物質と放射線には、はっきりとした類似性がある」と述べ、1952年にノーベル平和賞を受賞したアルベルト・シュヴァイツァーの「人間は自らつくり出した悪魔を見分けることすらできなくなる」という言葉を引用している。[447] そのうえで彼女は、「問題は、文明というものが、自らを破壊したり文明と呼ばれる権利を失ったりすることなく、生命に対して容赦のない戦争を仕掛けられるのかどうかということだ」と提起した。[447]

これに対してモンサント社は、農薬がなく、病気と飢餓が蔓延《まんえん》した世界を描いた「荒廃の年」という題のパロディを広く配布した。[495]「どこもかしこも虫だらけだった。見えないところであれ、聞こえないところであれ、信じがたいほど、どこにでもいた。〔中略〕地面の下、水の中、枝や茎の中、岩の下、樹木や動物やほかの虫の中。そう、人間の体内にも」。農薬不足のせいで「凶暴なる自然界の枷《かせ》が締まり始めた結果、〔中略〕属という属、種という種、無数の亜種という亜種の昆虫が現れ、歩き回り、飛び回り、這い回りながら、南部の州を皮切りに北上していった。〔中略〕宿主である蚊の最初の猛攻で感染した人々は、悪寒と発熱という残酷な拷問を受け、世界最悪の災難のごとき地獄の苦痛を味わった」。人間を苦しめるのはマラリアだけではない。「続いて悪名高いアイルランドのジャガイモ疫病が蔓延し、しっかりとした茶色のジャガイモが、どろどろした黒い液体に変わり果てた」。農薬不足によってアイルランドのジャガイモ飢饉が再現され、飢えた人々は再び昆虫を食べるはめに陥ってしまう。また、シロアリが建物を倒壊させ、図書館を食い荒らし、黄熱がアメリカ南部を「妖怪のように」漂い、ネズミが「大繁殖して」チフスや腺ペストを流行させるのだという。

『*American Agriculturist*』誌も同様に、森の中でドングリを食べる少年とその祖父の話を掲載した。祖父は、化学薬品を使った農業に反対する本が出たと説明する。「それで私たちは今、自然のままに生きている。お前の母さんは、蚊が媒介するマラリアで自然に死に、お前の父さんは、バッタにすべてを食い尽くされたあの恐ろしい大飢饉で自然に死んだ。今度は私たちが自然に飢える番だ。去年の春に植えたジャガイモが疫病にやられてしまったから[471]」

モンサント、デュポン、ダウ、シェル・ケミカル、グッドリッチ・ガルフ、アライド・ケミカル、W・R・グレースといった多くの化学会社が、業界団体を通じてこの本と著者に対する批判に加わった。なかには、ベルシコールやアメリカン・サイアナミッドのように自社の代表を立てて攻撃を仕掛けた会社もあった[466]。『沈黙の春』は、たとえばデュポン社の「化学でよりよい生活を」のような宣伝活動を通じて、各社が大切に育ててきた名声を傷つける恐れがあったのだ。産業界自体も、この本が望ましくない規制につながることを懸念していた。『*Chemical and Engineering News*』誌は、ニュージャージー州農業局長の言葉を記事に引用している。「この地域で大規模な害虫駆除対策を実施するとすぐに、自然のバランスを重んじ、有機農法にいそしみ、鳥を愛する理不尽な市民グループから、誤解に基づいた猛反対が起こる[471]」。また別の雑誌は、「彼女の本は、彼女が非難している農薬よりも有害である[471]」と結論づけた。カーソンを批判する人物のなかには、「感情的な人を感情的に叱っている」と業界の批判活動を皮肉る者も現れた[496]。

「ＤＤＴがあまりによく使われるようになったせいで、たいていの人が身近で無害なものとみなしている」とカーソンは言う[447]。こうした政府機関や民間による農薬の無差別使用は、自然への影響以上に深刻な倫理問題を引き起こしていた。『沈黙の春』では、これが中心的なテーマとなった。一般の人々は何も知らないまま、同意もしないうちに農薬にさらされていた。１９５０年には、アメリカ人の体脂肪中の平均ＤＤＴ濃度はすでに５ｐｐｍ以上となっており、女性の母乳も汚染されていた[320]。１９６０年代初頭には、平均的なアメリカ人成人の体脂肪中のＤＤＴとその代謝物の濃度は、12ｐｐｍにまで達した[490]。カーソンは、国民には農薬の使用について知る権利と決定する役割があるが、どちらも拒絶されていると主張した。自分たちが生きる時代について、彼女はこう述べている。「今は産業が支配する時代である。どれだけ大きな代償を払うことになろうと、お金を稼ぐ権利に異議が唱えられることはほとんどない。農薬散布による被害が明らかとなって一般市民が抗議しても、部分的に真実を含んだ少量の鎮静剤を飲まされるだけである。〔中略〕結局、昆虫対策の担当者が見積もったリスクを引き受けることになるのは、一般市民なのだ[447]」

家庭用農薬が広く普及したことで、誰もがこのリスクを自ら家庭に持ち込むようになり、一般家庭は「ボルジア家*の客人とほとんど変わらない」立場に置かれた[447]。ある業界幹部はこれにほぼ同意し、「強力な化学物質の適切な用法について、産業界が使用者を教育してこなかったことは、非難に値する。使用者の知性に対する過大評価は、私たちが常に直面している大きな問題の一つだ」と述べた[466]。カーソンは次のように言う。「民間人や公務員がばらまく致死性の毒物から市民を守るという保証が権利章典にないのは、先人たちが、大いなる知恵と先見性をもっていたにもかかわらず、そうした問題を思いつかなかったからにほかならない[447]」。彼女はこの倫理的関心を動物にも適用した。「生き物にそのような苦しみを与える行為を黙認しながら、人間としての価値を下げずにいられる者が果たしているだろうか[447]」

『沈黙の春』の最後は、次のような言葉で締めくくられている。

「自然の征服」とは、自然が人間の役に立つために存在すると思われていた、いわば生物学や哲学のネアンデルタール時代に生まれた傲慢な言葉である。そして、応用昆虫学の考え方と実践は、大半がいまだ科学の石器時代のような段階にある。かように原始的な科学が、最も近代的で恐ろしい武器によって武装し、それを昆虫に向けたつもりで地球自体を敵に回してしまったことは、ただならぬ不幸である[447]。

無知で不道徳であるとされた応用昆虫学者とその支援者たちは、この真っ向からの攻撃に反論を試みた。ある著名な昆虫学者はこう書いている。「『沈黙の春』は、著者にも一般の読者にも判断を下す資格がないような問いを投げかけている。私はこの本を、テ

＊　15～16世紀に栄華を極めたイタリアの名門貴族。秘伝の毒を使って次々に政敵を粛清したといわれる。

レビで『トワイライト・ゾーン』を見る感覚で読むべきSFだと思っている」[467]。またある業界誌は、「殺虫剤業界にとって、この本は、深刻で高くつくボディーブローとなる可能性がある。たとえそれが（反則となる）ローブローであったとしても」と評した[467]。

食品安全委員会を率いていた著名な科学者は、『沈黙の春』が「有機農法の園芸家、フッ素反対派、自然食品崇拝者、生気論に固執する人々、疑似科学者や狂信者」の関心を引くだろうと予測し、「彼女の科学的資質が、我が国の有名な科学者や政治家と大きく隔たっていることを考えれば、本書は無視されるべきだろう。〔中略〕多くの読者は、懸念を抱き続けながら読むという苦行に耐えられないのではないだろうか」と述べた[497]。さらに、この本の考え方に従えば、「すべての人類が歩みを止め、技術、科学医療、農業、衛生、教育のない受動的な社会に戻ることになる。それは現代人にとって最も耐えがたい種類の病気、伝染病、飢餓、貧困、苦難を伴う」と警告している[497]。

ハーバード公衆衛生大学院の栄養学部門長は次のように述べた。

ミス・カーソンの書く文章は情熱的で美しいが、科学的客観性に欠けている。公平な科学的証拠と情熱的な主義主張は、一人では担ぐことができない二つのバケツのようなものだ。ミス・カーソンの場合、科学的証拠のバケツに水漏れがある。〔中略〕残念なことだが、ミス・カーソンは科学界が人間の価値をないがしろにしていると暗に非難している。そうして科学的な証明や真実を捨て、誇張と自分でつくり上げた公理に基づく非科学的な演繹《えんえき》的推論で対抗しているのだ。〔中略〕ミス・カーソンは文学の名手であり、優れた業績を残している。それは並大抵のことではない。彼女なら、科学と一般大衆の溝を広げるのではなく、溝を埋めるような本を書くこともできたはずである。[498]

アメリカ最大のDDT製造業者であったモントローズ・ケミカルの社長が、カーソンは「自然のバランスというカルト教団の熱狂的な擁護者である」と非難すると[491]、多くの人物がこれに乗じた。ある政府関係者は「かつてこの国が約100万人の先住民と野生動物を養っていた頃は、確かにバランスが取れていた」と述べ[499]、全米農薬協会という業界団体は25万ドルを投じてカーソンを攻撃する広報活動を行った[474]。元農務長官は、「子どものいない独身女性がなぜそれほどまで遺伝子にこだわるのか？」と問いかけ、「おそらく共産主義者なのだ」と自答した。[467]

批判者のうち最も目立つ存在だったのが、アメリカン・サイアナミッドのロバート・ホワイト＝スティーブンスである。彼は言う。「虚偽の声明がＩＣＢＭ（大陸間弾道ミサイル）のように飛び立ち、テレビ、ラジオ、新聞、雑誌、さらには書籍の中で爆発してしまう光景をよく目にする。それも、問題をめぐる事実について、慎重になされた評価が客観的な形で提示される前にである」[500]。ホワイト＝スティーブンスはカーソンの文章を称賛しつつも、その意図については褒めなかった。

生物学をテーマとするミス・レイチェル・カーソンは、並外れた鮮やかな筆致と優雅な表現力をもつ作家である。彼女は、想像上のアメリカの村でかつて営まれていた理想的な生活をノスタルジックに描き出す。その土地では、殺虫剤やその他の農薬の影響で、病と死と腐敗が風景を覆うようになるまで、すべてが自然と調和し、幸福と満足が行き渡っていたという。しかし、彼女が描いた絵は幻想である。生物学者である彼女は知っているはずだ。その理想郷では、35歳くらいで住民に訪れる寿命、１００人中20人以上が５歳までに亡くなる乳幼児死亡率の高さ、産褥《さんじょく》熱や結核による20代の母親の死、不作の夏の後、暗く凍てつく長い冬に孤立した人々をたびたび襲う飢饉、家屋と保存食と人体の内外にはびこる害虫や汚染物によって、生活が荒々しく中断されていたことを。[500]

昆虫学者や実業家にとどまらず、多くのメディアがこの騒ぎに加担した。『*Economist*』誌は、カーソンの「怒りに満ちた辛辣な文章」を「強烈な怒りに任せて書かれたプロパガンダであり、言葉がページ全体を転げ回っている」と評した。[474]『*Time*』誌の科学担当記者は、カーソンが『沈黙の春』につづった「感情的で不正確な暴言」のなかで、「読者をおびえさせたり興奮させたりするために文学的技術を犠牲にして、不安と怒りのなすがままにペンを走らせ」、「不公平で、一方的で、ヒステリックなまでに誇張された見解に至っている」と非難した。[501] またこの記者は、「これらの殺虫剤には選択毒性がない。つまり、私たちが指定した種だけを駆除してくれるわけではないのだ。どれもが、単に猛毒であるという理由で使われているものであり、接触するすべての生命を害している」[447]というカーソンの主張に対し、「ハエに殺虫剤を撒いた経験があって、中毒になったことがない主婦なら、少なくともこの主張に含まれる誤りの一部には気づくはずだ」とも述べた[501]。この記者を含む複数のジャーナリストは、DDT入りの食事を与えられた受刑者と、DDTを含まない食事を食べた対照群の健康状態が同じであったという公衆衛生局の実験を引き合いに出している[502]。

『*Natural History*』誌は賛否の入り交じった書評を掲載した。もっとも、執筆者はカーソンの主張を擁護する立場を取っている。「まるでそれが欠点であるかのように、彼女は『一方的だ』と非難されてきた。だが、サタンにとてつもない魅力があっても、サタンを正当に評価していないとして聖パウロが批判されることはないはずである[503]」。スチュワート・ユードル内務長官も同様に彼女を擁護した。「『沈黙の春』は不公平な本だと言われている。それはその通りである。彼女は毒物を使った害虫対策に意見することをためらわなかった。彼女の敵対者たちが景観を蹂躙《じゅうりん》していたからである。敵対者たちは自然の側に立った意見をあえて述べなかったが、そうした産業界の活動が功を奏して、害虫駆除の利点は広く知られるようになった。そのため、殺虫剤の誤用を改めさせるには、強い言葉で注意を促す必要があったのだ[504]」

『*Newsweek*』誌の科学担当編集者エドウィン・ダイアモンドは当初、ホートン・ミフリンと契約し、カーソンと共同で本を執筆する予定だった。だが、共同作業は悪影響しかもたらさないと判断したカーソンは、早い段階で彼をプロジェクトから外した[466]。ダイアモンドはのちに、最も辛辣な書評を書いている[487]。「レイチェル・カーソンという女性のおかげで、アメリカ国民を恐怖のどん底に陥れる大騒ぎが巻き起こっている」。カーソンが結婚していないことに触れつつ、ダイアモンドはこう問いかけている。「『沈黙の春』の標的とは何か？〔中略〕それは型通りの思考、無差別な攻撃、金切り声、ダブルスタンダードがまかり通る時代そのものである」。また、カーソンの戦術は、ジョセフ・マッカーシー上院議員による大規模な赤狩りを彷彿とさせるという。「記録によれば、マッカーシズムの影響がいったん落ち着いた後、この国は憲法と公民権という壮大な屋敷を解体することなく、破壊工作に対処することができた。殺虫剤の『問題』も同様に、疫病や伝染病の暗黒時代に戻ることなく対処できるだろう」

この論争の一部は、性別によってもたらされたものだった。男性が性差別的な固定観念による批判を行い、女性も（男性も）たびたび性差別的な態度で批判を支援していたのである。カーソンが、手斧を振り回す反アルコール活動家のキャリー・ネイションにたとえられたことすらあった。[505]『*Archives of Internal Medicine*』誌は、次のような論説を掲載している。「トラウマを抱えた身で『沈黙の春』の一言一句を読み通したが、女性との議論に勝とうとしていた過去の自分が常に思い出された。それを止める手立てはなかった[496]」。論説の執筆者は、科学的に見れば『沈黙の春』は「非常に馬鹿げている」と言いつつも、この本から何らかの前向きな変化がもたらされる可能性があると見ていた。「この作品からは、人類の状況に対する極めて熱烈な興味と関心が読み取れる。それが科学や学問、またはレイチェル・カーソンの目的を前進させるものでないことは、通読してわかった。他方、この本のなかで偏った見方をされている事柄の意味を、多くの読者が考え始めたなら、国だけでなく、この本が攻撃している問題に取り組む科学者たちにも得るところはあるはずである[496]」

性別に対する固定観念は、世間的な評価にも影響を与えていた。『*New York Times*』

紙は、「穏やかで優しげな声のレイチェル・ルイーズ・カーソンは、復讐の天使を演じるような人物には見えない。彼女は内気で極めて女性的であり、自分の本を攻撃した人たちに対する報復意見に巻き込まれないようにしている。〔中略〕ミス・カーソンは、白髪の交じり始めた暗褐色の髪、灰褐色の目、青白い肌をした小柄な女性である[506]」という記事を載せた。別の好意的な評者はこう書いている。「ミス・カーソンは、現在55歳の物静かな独身女性で、ワシントンに近いメリーランド州シルバー・スプリングスの郊外に住んでいる。海洋生物学に関する1951年の受賞作『われらをめぐる海』の著者として知られる彼女だが、最新作では思い切りよく陸に上がった[499]」。しかしカーソンは、ジェンダーが自著で核心的な役割を果たしたとは考えていなかった。彼女の興味は「女性がしたか男性がしたかではなく、人間がしたこと」にあったからだ[467]。

おそらく女性による唯一の本格的な批判は、ヴァージニア・クラフトが『*Sports Illustrated*』誌に書いたものだろう。「農薬があるにもかかわらず、というより多くは農薬のおかげで、国中の野生生物はかつてないほどまで個体数を増やし、しかも健康になっている。〔中略〕今日の野生生物の繁栄は、人間（特にアメリカ人）が周囲の環境をコントロールできるようになった直接的な結果である。〔中略〕そうした改善をもたらす最も効果的な手段が、化学農薬なのだ[507]」。核戦争による終末を描いたネビル・シュートの小説『渚にて』と比べると、クラフトには『沈黙の春』が「幸福感にあふれているように見える」という[507]。彼女はこうも言っている。「賢明かつ慎重に化学農薬を使用するならば、沈黙の春ではなく、動物と人間が繁栄する豊かで新しい音にあふれた季節が確実に訪れる[507]」

ホートン・ミフリンの編集者ポール・ブルックスは、多方面から寄せられた批判をまとめ、1世紀前にチャールズ・ダーウィンの『種の起源』が出版された際の反応と比較した。彼によれば、『種の起源』以来、「自分たちの利益が脅かされると感じた人々から、1冊の本がこれほど激しく攻撃されたことはなかった[471]」という。ダーウィン批判に使われた表現のなかには、1962年によく聞かれたものもあった。たとえば、「(ダーウィンの変異説は)科学的には誤りであり、その事実は真実ではなく、その方法は非科学的であり、その意図はいたずらである」というルイ・アガシーの言葉がそうである[508]。ある評論家は『沈黙の春』をトマス・ペインの『人間の権利[509]』になぞらえて、『*New*

*York Times*』紙に次のように書いた。「化学業界のパニックと政府公報のなだめるようなお役所言葉を眺めていると、レイチェル・カーソンが木の鋤《すき》への回帰でも唱えたかのように思える[510]」

こうした論争によって本の売り上げがますます伸びたことで、批判者たちの形勢は悪くなっていった。出版から2カ月も経たないうちに販売部数は10万部に達し、ベストセラーリストの1位となり、ニュースでも大きく取り上げられた。実際、ケネディ大統領も出版前から注目していたという[467]。その後、22カ国語に翻訳され、ホートン・ミフリンがペーパーバック版を発売するまでに、ハードカバー版の販売部数は50万冊に至った[467,474]。さらに、CBSレポートの放映や政府の公聴会に関する報道など、新しい出来事が起こるたび、売り上げは大きく上昇していった。ホートン・ミフリンの幹部は、同社にとって初めてとなるこの状況について、次のように述べている。「比較対象として唯一思いつくのは、レイチェルの善良な本の対極に位置する邪悪な本である。『我が闘争』は、ヒトラーが新たに他国を侵略するたびに売り上げを伸ばしていった。人々は次に誰が苦しむのかを知りたかったのだ[466]」。共産主義者の陰謀を疑う声に敏感に反応したカーソンと彼女のエージェントは、共産主義国には版権を売らないことに決めた。「反米プロパガンダの手にかかれば、この本の内容など簡単に捻《ね》じ曲げられてしまう」からだった。[466]

カーソンは重い病を患っていたため、イベントやインタビューにあまり応じなかった。[467]主治医に宛てた手紙にはこうある。「何が訪れようと闘い抜くというチャーチル流の決意はまだ変わっていません。必勝の決意によって、最後の闘いが先送りにされる可能性は十分にあると思っています」[463]。ゴールデンタイムの人気番組「ＣＢＳレポート」のインタビューは、自分の考えを広く伝えられる機会として、彼女が魅力を感じた闘いの一つだった。カーソンはがんで移動を制限されていたため、番組の司会者とスタッフは彼女の自宅でインタビューを行った。撮影期間は８カ月にわたった。[425]カーソンに対抗する化学業界の代表者としてホワイト＝スティーブンスが起用され、軍医総監、食品医薬品局長官、農務長官といった政府首脳も登場した。議論を呼ぶ内容であったため、大手企業３社が広告を取りやめた。

１９６３年４月３日に番組が放映され、カーソンがヒステリックな共産主義者ではなく、冷静な大人であることが世間に明らかにされた。番組はカーソンの発言から始まった。「これほど大量の毒物を地表に撒き散らしながら、地球をすべての生命にとって不適当な場所にせずにいられると信じられる人がいるでしょうか？　それは『殺虫剤』ではなく、『殺生物剤』と呼ぶべきものです[511]」。ホワイト＝スティーブンスがこれに答えた。「『沈黙の春』の主たる主張には、科学的な実験による証拠や、現場での一般的な実践経験といった裏づけがまったくなく、実際の出来事が著しく歪曲されています。〔中略〕もし人間がミス・カーソンの教えに忠実に従うなら、私たちは暗黒時代に連れ戻され、虫や病気や害虫が再び地球を支配することになるでしょう」。彼はさらに続ける。「ミス・カーソンは、自然のバランスが人間の生存に大きな影響を与えると主張しているが、現代の化学者、生物学者、科学者は、人間が自然を堅実にコントロールしていると信じている」。カーソンは次のように反論した。「この人たちにとって、自然のバランスとは人間が登場した途端に崩れ去ったもののようです。でもそれは、重力の法則を無効にできると思い込むのと同じことでしょう。〔中略〕人間は自然の一部であり、自然との闘いは必然的に自分自身との闘いになるのです」。そして、番組の最後にこう述べた。「私たちは今、自然のではなく、自分たちの成長と達成を証明するという、かつて人類が経験したことのないような挑戦をしているのだと思います」

番組の視聴者は1000万人にものぼった。[474] 放送の翌日、コネチカット州のエイブラハム・リビコフ上院議員は、政府運営小委員会で農薬の危険性に関する公聴会を開催すると宣言した。[467] 公聴会は5月15日に始まり、証人として最も期待されていたカーソンは6月4日に出席した。リビコフはカーソンに対し、「あなたがすべての発端となったご婦人ですね」と述べた。[474] この発言は、リンカーン大統領が『アンクル・トムの小屋』の著者ハリエット・ビーチャー・ストウに投げかけた「今度の大戦争を引き起こしたのはこの小さな女性か?」という言葉を想起させる(ストウの子孫の言い伝えによる)。[512] カーソンは証言のなかで次のように述べた。「害虫駆除の問題は多種多様であるため、すべての問題を解決する超兵器ではなく、課題ごとに的確に調整されたさまざまな兵器を探さなければなりません」[463]。彼女は、空中散布や残留農薬の制限、試験と管理を担う政府機関の設立、市民の意見を取り入れて家庭内で中毒が起きないようにすることなどを提唱したのち、科学者たちが最近、散布地点から遠く離れた地球上の僻地で同じ農薬を発見したことを伝えた。住民が知りも認めもしないうちに農薬散布者が無差別に散布するという問題は、農薬を撒いた国について耳にすることすらないような地域にまで範囲が及んでいたのだ。シェル・ケミカル社のコンサルタントはこの証言に対し、「恐怖を売り物にする商人たちは、世界の飢餓を待ち望んでいる」と反論した。[463]

リビコフの公聴会が始まった日に、大統領の科学諮問委員会は、農薬の利点とリスクについて次のように報告している。「効率的な農業生産、健康の保護、害虫の駆除は、現代人が求め、期待するところとなっている」[490]。利点の一例として挙げられたのは、「傷のないスイートコーン、ジャガイモ、キャベツ、リンゴ、トマトが手に入るようになり、アメリカの主婦はそうした農産物に慣れ親しんでいる」[490]ことだった。一方で、抵抗性の問題にも言及し、「レイチェル・カーソンの『沈黙の春』が出版されるまで、一般の人々は農薬の毒性に気づいていなかった」としている。[490]「残留性と毒性を兼ね備えた農薬の廃止を目標とするべきである」と結論づけたこの報告書の内容に、カーソンは胸をなで下ろした。[490]その2日後、カーソンは農薬規制を検討していた上院商業委員会で証言に立ち、[471]化学業界の影響力を排除した閣僚レベルの環境規制機関の設立を提案した。

科学諮問委員会の報告書によって、世論はカーソンのほうに傾いた。「レイチェル・

カーソンの正当性が証明された」という見出しの記事や、彼女が正しかったかもしれないと認める評論家が現れ[463]、ＣＢＳレポートでは「『沈黙の春』への評決」と題する続編が放映された[466]。南極探検家の息子で、イギリス版『沈黙の春』の序文を書いたシャクルトン卿は、貴族院において、もはやポリネシアの食人族はアメリカ人を食べないだろうと述べている。「なぜなら脂肪が塩素化炭化水素に汚染されているからだ[471]」。そして、ＤＤＴ濃度のデータからすれば、「むしろ我々（イギリス人）のほうがアメリカ人よりも食用向きである」とつけ加えた。この本の影響により、イギリスでは農薬に対する規制が強化された。

カーソンの正しさを証明するような出来事も起こった。１９６３年末、ミシシッピ川で５００万匹の魚がけいれんや出血を起こして死んだのだ[463]。科学者たちは、その原因がベルシコール社の農薬工場から放出された農薬エンドリンにあることを突き止めた。最初にエンドリンを開発し、『沈黙の春』を出版する際に訴訟を起こすと脅した化学会社である。農薬曝露《ばくろ》による野生生物の死は、『沈黙の春』が出版されてもなくならないとカーソンは述べる。「農薬の問題は、単に大衆を脅して印税を稼ごうとする強欲な作家の妄想ではない。私たちが今まさに直面している課題なのだ」[513]。DDTが人類の救世主だった第二次世界大戦中から、人類最大の有害物質の一つとなった30年後までの経過を見れば、農薬をめぐる社会的な認識が急変し、規制環境が混乱を極めていたことは明らかだった。

１９６３年に数々の賞を得たのち、カーソンのキャリアは終わりを告げた[471]。年初には、動物福祉研究所からアルベルト・シュヴァイツァー・メダルが授与された。続いて、多くの賞が授けられるとともに、アメリカ芸術文学アカデミーの会員にも選出された。アカデミー会員は50人の芸術家、音楽家、作家に限定されており、カーソンが新会員になったとき、ほかに女性は3人しかおらず、ノンフィクション作家は彼女だけだった。アカデミーの表彰文には、彼女の貢献がまとめられている。「ガリレオやビュフォンのような壮大な文体をもつ科学者であり、その科学的知識と道徳的感情を駆使して、生き物に対する私たちの見識を深めるとともに、近視眼的な技術的征服が私たちの存在の根源を破壊する悲劇につながる可能性について、警鐘を鳴らした」[471]。アメリカ女性図書協会でのスピーチで、カーソンは『沈黙の春』を書かなければならないと思った理由を語った。「もし本を書かなかったら、このアイデアはきっと別の出口を見つけていたでしょう。ですが、事実を知った以上、それを世間に知らしめるまで休むことはできませんでした[463]」

カーソンは『沈黙の春』をアルベルト・シュヴァイツァーに捧げた。そのシュヴァイツァーは、ある養蜂家に宛てて次のように書いている。「フランスやその他の国々で起きている昆虫との化学戦が、一部に悲劇的な影響を及ぼしていることを知り、悲嘆に暮れているところです。もはや現代人には、予見したり先手を打ったりする方法がわからないのです。自分とそれ以外の生物に食料を供給している地球を破壊することで、人間は滅びるでしょう。哀れなハチ、哀れな鳥、哀れな人間[514]」。『沈黙の春』の献辞は、このシュヴァイツァーの言葉をもとに書かれた。「予見する目も先手を打つ力も失った人間。その行く先に待ち受けるのは、地球の破壊による滅亡である[447]」。本が出版された後、シュヴァイツァーは感謝の手紙に自分の写真を添えてカーソンに送った。この写真は、カーソンの宝物となった[493]。

死期を悟ったカーソンは、自分の葬儀で『海辺』の一節を朗読するように依頼した[471]。

「透明な原形質の断片であるツルモのような微小生物が存在する意味とは、いったい何なのか。岸辺の岩や海草の間に1兆もの数が生息する理由があるのだろうか。これらの意味は、私たちにつきまといながら、常に私たちを遠ざける。だがそれを追求することで、生命そのものがもつ究極の神秘に近づくことができるのだ[475]」

1964年4月14日、カーソンは56歳で生涯を終えた[471]。葬儀では、ユードル内務長官とリビコフ上院議員も棺を担いだ。リビコフは上院の議場で、「20世紀半ばに生きる者にとって最も重要な問題の一つ、すなわち人間による環境汚染に関心をもつよう世界中の人々に呼びかけたのが、この優しい女性だった」と賛辞を贈った[463]。孤児となったカーソンの姪の息子は、ポール・ブルックスとその妻に引き取られ、ブルックスはカーソンの著作に関する本を出版した[466・471]。彼はその本のなかで、健康を害しながらも『沈黙の春』を完成させたカーソンの強さを語った。「彼女は死について書かれたこの本を、生の賛歌にしてみせた[471]」

E・B・ホワイトは次のように書いている。「レイチェル・カーソンは亡くなった。しかし、海はいまだ私たちの周りにあり、海辺は信じがたいほどに多様な生命をいまだ育み、農薬メーカーも例年通りに春の売上増を楽しんでいる[515]」。彼女の死から1年後、化学会社のベルシコールは次のような声明を出した。「念のために言うと、木々の葉は茂り、鳥は歌い、リスは周囲をうかがい、魚は跳ねている。1965年の春はいつも通りであり、故カーソン女史の言う悪夢のような『沈黙型』ではなかった[463]」

『沈黙の春』の出版により、レイチェル・カーソンはホートン・ミフリンから作品を出版したアメリカの著名作家の仲間入りをした[466]。たとえば、ヘンリー・ワーズワース・ロングフェロー、オリバー・ウェンデル・ホームズ、ラルフ・ウォルドー・エマーソン、ハリエット・ビーチャー・ストウ、ナサニエル・ホーソーン、ヘンリー・デイヴィッド・ソロー、マーク・トウェインといった作家たちである。また、アルフレッド・テニスン、チャールズ・ディケンズ、ウィンストン・チャーチルなど、イギリスの偉人たちの作品をアメリカで出版していたのも、この会社であった。環境、政府の説明責任、民主主義、動物と人間の権利について、世界中の人々の意識に変化をもたらした『沈黙の春』は、ほかの偉大な作家たちの作品と同様、不朽の名作となった。カーソンは問う。「世界中の人々に一切相談しないまま、空を飛ぶ鳥もいない不毛な世界になろうとも、虫のいない世界こそ一番であると決めたのは誰か？　決める権利が誰にあるのか？　決定したのは、一時的に権力を委ねられた支配者である。自然の美しさや自然の秩序がある世界は、何百万という人々にとって深い、厳然たる意味をもっているにもかかわらず、皆が油断した隙にそれを決めてしまったのだ[447]」

カーソンのメッセージの内容を最も的確に予見していたのは、退任演説で次のように語ったアイゼンハワー大統領だろう。「社会の将来を見据えたとき、私たち、つまり皆さんと私と政府は、自らの安楽と利便を求めて明日の貴重な資源を強奪し、今日だけのために生きようとする衝動を抑えなくてはなりません。孫たちの世代の物質的資産を担保にしてしまうと、彼らの政治的・精神的遺産まで損なう危険があるからです。私たちは、民主主義が破綻した幻影になることではなく、未来のすべての世代にわたって存続することを望んでいるはずです[485]」

# 第12章

# 驚嘆と畏敬

（1962～未来）

人間はこの100年の間に、自然や周囲の環境に翻弄されるひ弱な生き物から、地球の隅々まで到達し、地球上のどことでも瞬時に通信し、必要なすべての食料、繊維、住居を必要とされる場所で生産し、地形、海、宇宙に変化をもたらし、空に橋を架けて宇宙へ旅立つ計画を進められる唯一の存在へと変わった。これこそ科学がつくり上げたものであり、人間はそれを利用することを学んだのだ。[500]

——ロバート・H・ホワイト＝スティーブンス（化学業界の代表者）、1962年

第二次世界大戦後、化学者たちは、飢餓や病気を防ぎ、より過ごしやすい世界にするための製品を開発し続けると同時に、次の戦争に備えた強力な化学兵器の設計も継続した。戦争があまりに頻繁に起こり、悲惨なものとなっていたせいで、戦闘が長期間起こらないと期待したり、独裁者に再び不意打ちされたりするのは愚かだとされたのだ。

人類にとっての最善と最悪の目的のためにつくられたこれらの化学物質が、ともに環境破壊を引き起こしていることが明らかとなり、レイチェル・カーソンはペンを執った。しかし、農薬の加速度的な開発と普及が巻き起こした嵐が、1964年のカーソン

の死によって終わることはなかった。

『沈黙の春』を執筆するに当たり、カーソンは友人に「このまま沈黙を続けていたら、私に平穏は訪れないでしょう」と書き送った。[516] そして、本の完成後には、「できる限りのことをしなければ、ツグミのさえずりを楽しく聴くことは二度とできなかった」と述べている。[471] 本書に登場するすべての科学者たちを悩ませ、動機づけ、彼らに偉業を成し遂げさせたのも、同じような強迫観念だったのだろう。ロナルド・ロスは、ハマダラカの胃壁に色素細胞が存在するという画期的な発見をするまで、滴る汗で顕微鏡を錆びつかせながら、何年も顕微鏡を覗き続けて目を酷使した。フリッツ・ハーバーとヴァルター・ネルンストは、大気中の窒素を固定するために、焼死する危険性がある高圧・高温の競い合いに身を投じた。ゲルハルト・シュラーダーは、有機リン系殺虫剤をつくるために自然を操作している間、それまでに合成されたもののなかで最も毒性の強い化合物に身をさらし続けた。

『沈黙の春』が出版されたのち、化学物質への曝露《ばくろ》による多くの悲惨な事件が起こった。科学者たちは、女性の母乳中から、牛乳の最大許容値より5倍以上高い濃度のＤＤ

Tを検出した。[463] カーソンの死後、ロングアイランドの環境保護活動家、科学者、弁護士らによって設立された環境防衛基金という非営利組織は、「母乳は人間の飲用に適するか?」と問いかける広告を『*New York Times*』紙に掲載した。[320] カリフォルニア州バークレーのエコロジーセンターも同様に、裸の妊婦の胸に「注意。子どもの手の届かないところに保管してください」というラベルを貼ったポスターを制作している。[463]

世界に目を移すと、たとえば1967年の夏、カタールでエンドリンを含むパンを食べた700人が入院し、24人が死亡している。パンの原材料はアメリカ産の小麦粉だった。船の中でエンドリンが容器から漏れ、甲板の下に置かれた小麦粉の布袋を汚染していたのだ。[463] 同じ年、メキシコではパラチオンの隣に保管されていた砂糖を使った菓子により、子ども17人が死亡、600人が発病している。コロンビアでも、パラチオンに汚染されたパンによる同様の事故で80人が死亡、600人が発病した。さまざまな農薬による同じような悲劇が、世界中で発生していた。市場に新たに出回る農薬の種類が増え、使用量が急激に増加するにつれて、こうした事故はますます一般的になり、より多くの死者が出るようになった。実際、『沈黙の春』の出版から4年後の1966年には、アメリカ企業が販売した合成農薬の量は38万tを超え、無機農薬もアメリカ市場に20万4000tほど投入されていた。[463]

大量の新しい化学農薬を求める圧力が市場から生じたのは、害虫の抵抗性が進化した結果だった。たとえば、世界保健機関（WHO）は、一部のハマダラカがDDT耐性を獲得したことを理由として、1969年に世界マラリア撲滅計画を中止している。[517] 兵器の陳腐化を促進する軍拡競争によって利益を上げた軍需産業と同じく、化学産業も農薬製品の陳腐化から利益を得るようになったのだ。

農薬は「自然のバランス」を崩すことで人を死に追いやったが、その手段は予測不可能だった。1963年にボリビアで発生した「ボリビア出血熱」では、300人以上が死亡した。[463] この恐ろしいウイルスを媒介したのは、現地のげっ歯類である。マラリア対策によるDDT曝露でネコの数が激減し、それまでネコによって抑えられていたげっ歯類の数が増えたせいだった。

ランチハンド作戦は、『沈黙の春』の出版後、最も大規模かつ長期的な影響を及ぼした農薬災害となった。1962年に始まり、1971年まで続いたこの作戦で、[518] アメリカ軍はベトナム、ラオス、カンボジアの熱帯雨林やマングローブ林に7300万Lの除草剤と枯葉剤（オレンジ剤など）を撒いた。[519,520] 散布された2万6000㎢の土地のうち、農地は10％だった。目的は、ベトコンの食糧を奪うことと、彼らが隠れ潜む森林を枯らすことにあった。森林火災防止キャンペーンのマスコットキャラクターであるスモーキー・ベアが、この作戦の非公式マスコットとなり、「森林火災を阻止できるのは君だけだ」というスローガンも「森林を阻止できるのは君だけだ」に変えられた。[521] 目標となる森や敵の陣地を示すため、発煙弾や照明弾を投下する航空機も「スモーキー・ベア」の愛称で呼ばれた。シャーウッドの森作戦（1965年）とピンクローズ作戦（1966年）では、アメリカ軍は熱帯雨林に枯葉剤を撒いて乾燥させたのち、ディーゼル燃料と焼夷弾を投下してベトコンを火攻めにした。散布用の航空機は低速で飛行するため、通常は爆弾、大砲、ナパームで空爆したのちに散布が行われた。[520]

この作戦は、カーソンが『沈黙の春』で論じた次のような姿勢をそのまま反映していたことから、軍による新技術の乱用を批判する多くの人々から注目を浴びた。「目覚ましい効果によって、自然を支配しているような錯覚を人に与える化学除草剤は、魅力的な新しいおもちゃのようなものだ。長期的で判然としないその影響に関する話は、悲観論者のたわ言として簡単に片づけられてしまう[447]」

枯葉剤を戦争に利用する方法が探られるようになったのは、成長を調節する植物ホルモンの発見がきっかけであった。[520] １９４１年、シカゴ大学の植物学者エズラ・クラウスは、複数の植物ホルモンを合成して大量に撒けば、除草剤になると主張した。クラウスとアメリカ農業研究所は、この目的のために化学物質のスクリーニングを行った。そのなかには、植物の成長を促す働きが判明した化合物２・４Ｄも含まれていた。アメリカが第二次世界大戦に参戦した数日後、クラウスは「日本人の主食である米の稲を簡単に破壊できる除草剤」の合成を提案した。[520] そうした化学物質は、森林に散布して樹木を枯らし、「隠された軍事基地を暴く」ことにも使えそうだった。ちなみに偶然ではあるが、クラウスのシカゴの職場は、エンリコ・フェルミが最初の原子炉を建てた場所の目と鼻の先だった。

化学戦局は、作物破壊剤や枯葉剤として戦闘で使える除草剤のスクリーニング計画を拡大した。第二次世界大戦末までに、化学戦局は約１０００種類の化学物質を検査し、

2・4Dと2・4・5Tが最も効果的であることを突き止めた。これらの除草剤は戦闘用ではなく、戦後に除草剤として商品化されたが、1950年代初頭のマラヤ危機で、イギリス軍は農作物や樹木を枯らすために2・4・5Tを使用した。こうして、アメリカ軍がベトナム戦争で枯葉剤を使用する準備は整った。

『沈黙の春』の出版後、大統領の科学諮問委員会は、農薬ががんや先天性欠損症、遺伝子異常を引き起こす可能性があるかどうか検査するよう勧告した[522]。そこで国立がん研究所は、1963年にバイオネティクス社に資金を提供し、特定の農薬の毒性を調査させた。対象の一つだった2・4・5Tは、当時人気のあった除草剤で、2・4Dとともにオレンジ剤の有効成分でもあった。1966年、バイオネティクスは、2・4・5Tがマウス実験で先天性欠損症を誘発したと国立がん研究所に警告した。2・4・5Tがアメリカやベトナムで広く使用されていたにもかかわらず、政府はこの情報を公表しなかった。1968年にも、バイオネティクスは国立がん研究所に報告書を提出したが、情報を伝えられたのは、科学者や規制当局と農薬業界の関係者など、ごく少数に限られていた。

そうした状況にあっても、一部の科学者は枯葉剤を戦争で使用することに対して警告を発した。１９６７年にはアメリカ科学振興協会が、ベトナムで使用された枯葉剤の影響に関する研究を許可するようロバート・マクナマラ国防長官に申し入れた。[522]政府の回答は、「政府内外および他国政府の有資格科学者たちは、深刻な悪影響は生じないと判断している。彼らの判断に確信がもてない場合、我々がこれらの物質を使い続けることはないだろう」というものだった。[522]しかし、１９６９年の秋にはついに、消費者保護活動家ラルフ・ネーダーが出資する団体の職員が、バイオネティクスの報告書のコピーを偶然見つけ、これをハーバード大学の生物学者マシュー・メセルソンに回した。

メセルソンは以前、化学兵器や生物兵器をめぐるアメリカの立場に異議を唱えた人物であった。[522]また、ベトナムではオレンジ剤が散布された地域で先天性欠損症が急増しているという新聞記事も読んでいた。彼は１９６９年10月29日、ニクソン大統領の科学顧問を務める物理学者リー・デュブリッジを訪ね、懸念を伝えた。デュブリッジは、メセルソンがオフィスにいる間に、ヒューレット・パッカード社の共同創業者で国防副長官のデイヴィッド・パッカードに電話し、２・４・５Ｔの使用を制限することを決めた。[520]

デュブリッジはその日のうちに、「(国防総省は)2・4・5Tの使用を人口密集地から離れた地域に制限する」とマスコミに発表した。一方、農務省は「1月1日付で食用作物向けの2・4・5Tの登録を取り消す」とし、農務省と内務省では「進行中の計画における2・4・5Tの使用を停止する」ことが決定された。[520]

その数日後、デュブリッジはメセルソンに電話を入れ、ダウ・ケミカル社が、問題の原因は除草剤の2・4・5Tではなく、ダイオキシンにあると結論づけたことを伝えた。[520] 2・4・5Tへのダイオキシンの混入は製造工程の不備によるものだったため、農務省と国防総省は、製造技術が改善されれば除草剤の使用を継続できるとした。そのため、ダウ・ケミカルは1970年初頭に、改良版2・4・5Tが先天性欠損症を引き起こさないことを実証する研究を行った。[522] ダウ・ケミカルの検証結果を再現しようとした食品医薬品局と国立衛生研究所は、2・4・5Tがサリドマイドと同様に先天性欠損症を強く誘発し、ダイオキシンが含まれる場合はさらに深刻な影響を及ぼすことを突き止めた。これを受け、数年にわたり放置され、調査結果が秘匿されていたバイオネティクスの1966年の報告書が、わずか6週間で検証された。続いて、上院で公聴会が開かれた。しかし、科学諮問委員会が報告書のなかで述べた結論は、次のようなものだった。「枯葉剤が軍用化される以前、以後のベトナム人の先天性欠損症の発生率や種類に関する正確な疫学データがないため、先天性欠損症の増加があったかどうかを推定することは不可能である[522]」

一方、ダウ・ケミカルとハーキュリーズは、2・4・5Tの使用に関するささやかな制限を不服とし、全米科学アカデミーが推薦した科学者からなる別の諮問委員会に訴えた。[522]この委員会には、2・4・5Tの製造会社に雇用された科学者も含まれていた。委員会は、新設された環境保護庁に対し、ダイオキシン汚染を防止するために合成された2・4・5Tの継続使用を勧告した。

事態を憂慮した科学者たちが数年にわたって嘆願した結果、1970年にはアメリカ科学振興協会から調査資金が提供されることになった。[522]調査を担当したのは、立案者のメセルソンと、指揮を任されたアーサー・ウェスティングに、ジョン・コンスタブルとロバート・クックを加えた4人の科学者チーム「除草剤評価委員会」だった（本書の著者は、幸運にも1987年にウェスティングのもとで働く機会を得ている）。

ベトナムを訪れたチームは、国防総省の発表とは裏腹に、散布によって人口密集地の農作物が破壊され、ベトナムのマングローブ林の半分と広葉樹林の5分の1が深刻な被害を受けていることを確認した。併せて、妊娠中の母親が枯葉剤を浴びたことで、子どもの死産や先天性欠損症が引き起こされていることも判明した。[519・522・523] ウェスティングは、除草剤兵器の使用により、「いかなる軍事的利益が得られようとも、まったくつり合わないような人的被害を、非戦闘員たちに与えている」と報告している。[524]

チームは、17人のノーベル賞受賞者を含む何千人もの科学者からの精神的支援を得て、アメリカ政府に除草剤兵器の使用をやめるよう嘆願した。[524] 数多くの証拠とチームの報告書により、1970年、アメリカでは農作物向けの2・4・5Tの登録が停止され、ベトナムでのオレンジ剤使用も中止されることが決まった。[520] 実は1968年にはすでに、関係省庁による再調査で「しかし、農作物の破壊による影響を主に被るのは民間人である。〔中略〕1967年に破壊された農作物の90％程度は、ベトコンや北ベトナム軍の軍人ではなく、民間人が栽培したものだった」[520] という結論が出ていた。にもかかわらず、除草剤による農作物の破壊は1971年1月7日まで続けられたのだ。

メセルソンは、全米科学アカデミーが行った追跡調査にも参加している。1974年に作成された調査報告書では、枯葉作戦が子どもたちに病気や死をもたらし、回復に100年かかるほどの損傷をマングローブ林に与え、マラリアを媒介する蚊の数を増やし、食糧供給を破壊して住民の離散を引き起こしたことが伝えられた[522]。その翌年、ジェラルド・フォード大統領は大統領令11850に署名した。「アメリカ合衆国は国策として、戦争での除草剤の先制使用を放棄する。ただし、国内での使用に適用される規制のもと、アメリカ軍基地や軍施設内、その防衛境界線周辺の植生を制御するために用いる場合は例外とする[520]」

これらはどれも、1969年にリチャード・ニクソン大統領が、アメリカの化学兵器の先制使用を放棄し、生物兵器の使用を全面的に禁止したことをきっかけとして実現した出来事である[303]。メセルソンは、ハーバード大学の元同僚で、ニクソン政権とフォード政権で要職を務めたヘンリー・キッシンジャーを通じてニクソン大統領と接触し、その両方の決定に影響を与えていた[522]。ニクソン大統領は、「人類はすでに、あまりに多くの自滅の種を自らの手に握っている」と述べ、1925年のジュネーブ議定書を批准するよう上院に求めた。[303] 上院はこれを受け、ジュネーブ議定書とともに生物兵器禁止条約（第二次世界大戦後、初めて生物・毒素兵器を包括的に禁止した条約）を批准した。その後、除草剤兵器の先制使用を放棄した1975年に、フォード大統領がこの二つの条約に調印している。

化学的な事象が世界中の人々の日常生活に入り込むようになると、カーソンから始まった政府・産業界に対する疑いのまなざしは、さらに厳しさを増していった。たとえば、1968年3月13日、ユタ州にある陸軍ダグウェイ実験場で行われたVX神経ガスの実験では、現場から約72km離れた場所に放牧されていた6000頭の羊が死亡している。[522] こうした明白な事実を前にして、その後の14カ月の間に、軍の方針は神経ガス実験の全面否定から牧場主に対する損害賠償へと傾いていった。

1969年、アメリカ陸軍は800両の鉄道車両を使って、ロッキーマウンテン兵器工場から大西洋に約2万7000tの化学兵器を輸送し、海洋投棄する準備を進めた。[522] そのなかには、サリンを充填した爆弾が約1万2000t、漏れ出るサリンをコンクリートや鉄で封じたロケット弾が約2600t含まれていた。ニューヨーク州のマックス・マッカーシー下院議員は、信頼性の低い鉄道網を使って大量破壊兵器を輸送する計画の安全性に疑問をもち、世間に警鐘を鳴らした。メセルソンを含む全米科学アカデミーの委員会は、陸軍の輸送計画が極めて不適切であり、「CHASE（Cut Holes And Sink'Em：穴を開けて沈めろ）」と呼ばれる海上での兵器処理行動においても、すでに意図しない爆発事故などが起きていると指摘した。科学アカデミーの報告を受けて、陸軍は兵器をロッキー・マウンテン兵器工場で処分することに合意したが、サリンを封入したロケット弾は、例外としてフロリダ沖に投棄された。

　1978年、ニューヨーク州ラブキャナルに住むロイス・マリー・ギブスは、先天性欠損症や奇病が急増しているという地元メディアの報道と近隣住民の声に危機感を抱き、息子が通う学校の閉鎖と住民の移転を実現させるため、地域住民の組織化を図った。[525-527] この学校は、オキシデンタル・ペトロリアム社の子会社フーカー・ケミカル社が、2万t以上の有毒廃棄物を処分した跡地に建設されていた。同社はこの土地を地元の教育委員会に1ドルで売却する過程で、一切の責任を放棄していたのである。大学に通ったことも、関連する訓練を受けたこともなかったギブスは、元来こうした運動を先導するような人物ではなかったが、ラブキャナルの住民支援組織を設立し、産業界と政府の責任を追求する市民運動を率いることになった。そのため、技術者から修復計画の説明を受けた際には、「すみませんが、私はただの無知な主婦で、専門家ではありません。専門家はあなたで、私はちょっと常識的な目で見ようとしているだけです[526]」と述べたうえで、近隣の汚染を防止する技術の欠陥について指摘している。2年にわたって圧力をかけ続けた結果、1980年10月1日、ジミー・カーター大統領は、ラブキャナル全世帯の移転と、それに伴う損失の補填を表明した。こうした出来事を経て、同年末には、汚染された土地の浄化について定めた「包括的環境対処・補償・責任法(スーパーファンド法)」が成立している。

似たような災害を挙げれば切りがないが、ラブキャナルの場合と同様、企業の怠慢に抗議する世論が一般市民の手で盛り上げられたケースも多かった。その顕著な例が、カリフォルニア州の法律事務所の事務員エリン・ブロコビッチである。彼女は、パシフィック・ガス&エレクトリック社の運営する工場から溶出した六価クロムが、周辺住民の病気の原因になっていることに気づいた[425]。これを発端として、1996年にはアメリカ史上最大となる公害集団訴訟の和解が成立したのだ。

発展途上国では、化学物質による惨事の規模と影響が、より大きくなる傾向があった。財源が乏しく、管理体制が不十分なせいで、安全基準が曖昧になり、効果的な対応ができなかったことが原因である。たとえば、ユニオン・カーバイド社がインド・ボパールの農薬工場で起こした事故がそうであった。[421]セビン（もとは１９５６年発売のカーバメート系殺虫剤カルバリル）を製造していたボパール工場で、数え切れないほどの設備上・作業上のミスが重なり、小規模な化学事故が相次いで起こったせいで、１９８４年、致死的なガスの雲が町を覆い、数千人が死亡、数万人の住民が病気を発症した。貧困のため、人口密集地で毒性の強い化学物質を合成するリスクが許容されるとともに、標準的な安全対策が軽視されていたのだ。

このとき農薬の危険性を押しつけられた工場周辺の住民の状況は、農業従事者が直面した状況とよく似ている。カーソンが残留性のある有機塩素系農薬の危険性を世界に訴えたことで、世界中の政府はその生産と使用を段階的に停止した。その後、有機塩素系農薬に代わり、有機リン系農薬などの製品が登場した。有機リン系農薬は、環境中での滞留期間が短いという利点があるものの、皮肉なことに、毒性の強いものが多かった。[421] 結果として、残留性のある化学物質よりも労働上のリスクが高くなり、農業従事者とその家族に病気や死がもたらされた。１９８０年代にセサル・チャベスが率いたブドウのボイコット運動は、政治的手段をほとんどもたないこうした低所得者層への危険性の押しつけが引き起こしたものだった。[528]

カーソンの死後30年間で、アメリカの年間農薬消費量は倍増し、45万３０００ｔを超えた。[421] １９９０年代には、その半分以上を有機リン系農薬が占めていた。カーソンの著書は、有機塩素系農薬を警戒する方向へ政治情勢を傾けることに成功したが、彼女の警告にもかかわらず、有機リン系農薬の使用量は増え続け、野生生物に深刻な被害をもたらした。

ピレトリンの合成類似化合物である合成ピレスロイドや、ニコチンに似た構造をもつ浸透性農薬ネオニコチノイドといった新しい系統の農薬も、大々的に市場に投入された。[421・529] 殺虫剤として最初に広く利用されたピレトリンやニコチンは、値段の高さから用途が限定されており、合成品の開発には大きな期待が寄せられていた。合成ピレスロイドは１９４９年に初めて実用化され、１９６０年代後半に改良を施された。ピレスロイド系のなかでも商業的に重要な位置を占めるペルメトリンは、１９７２年に発見されている。

ネオニコチノイドは１９８０年代に初めて市販され、よく使われていた有機リン系農薬が各国政府に制限されるようになってからは特に、絶大な人気を誇った。[421] ２０１３年には、有機リン系農薬に代わって、世界中で最も使用量の多い農薬となったが、これまでと同様、多くの昆虫はネオニコチノイド耐性を急速に発達させている。そして、やはりこれまでと同様、無数の鳥を死に追いやり、蜂群《ほうぐん》崩壊症候群（ミツバチとマルハナバチが大量に姿を消す現象。世界各地で報告され、ハチの授粉に依存する農業が影響を受けている）の原因の一つとなるなど、自然界のバランスに影響を与えている。化学者たちは、害虫から農作物を守るために努力を重ねた結果、授粉の媒介者や害虫の捕食者となる虫まで殺す農薬をつくり出し、保護しようとした農作物の生産そのものを危険にさらしてしまったのだ。

『沈黙の春』の出版から数十年の間に、「沈黙の春」のほかにも、地球上の生命にとって重要な意味をもつ言葉が新たに生まれ、人々はたちまち「酸性雨」「核の冬」「オゾンホール」「地球温暖化」について心配するようになった。有害化学物質を問題視するカーソンの筆致は、誇張した暴言ではなく、むしろ過小評価であることが明らかになったが、それも彼女が意図して行ったことだった。一般読者が1冊の本から吸収できる量は限られているからだ。「『沈黙の春』で扱ったのは、決して珍しい問題ではない。有害で危険な物質によって、生物界を見境なく汚染するという残念な行為全体からすれば、ほんの一部にすぎないのだ[471]」

科学者たちは、DDTをはじめとする多くの農薬が、内分泌系を撹乱《かくらん》する毒性をもつことを明らかにした。しかし、そうした化合物は、多くのPCB（ポリ塩化ビフェニル）含有製品、洗浄液、化粧品やパーソナルケア製品、可塑剤、難燃剤など、気の遠くなるほどたくさんの製品に含まれている。実際、日常生活で使用される有害化学物質を挙げれば切りがない。人間やほかの生物は何千種類もの有害化学物質にさらされており、それらが予測不可能な形で相互に作用して、発達異常や遅延性疾患、さらには世代を超えて受け継がれる健康被害を引き起こしているのだ。カーソンはこうした状況を予測していた。「農薬をむやみに使えば、まだ生まれてもいない世代を危険にさらす可能性があるという私の懸念は、単なる女性的な直感と呼べるようなものではない[471]」

農薬と『沈黙の春』をきっかけに、世間は問題を認識し、解決策を模索し始めた。しかし、それ以上に重要だったのは、レイチェル・カーソンの呼びかけにより、一般の人々が市民科学者として自ら学び、政府や企業の怠慢と腐敗に打ち勝とうとするようになったことだろう。彼女は死の直前にこう書いている。「自分の価値観を認識し、定義した以上は、恐れることも謝罪することもなく、それを貫かなければならない[513]」

農薬の歴史が暗示する農薬の未来とはどのようなものだろうか？　新しい化学物質は今後も登場し、害虫が抵抗性を獲得するまでの間、一時的に効果を発揮するだろう。新しい技法や技術が害虫の数を減らし、そのおかげで致命的な病気や飢饉による被害が抑えられることもあるだろう。こうした新技術には、必要性に裏打ちされた抗しがたい魅力があるが、そのなかから、テトラエチル鉛やフロンのように、予期せぬ深刻な結果をもたらすものも出てくるかもしれない。あるいは、生活環境を大幅に改善するものや、資源をめぐる緊張や競争を緩和するものが現れ、それによって戦争のリスクが軽減されるかもしれない。戦争に利用されるものもあるだろうが、それは人間という存在に使われたことの当然の帰結ともいえる。企業は利益を上げ続けるだろうし、企業、規制当局、一般市民の間の葛藤は、レイチェル・カーソンの言葉によって永遠に変わってしまった政治劇の舞台上で、これから先も繰り広げられ続けることだろう。

私たちを取り巻く世界の驚異と現実に、しっかりと目を向ければ向けるほど、当然ながら、自らの破滅を招くような振る舞いは減っていくでしょう。驚嘆と畏敬は健全な感情であり、破壊への欲望とは共存しないのです。[469]

# 終章

フリードリヒ・ヴェーラーが、1828年に偶然シアン酸とアンモニアから尿素を合成して以来[300]、科学者たちは飢饉を食い止め、病気に立ち向かい、軍隊を破壊するために、原子や分子の働きについて研究を重ねてきた。ここではその歴史を振り返りつつ、三人称ではなく一人称で自分の考えをまとめるとともに、科学者、化学、進歩、悲劇の相互作用について執筆する動機となった私の家族史を少々長めに披露したいと思う。私の先祖にまつわる話をいくつか紹介し、その意味するところを考えるために、語り口を変えることをご容赦願いたい。

物理学者ジェイムス・フランクについては、師であり友人でもあったフリッツ・ハーバーと第一次世界大戦中にガスマスクの有効性を検証した話、ナチスの反ユダヤ主義に抗議して研究所長職を辞任した話、のちにノーベル賞を受賞するゲオルク・ド・ヘヴェシーが、コペンハーゲンにあるニールス・ボーアの研究所で王水を使ってフランクとマックス・フォン・ラウエのノーベル賞の金メダルを溶かした逸話をすでに紹介した。だが、私にとってこれらは、個人的なつながりのある話でもある。というのも、フランクは私の曽祖父だからだ。我が家では、彼のことをオーパ（おじいちゃん）と呼んでいる。

ナチスが台頭する前、オーパは講演でカリフォルニア大学バークレー校を訪れることになった。[530] 娘のダグマー（私の祖母）には、1927〜1928年にロックフェラー財団の助成金を得てバークレーで研究している友人がいた。それが私の祖父となるアーサー・フォン・ヒッペルだった。アーサーは、研究室の助手と一緒に買った15ドルのシボレーで、オーパをサンフランシスコへ迎えに行った。

アーサーは自叙伝のなかで、その際に起きた出来事についてこう語っている。


列車を降りた彼と駅を出ると、あたりは昼下がりの濃霧に包まれていた。そこは私にとって初めての土地だった。街角を曲がったとき、不意に車が線路の盛り土の上を走っていることに気がついた。後ろで汽笛が鳴り響き、貨物列車がこちらへ向かって動き出した。オーパは、車を捨てろと叫んだ。だが私は、『15ドルもしたんだ、そんな真似はできない』と怒鳴り返し、線路脇の材木の山に車ごと突っ込んだ。着地の衝撃はあったが怪我はなく、幽霊のような貨車の影が頭上を通りすぎていった。曲がったフェンダーを戻した後、私たちはそれ以上の不運に見舞われることなくバークレーに到着した。この出来事が私たちの友情を堅固なものにした。オーパは車に後ろ向きに乗って山を登るのが好きだった。私が食事をしていないのを知ると「偶然にも」夕食に招待してくれたし、ハミルトン山やウィルソン山にある天文台にも連れて行ってくれた。当時は禁酒法の時代だったので、ギルバート・ルイス（バークレーの有名な化学者）と一緒に、ギルバートお気に入りの「もぐり酒場」に行ったりもした。（中略）ウィルソン山への遠征は、遠い銀河の赤方偏移や膨張する宇宙について研究していたハッブル教授との議論によって、とりわけ興味深いものとなった。[530]

それから2年後の1930年、ドイツに戻ったアーサーは、ダグマーとの結婚をオーパに申し出た。「オーパは反ユダヤ主義の高まりとナチス時代の到来について警告してくれたが、私は反ナチスの立場を取り、自分のギルドと青年運動のために反対声明を書いたことを伝えた。彼はそれでも賢明な判断ではないと思っていたようだが、結局はダギーに決めさせた」[530]。アーサーの家族は当初、オーパが予想した通りの反応を示した。「父、兄弟、オルガ（妹）は、ユダヤ人との結婚に最初は唖然としていたが、その後はずっと支えてくれた。親戚たちは激昂し、介入するために家族会議の開催を求めてきた。ただ一人、第一次世界大戦中にバルカン半島で陸軍司令官を務めた老将コンラッド・フォン・ヒッペルだけは、私に味方する優しい手紙を書き送ってくれた[530]」

　ダグマーと結婚してから数年間、アーサーはノーベル賞受賞者のアルバート・アインシュタイン、マックス・プランク、グスタフ・ヘルツ、フリッツ・ハーバー、ヴァルター・ネルンストらと交流し、科学者として実り多い日々を過ごした[530]。アーサーとオーパは、どちらもネルンストとつき合いがあった。ネルンストが自分の最新の発明品である電気ピアノを披露したとき、プランクが座って弾いたそうだ。ハーバーとも交流があり、アーサーとダグマーが南ドイツにある彼の農場を訪ねた際、ダイムラーを借りたが、車の屋根が崩れてきて危うく事故を起こしそうになったという。ダグマーはこのとき、私の父アーントを身ごもっていたので、まさに危機一髪であった。

　それからまもなくして、一家は大混乱に陥った。ここからはアーサーの自叙伝を大きく引用しながら、その経緯を説明しよう。

> 農学部の教授で熱烈なナチス主義者であった学長は、全学会議を招集し、大学憲章の廃止を宣言した。そして、私たちに窓の外を見るように言った。そこには、あらゆる抵抗の芽を摘むべく、ワイマール共和国軍（国防軍）とナチス突撃隊が整列していた。ポール教授率いる第一物理学研究所はナチスに加担した。フランクが所長を務める我が第二物理学研究所は抵抗したが、内部に裏切り者がいた。博士課程の学生の一人がナチスの指導者だったのだ。彼はナチスの秘密占領計画書を研究室の自分の棚に隠しもっていた。[530]

アーサーが偶然その極秘計画書を発見したと思い込んだその学生は、アーサーを逮捕すると脅した。「ほどなくして、ダギーがユダヤ人であることが、私たちの生活に大きく影響するようになった。昔からの『友人たち』は、急に近視が進んだかのように私たちに気がつかなくなった。私が通りを歩くと、人々は道の反対側に渡っていった。父は

『アーリア人の出自』を証明しなければならなかった。東プロイセンの地方長官で、一族の歴史家でもあった叔父ヴァルター・フォン・ヒッペルは、私とダギーの結婚に特に激怒していたが、ナチスの大管区指導者エーリヒ・コッホによって投獄されてしまった。コッホはかつて無能だとして叔父が解任した人物だった。父はドイツの最高裁でヴァルターを弁護し、釈放させたが、ナチスはそのままヴァルターを牢屋に戻してしまった。ヴァルターは、私に謝罪の手紙を書いた後、自殺した[530]」

「1933年春、ヒトラーの命令でユダヤ人学生が大学から追放され、続いてマックス・ボルン（のちのノーベル賞受賞者）やリヒャルト・クーラント（著名な数学者）といったユダヤ人教授たちも解雇された。第一次世界大戦の英雄的行為により、第一級鉄十字勲章を授与されていたオーパ・フランクは解雇を免れたが、明らかにこの優遇措置を喜んでいなかった。そこで私たちは、彼や友人らとともに辞表を作成した[530]」。オーパが政府に提出した辞表にはこう書かれている。「この書面をもって、ゲッティンゲン大学教授および同大学第二物理学研究所長の職務を解いていただくよう、大臣にお願い申し上げます。ドイツ・ユダヤ人に対する政府の態度を鑑みれば、私にとってはこれが本質的に不可避な決断なのです。敬具、ジェイムス・フランク教授・博士[308]」

アーサーはオーパの辞任を公表するため、「早朝、私たちはこの宣言を『*Göttinger Zeitung*（ゲッティンゲン新聞）』に電話で伝えた」という[530]。これを受け、同紙は次のように報じている。

ゲッティンゲン大学第二物理学研究所の所長であるジェイムス・フランク教授は、プロイセン州の科学・芸術・文化大臣に対し、自分を公務から即時解任するよう求めた。このニュースは、ゲッティンゲンのみならず、ドイツ全土、ひいては世界中で大きな騒ぎを巻き起こすだろう。フランクは、地元や国内に限って並外れた名声があるような講師ではない。彼の国際的な評価と世界的な名声は、今日のドイツ人学者のなかでも群を抜いている。数年前に彼がノーベル賞を受賞したとき、ドイツ全土がそれを類いまれな栄誉として受け止めた。ドイツ人が、ドイツの科学研究の名声を再び国境を越えて広めたからである。このような人物が、50歳の若さで自発的に教育と研究の道を放棄するならば、科学は計り知れない損失を被ることになるだろう。[308]

のちに同僚のオットー・ハーンとともに核分裂を発見するリーゼ・マイトナーは、オーパに次のような手紙を送っている。「あなたの手紙を最初に読んだとき、当然ながら動揺を覚えました。でも、よくよく考えたうえ、あなたが学長に宛てた手紙の文言を読んでみると、あなたが正しいと認めざるを得ませんでした。人は自分の信念に反して生きることはできないのです[308]」。高名な科学者マイケル・ポランニー（息子のジョンは1986年にノーベル化学賞を受賞）は、オーパへの手紙に次のように書いた。「あなたが踏み出した一歩を驚きと喜びをもって知りました。ユダヤ人の名誉を守るためにあなたがしたことは、ユダヤ人が存在する限り忘れ去られることはないでしょう[308]」。ベルリンのラビ、ヨアキム・プリンツは、「この困難な時代にあって、ドイツのユダヤ人とドイツ人のためにあなたが示してくれた類まれな模範に感謝することが、私の責務であると感じています」と書いている。[308] ユダヤ退役軍人連盟は、オーパに次のような手紙を送った。「敬愛する戦友、フランク教授。私たちは、最前線に立つ兵士として、またユダヤ人として、あなたの素晴らしい見解に称賛と感謝の意を表したいという強い思いに駆られています。あなたはドイツのユダヤ人に対し、比類ない精神的支援を与えてくださいました。あなたが仲間に加わってくれたことを誇りに思います[308]」。オーパ辞任のニュースは、イギリス、アメリカ、オランダ、イタリアといった各国のメディアによって、広く報道された。

アーサーは次のように書いている。「1933年4月にオーパが出した素晴らしく威厳のある声明は、ナチスとナチス側に立つ教授陣に対する爆弾となった。4月24日付の『*Göttinger Tageblatt*（ゲッティンゲン日報）』紙には、声明への反論が掲載された[530]」。42人の教員が署名した投書には、「上記の辞表の形式が妨害行為に等しいという点で、我々の意見は一致している。よって、政府が必要な粛清措置を速やかに実行することを望む」とある[308]。この投書によって、署名者たちはユダヤ人教員の地位を奪い、昇級する機会を得た。

アーサーはこうも書いている。「ナチスはすでに私たちの電話回線を盗聴していたため、ナチスの主要新聞『*Völkischer Beobachter*（民族の監視者）』紙上でも、私たちは個別に攻撃された。あまりに腹が立ったので、ゲッティンゲンの（それも『ユダヤ通り』にある）ナチス本部に行き、責任者に決闘を申し込んだ」[530]。ナチスはその後、オーパの声明を掲載した『*Göttinger Zeitung*』紙を廃刊に追い込んだ。

オーパは、ドイツ国内で公務員以外の職に就けないかと考えた。マックス・ボルンに宛てた手紙にはこうある。「私はプランクに、ドイツで研究する機会と一定の収入が得られるのであれば、国家公務員という身分ではない限り、どのような職でも受け入れると伝えた。ユダヤ人に対する戒厳令が敷かれている間は、公務員になるつもりはない」[308]。オーパは、カイザー・ヴィルヘルム研究所の客員研究員としてＩＧファルベンに勤められるかどうかを問い合わせた。カール・ボッシュも手を差し伸べようとしたが、政治的な事情がそれを妨げた。ノーベル賞受賞者で、ナチス政権で上院議員を務めていた強烈な反ユダヤ主義者フィリップ・レーナルトが、上院に嘆願書を提出したのだ。「次の３者に関する質問を書面にて上院に提出します。上院は、（１）ユダヤ人フリッツ・ハーバー、（２）ユダヤ人ジェイムス・フランク、（３）イエズス会ムッカーマンを直ちに解任し、それぞれをカイザー・ヴィルヘルム協会の研究所から完全に遠ざけることに賛成でしょうか？」[308]

国家社会主義学生同盟のメンバーは書店や図書館を襲撃し、ユダヤ人によって書かれた本を強制的にすべて撤去した。[308] これらの本は、1933年5月10日からゲッティンゲンを含む全国の都市で行われた焚書によって燃やされた。ゲッティンゲンでは、大学の新学長が大勢の観衆を前に、焚書によって「非ドイツ的精神」に対する闘いの火蓋は切って落とされたと語った。もはやドイツにオーパの居場所はなかった。

アインシュタインは5月末に、ボルンに宛てた手紙を書いている。「あなたとフランクが職を辞したことをうれしく思う。二人の無事にほっとしているところだ。しかし、若い人たちのことを思うと胸が痛む。リンデマン（ウィンストン・チャーチルの顧問も務めた物理学者フレデリック・リンデマン）がゲッティンゲンとベルリンに（1週間）滞在している。あなたが彼に宛てて、（エドワード・）テラーについて知らせる手紙を書くのはどうだろうか。パレスチナ（エルサレム）に優れた物理学研究所を設立する計画があると聞いた。これまでひどく混乱していた土地なので、まったくの大ぼらだろう。しかし、もしこの件が真剣に進められるような気配があれば、すぐに詳細を知らせよう」[308]。ボルンは、ノーベル賞受賞者のアーネスト・ラザフォードから誘いを受けて、ケンブリッジに移った。

アーサーはこう書いている。「フランク教授の声明がイギリスで再度報じられると、オックスフォード大学のリンデマン教授が助けに来てくれた。リンデマンは私をオックスフォードに連れて帰ると言ったが、私たちは、仲間のうち唯一ユダヤ系の出自であるハインリヒ・クーンのほうが危うい立場にあると考えた。よって、ハインリヒとマリエルがオックスフォードへ行き、輝かしいキャリアを歩むことになった。その直後、チューリッヒ大学のシュワルツ教授が、トルコの独裁者ムスタファ・ケマル（・アタテュルク）と交渉して、イスタンブールにヨーロッパ型の新しい大学を設立し、およそ30人のヨーロッパ人教授を採用する約束を取りつけた。そして私も、その『幸運な人間』の一人に選ばれた。〔中略〕ゲッティンゲンで皆と過ごした最後の夜、とてつもない数の流れ星を見た。私たちは裏庭で、友人のベイヤー家と一緒に畏敬の念をもって眺めながら、それをこれから起こる事態の前兆として受け止めた[530]」

アーサーとダグマーは、息子のペーターとアーントを連れてイスタンブールに落ち着いた。アーサーはその後の出来事についてこう書いている。「私は以前スルタンが住んでいた宮殿の一角を将来の研究室として受け継ぎ、植物学者のハイルブロンとブラウナーはかつてのモハメッド神学校に職場を与えられた。〔中略〕その2日後の晩、ケマルがドルマバフチェ宮殿で外国人教授のために大規模な祝宴を開いてくれた。私たちは故意に欠席したが、それには一風変わった理由があった。ケマルには、特に気に入った女性を連れ去り、数日してから夫に返す習慣があったのだ[530]」。アーサーと作業員は、古い戦艦の残骸やバザールで買い集めたガラクタなどを使って、新しい物理学研究室をつくり上げた。

残念なことに、世界的な科学者を迎え入れるに当たり、トルコ人教授たちは解雇された。そのため、彼らはドイツ人たちを敵意と陰謀をもって出迎えた[530]。あるトルコ人の元教授はドイツ人の後任者に毒をもったが、被害者は幸いにも一命を取り留めた。また、別の元教授たちが、ドイツ人教授らは詐欺師であると大統領に告発し、正式な調査が行われたこともあった。

ドイツ語とフランス語で講義をしていたアーサーは、発電機に関する講義を通訳が次

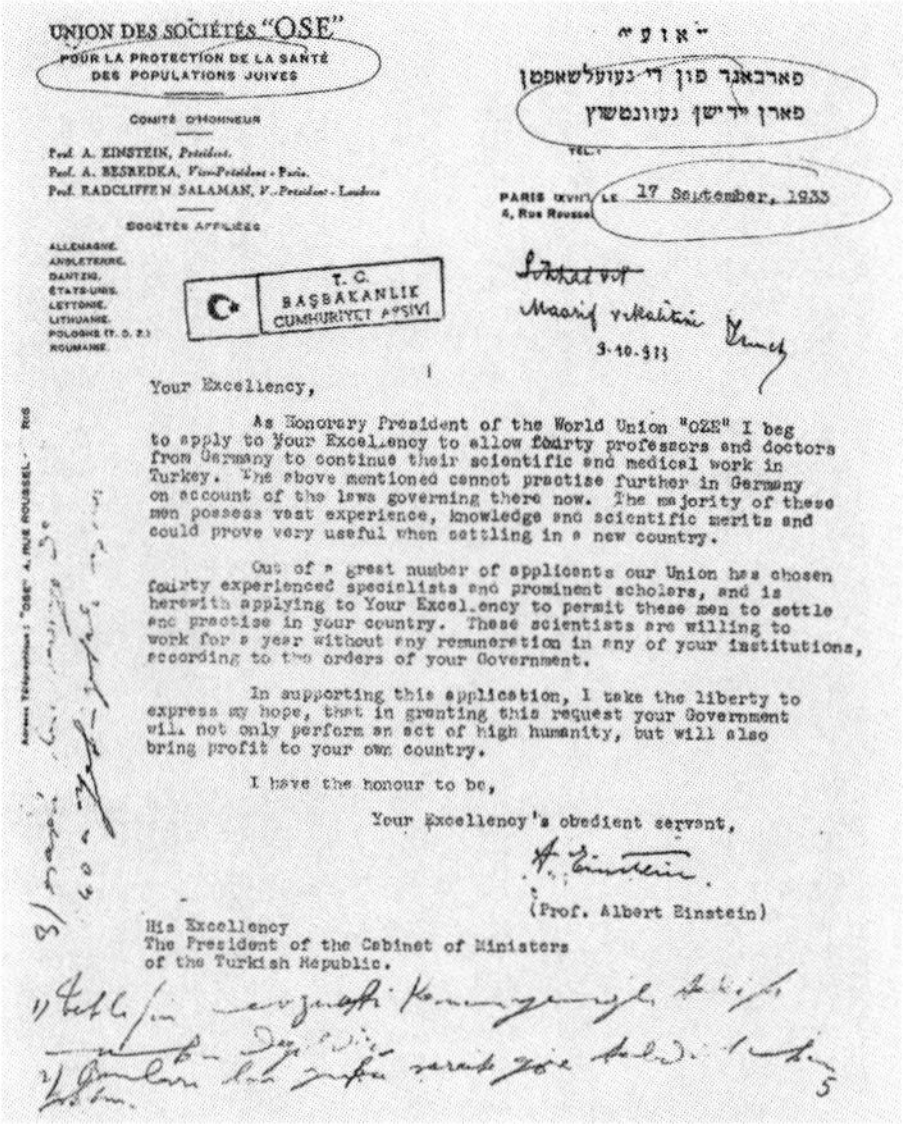
UNION DES SOCIÉTÉS "OSE"
POUR LA PROTECTION DE LA SANTÉ
DES POPULATIONS JUIVES

COMITÉ D'HONNEUR

Prof. A. EINSTEIN, Président.
Prof. A. BESREDKA, Vice-Président - Paris.
Prof. RADCLIFFE N. SALAMAN, V.-Président - Londres

SOCIÉTÉS AFFILIÉES

ALLEMAGNE.
ANGLETERRE.
DANTZIG.
ÉTATS-UNIS.
LETTONIE.
LITHUANIE.
POLOGNE (T. O. Z.)
ROUMANIE.

T. C.
BAŞBAKANLIK
CUMHURİYET ARŞİVİ

״אזע״
פארבאנד פון די געזעלשאפטן
פארן יידישן געזונטשיץ

PARIS (XVII°), LE 17 September, 1933
4, Rue Roussel

Your Excellency,

As Honorary President of the World Union "OZE" I beg to apply to Your Excellency to allow fourty professors and doctors from Germany to continue their scientific and medical work in Turkey. The above mentioned cannot practise further in Germany on account of the laws governing there now. The majority of these men possess vast experience, knowledge and scientific merits and could prove very useful when settling in a new country.

Out of a great number of applicants our Union has chosen fourty experienced specialists and prominent scholars, and is herewith applying to Your Excellency to permit these men to settle and practise in your country. These scientists are willing to work for a year without any remuneration in any of your institutions, according to the orders of your Government.

In supporting this application, I take the liberty to express my hope, that in granting this request your Government will not only perform an act of high humanity, but will also bring profit to your own country.

I have the honour to be,

Your Excellency's obedient servant,

(Prof. Albert Einstein)

His Excellency
The President of the Cabinet of Ministers
of the Turkish Republic.

**図13.1**　アルバート・アインシュタインは自分の影響力を利用し、ユダヤ人教授のトルコ（およびアメリカ）での雇用を確保することで、彼らを救済しようとした。[531-533] そうして助けられた科学者のなかには、私の祖父アーサー・フォン・ヒッペルも含まれている。上の手紙は、アインシュタインがパリのユダヤ人救済団体を代表して、トルコのイスメット・イノヌ首相に送った1933年9月17日付の手紙である。トルコ政府の関係者が手紙の余白に記したメモには、「この提案は（現行法の）条項と相容れないものだ」「現状では受け入れられない」といったことが書かれており、この計画が失敗に終わりそうだったことがわかる。[532] どうやら計画を前進させたのは、大統領の決定だったらしい。オーパとリヒャルト・クーラントは、ロックフェラー財団の依頼により、トルコで高等教育の近代化が成功する可能性について調査し、「（トルコ政府関係者が）トルコの高等教育の発展に寄与する有望な科学センターをイスタンブールにつくりたいと強く望んでいることがわかった」と報告している。[532]（トルコ首相府国家アーカイブ総局コレクションより）

のように訳したことから騒動に巻き込まれた。「教授は設計の詳細については話したくないと言っている。君たちは馬鹿すぎてどうせ理解できないのだから、故郷でジャガイモやオレンジを植えて稼ぎ、外国から機械を買ったほうがよいそうだ」[530]。学生たちは激怒し、ストライキを起こして大学を閉鎖した。アーサーは次のように書いている。「単純な誤解だったにせよ、陰謀だったにせよ、結果は悲惨なものとなった。アンカラからは首相と文部大臣がやってきた。同僚たちは震え上がり、ほとんどが私を見捨てた。新聞には、私が元教授ではなく、古着売りだったという記事が載った。ダギーは子どもたちと散歩していたときに、近所の情け深い婦人たちから夫の暗い過去について同情まじりに教えられた。結局、当初5年だった契約期間は、双方の合意により1年に短縮された[530]」

アーサーがトルコで危機に陥っていた頃、オーパはすでにコペンハーゲンにあるボーアの研究所（物理学者エドワード・テラーもここに移った）で、ロックフェラー財団の助成を受けながら働いていた[308]。オーパとボーアは仕事を通じた固い絆で結ばれていた。ボーアは原子構造理論の業績で1922年にノーベル賞を受賞、オーパはその原子構造理論を初めて実験的に証明したことで、1925年に（グスタフ・ヘルツとともに）ノーベル賞を受賞した。1930年にオーパがテラーと初めて会ったとき、オーパはこう述べたという。「ボーアの考えはばかげているように思えたが、ボーアがとてもいい奴だったから、少なくとも試してみるべきだろうと思ったんだ[534]」

オーパは、光合成の物理的性質を研究するために実験を重ねた[308]。この新しい分野での自分の発見に不安を感じていたオーパは、1913年にクロロフィルの構造を明らかにしたリヒャルト・ヴィルシュテッターと連絡を取り合っていた。また、ゲオルク・ド・ヘヴェシーやボーアらとともに、放射性崩壊の研究にも従事した[530]。

アーサーとダグマーの苦境に心を痛めていたオーパは、元教え子のハインリヒ・クーンに次のような手紙を書いている。クーンは、リンデマンが（アーサーの頼みでアーサーの代わりに）オックスフォードへ連れて行き、のちにマンハッタン計画に携わることになる人物である。「私たちがここに残るかどうかは、おそらくヒッペルの運命にかかっている。私たちは多くのものを失ったので、せめて子どもたちには手の届くところにいてほしいのだ[308]」。オーパはこの危険な時代においても十分な保障が得られるよう、ノーベル賞の賞金を二人の娘に譲った。

オーパを安心させるため、アーサーはボーアの招きに応じて家族とともにコペンハーゲンへ移り、1935年1月から1936年8月までボーアの研究所で働くことになった。[530] 一家の再会を祝して、ボーアは彼らに別荘を貸した。待ち望まれたこの休暇には、のちにマンハッタン計画に携わり、本人の意に反して「水爆の父」[534]と呼ばれるようになるテラーも参加していた。アーサーは、ボーアと過ごしたこの素晴らしい時間について、次のように伝えている。「講義中、ボーアは自分がどの言語（デンマーク語、ドイツ語、英語）で話していたかわからなくなり、考えている途中で言語が切り替わることがあった。それから突然動きが止まり、無表情になるのだ。そこで新しいアイデアが生まれると、笑みがこぼれるのだった[530]」

アーサーはボーアの要請により、高電圧実験用の設備を手に入れる目的で、ドイツへの最後の旅に出た。[530] 原子核の励起と崩壊の実験を行うために、100〜200万ボルトの電圧を発生させる設備が必要だったのだ。ネルンストがスイスのモンテ・ジェネローゾで開発した人工雷発生装置は、そうした巨大な電気出力を想定したものだったが、その試作機はボーアの要求にそぐわなかった。アーサーは、２００万ボルトの新型カスケード変圧器を製造しているドイツの会社を訪ねることになった。

ドイツ滞在中には、昔の友人の多くがナチスに入ったと聞かされたり、ヒトラー本人が車で通り過ぎるのを目撃したりしたという[530]。ダグマーはその頃、コペンハーゲンのドイツ大使館員から、ナチスがアーサーを逮捕するつもりだという警告を受け取り、友人を介してそれをアーサーに伝えた。そのためアーサーは予定を変更し、ナチスの執行官が待ちぶせしている列車ではなく、飛行機でドイツを脱出してデンマークに戻った。

ボーアの研究所で働ける期間には限りがあったので、一家はアメリカで新生活を送る準備を進めた。いよいよ移住の準備が整うと、オーパは数日の予定でプランクをデンマークに招待した。しかし、プランクはこう答えた。「海外には行けない。これまでは、自分がドイツ科学界の代表であると思っていたし、そのことを誇らしく感じながら旅をしていた。だが今となっては、恥ずかしさのあまり顔を覆わなければならない[308]」

オーパは家族のなかで最初にアメリカに渡り、ジョンズ・ホプキンス大学に職を得て、あとから来る家族のために新しい生活の準備を整えた[308]。その後、１９３６年の夏にヨーロッパに戻り、娘たちとその夫、孫たちの移住を手伝った。

1936年8月末、ボーアとその家族に港まで送られて、オーパ、アーサー、ダグマーと男児二人は、アメリカに向かうスキャンステート号に乗り込んだ。アーサーは、マサチューセッツ工科大学（MIT）の学長だった物理学者カール・コンプトン（以前、ゲッティンゲンでオーパの研究所の客員教授を務めたことがあり、また偶然にも私の妻の一族である人物）から、MITでのポストを約束されていた[313]。一家がアメリカのアパートに落ち着くと、上の階の住人が彼らの幼い娘の誕生日会に兄弟（私の父と叔父のペーター）を招いてくれた。その女の子がペーターに「私の先祖はメイフラワー号でやってきたの！」と言うと、ペーターは「ぼくの先祖はスキャンステート号で来たんだよ！」と答えたそうだ[530]。

第一次世界大戦では、アーサーもオーパもドイツ軍に所属して塹壕の中で戦った[530]。第二次世界大戦では、二人はその科学的な才能を、ナチスドイツと戦うアメリカ軍の強力な道具として使った。アーサーは、カール・コンプトンに認められ、5000ドルの助成金を得てMIT絶縁体研究所を設立した。これがのちに、軍事活動を支える最大級の

**図13.2**　『*Ekstrabladet*』紙に掲載された、スキャンステート号でコペンハーゲンを出発するオーパ・フランク、叔父のペーター（オーパの右）、父のアーント（オーパの左）の写真。アメリカ到着後、一家はエリス島で入国手続きを行った。

材料研究所となった。アーサーと彼のグループはレーダー用の誘電体材料を開発し、アーサーはそれと並行してＭＩＴの放射線研究所でこれらの材料を新しいレーダー技術に組み込む研究を行った。彼の研究室ではまた、戦時中にさまざまな分野で用いられるプラスチック、ゴム、セラミックス、水晶といった材料を製造したり、半導体や光電池の性能を高めるために材料を改良したりもしていた。

アーサーの絶縁体研究所は、陸軍、海軍、軍需生産委員会と共同で「誘電体に関する戦争委員会」を結成した。[530]政府はこの委員会に、戦地で生じた素材に関する技術的問題を解決するように命じた。その一つが、ダニや菌類が軍服や装備を食い荒らすというニューギニアで起きた問題だった。アーサーは、効果的な解決策として、素材にハロゲン化合物を使うよう提案した。供給元との契約があったため、軍はこの解決策の実施を遅らせたが、最終的にはアーサーが提案したポリ塩化ビニルを使って問題を解決した。アーサーはこう述べている。「こうした化合物が、のちのちスプレーという形で家庭内で乱用され、ミス・カーソンの『沈黙の春』に描かれたような脅威をもたらすことになるとは、当時は予想もしなかった[530]」。アーサーは戦時中の功績により、1948年にトルーマン大統領からアメリカ大統領功労賞を授与された。[535]

一方、オーパはジョンズ・ホプキンス大学からシカゴ大学に移り、テラーと協力して光合成の研究を行った。[308]しかし、戦争が始まると、彼らは愛する基礎科学ではなく、ナチスに先んじて核兵器を開発するという現実的な課題に力を注ぐことになった。指揮を執ったのはロバート・オッペンハイマーだった。オーパはその何年も前に、ゲッティンゲン大学で行われたオッペンハイマーの博士号試験に出席していた。のちにオッペンハイマーはこう語っている。「ギリギリのところで会場から逃げ出したよ。彼はもう質問を始めていたが」[314]。ノーベル賞受賞者のエンリコ・フェルミが大学の古いスカッシュコートにウラン原子炉を建設し、同じくノーベル賞受賞者であるアーサー・ホリー・コンプトン（カール・コンプトンの弟）がシカゴで研究を指揮した[308]。私の家族の歴史におけるもう一つの偶然は、アーサー・ホリー・コンプトンがオーパを核爆弾研究の化学部門のリーダーに任命したことである。オーパは、原子爆弾の準備が整ったのち、その使用に関する意見を政策立案の責任者に提示することを条件として、これに同意した[313]。ナチスが先に原子爆弾を開発し、勝利を確実にすることを恐れるとともに[314]、ナチスによって科学統制が強化された経験から、アメリカ政府が科学統制に乗り出すことを恐れたのだ。

ヨーロッパからは、悪い知らせが容赦なく届いた。スウェーデンに逃れたリーゼ・マイトナーは、ドイツに残った友人たちの運命を手紙でオーパに知らせてくれた[308]。マックス・プランクの息子エルヴィンは、ヒトラー暗殺未遂事件に関与したとして処刑されたという。そうした悲惨なニュースが、うんざりするほど次々と届けられていた。オーパはマイトナーに対し、ぜひともボーアに励ましてもらいたいものだと書き送っている。「夏にはボーアに会って、人生に対する彼の楽観的で建設的な態度に少しでも感化されたいと思う[308]」。ボーアもマイトナーと同様、スウェーデンへ逃げていた。

ナチスドイツの敗北によってヨーロッパでの戦争が終わると、マンハッタン計画の科学者たちは、この新兵器が日本に対して使用された場合の影響に目を向けるようになった[308]。オーパはほかの科学者たちとともに、商務長官ヘンリー・ウォレスに懸念を伝えた。「原子力を賢く使う準備が倫理的にも政治的にも整っていないうちに、それを解き放つ方法を人類が学んでしまったことを心配せずにはいられません[314]」。1945年6月5日、オーパはマンハッタン計画の責任者たちに、原子爆弾の政治的影響についてまとめた文書を送った。そこにはこう書かれていた。「驚異的な破壊をもたらす爆弾が、まもなく利用可能になるはずです。アメリカは、この目標を達成するために3年半を要し、この進歩のために莫大な量の国富を犠牲にし、数々の巨大な科学・産業上の組織を必要としました[313]」

翌日、コンプトンはオーパを、原爆の社会的・政治的な影響を報告する委員会のリーダーに任命した。[313] ほかの委員には、グレン・シーボーグ（のちの原子力委員会委員長）、レオ・シラード（1933年に核連鎖反応のアイデアを思いついたが、その余波に心を痛めていた物理学者）、ユージン・ラビノウィッチ（『*the Bulletin of the Atomic Scientists*（原子力科学者会報）』の共同設立者）などがいた。彼らが5日間で完成させたのが、のちに「フランク・レポート」として知られるようになる報告書である。オーパ、コンプトン、物理学者のノーマン・ヒルベリーは、ワシントン市のヘンリー・スティムソン陸軍長官に報告書を届けようとしたが不在だったため、コンプトンが書いたメモを添えて、スティムソンの秘書に預けた。メモには、原爆投下が戦争終結を早めることで救われる人命について、報告書は十分に考慮していないと書かれていた。[313,536] これは、エンリコ・フェルミ、アーネスト・ローレンス、ロバート・オッペンハイマーの分析に基づいた意見だった。コンプトンとこの3人はその後、6月16日に「我々には、戦争を終結させるような技術的デモンストレーションを提案することはできず、直接の軍事利用に代わる受け入れ可能な選択肢は見い出せない」と結論づけている。[314]

「フランク・レポート」の要旨は次の通りである。

原子力の開発は、アメリカの技術力と軍事力に重要な付加価値を与えるだけでなく、将来この国に重大な政治的・経済的問題を引き起こすだろう。核爆弾が数年以上にわたって、この国だけの「秘密兵器」であり続けることはない。その構造の基礎となる科学的事実は、他国の科学者もよく知るところだからだ。核爆発物の効果的な国際管理が行われない限り、アメリカの核兵器保有が世界に明らかになり次第、核の軍拡競争が起こることは確実である。1tにも満たない重さの核爆弾一つで、10平方マイル（約26km²）以上の市街地を破壊することができる。それを他国も10年以内に保有する可能性があるのだ。（中略）こうした点を考慮すると、核爆弾による早期の無警告攻撃を日本に対して行うことは望ましくないと思われる。もしアメリカが、この新しい無差別破壊手段を最初に人類に向けて使ったなら、世界中の人々からの支持は失われ、軍拡競争が加速し、こうした兵器の管理をめぐる国際的な合意が形成されることもなくなるだろう。一方、適切に選択された無人地域でデモンストレーションを行い、核爆弾の存在を最初に世界に明らかにするのであれば、最終的に国際的な合意を形成するに当たって、はるかに有利な条件が整うはずである。〔中略〕以上の理由から、この戦争における核爆弾の使用が、軍事的な都合ではなく、長期的な国家政策の観点から検討されること、そしてその政策が主に、核兵器の効果的な国際管理を可能にする協定の達成に向けられることを、我々は強く求める。[537]

もちろん「フランク・レポート」によって政策が変わることはなかった。スティムソンが6月21日にこの勧告を拒否したことで、トルーマン大統領はそれを目にする機会すらなかった。[314] 8月6日、アメリカは広島にウラン爆弾を投下し、3日後に長崎にプルトニウム爆弾を投下した。この物理学と化学の力の大々的な実演とともに、戦争は終結した。

復讐を求める政治情勢のなかで、ドイツでの人道的救済に目を向けたオーパ[308]は、ほかのドイツ人亡命者とともに、ドイツに迫っていた飢饉を防ぐため、アメリカ国民に向けた長文の嘆願書を作成した。そこには次のようにある。「下記の署名者（ドイツでナチスのイデオロギーの犠牲になった者、あるいはこのイデオロギーに対する闘いに自らの存在を賭けた者）は、正義の原則に立脚するようアメリカ国民に訴える。また私たちは、慈善の名のもとにアメリカ国民に訴える。私たちの多くはかろうじて死を免れた。だが、全員がヒトラーの銃殺隊や拷問収容所によって親族や友人を奪われている。この12年間、私たちは、無実が無力となり、蛮行が報復を免れる光景にさいなまれてきた。その光景は、今日も私たちの眼前に広がっている」[308]

オーパはアインシュタインを説得して署名させようとしたが、断られた。二人はこの問題について何度も手紙でやりとりをしたが、アインシュタインは最終的に以下のような断りの手紙を書いている。

親愛なるフランク

私は、先の大戦後のドイツ人による「泣き落とし作戦」をいまだによく覚えている。また同じ手に引っかかるつもりはない。ドイツ軍は民間人の居場所を奪うために、綿密に練られた計画に従って、何百万人も虐殺した。可能となれば、もう一度同じことをするだろう。なかには数羽の白いカラスもいただろうが、何も変わりはしなかった。現地から受け取った手紙を何通か読んだが、ドイツ人に反省の色は見られない。また、ドイツ人への便宜供与が「国際連合」という場で再び始まっていることも明らかだ。１９１８年以降、ドイツが力を取り戻した背景にあるこうした動向は、イギリス人に最も顕著に見られる。愛する祖国より、大切な金づるを心配する気持ちのほうが強いのだ。親愛なるフランク！　この恥ずべき一件から手を引いてくれ！　彼らは君の優しさを悪用した後、騙しやすい奴だと馬鹿にするだろう。たとえ君が抜け出せなくても、私はこの件には一切関わらない。そして、適当な機会があれば、公の場で反対するつもりでいる。

くれぐれもお元気で

Ａ・アインシュタイン[308]

この返事によって二人の友情が壊れることはなかった。結局、オーパはドイツへの援助を求める活動をやめた[308]。彼はマックス・ボルンに、政治との関わりを完全に断ちたいと書いている。「私の良心が、政治的な諸問題への態度をはっきりさせるよう強制しなければよいのだが。政治的なことには関わりたくないし、世間の注目を浴びたくもない。だが、象牙の塔に引きこもって世界のことを忘れるわけにもいかないのだ。もちろん、私たちくらいの年齢に達すると、若者よりも悲観的になるものだろうが、この私でさえ、常に悲観的な見方をしているわけではない。というのは、新しい孫が生まれるたびに素朴な喜びを感じ、機会があればいつでもプロの祖父のような気分になるからだ」[313]

オーパは、ダグマーやアーサーとともに、友人や親戚に食料と金銭を送ったり、ロシアにとらわれた人々やほかの場所で投獄された人々を解放したりするために、私的に精力的な活動を続けた[314・530・535]。戦後、スターリンによる強権政治の最中、オーパはハンブルクでの演説で次のように語っている。「私たちは、人類の大部分が独裁政権に支配されていることを知っています。そして独裁政権は、私たちが人間にふさわしいと思うあらゆるものに反対し、残忍な手段で盲目的な服従を強制し、全人類に対してアリの国家のように厳格な支配体制を築こうとしています。この疑似宗教に対するすべての抵抗が打ち砕かれれば、その見返りとしてすぐに地上の天国が実現するというのです[308]」

1947年、オーパはドイツ政府から、ハイデルベルク大学の実験物理学のポストを提示されたが[313]、これを断った。家族にとって祖国と呼べる国は、いまやアメリカだったのだ。彼はこう返事をした。「大部分のドイツ人が、ナチスに劣等人種とみなされたユダヤ人やその他の人々に対する殺人を拒絶したことは知っています。どうせ無駄だからと、モロクの胃袋に人身御供として身を投じなかったこの人たちを非難するつもりはありません。しかし、ほかのかなりの割合の国民は、無関心を装ってナチスの犯罪を傍観していました。そうした人々と関わりたくないのです。つき合う人がそうした人であるか否か、自問自答しなければならない環境で教えることが、よい結果をもたらすとは到底思えません[313]」

ハイデルベルク大学への就職は断ったものの、オーパはその後、ドイツと和解している[313]。1948年、マックス・プランク協会（カイザー・ヴィルヘルム協会の後継組織）から入会を打診されたオーパは、会長が友人のオットー・ハーンであったことから、それを受け入れた。続いて1951年、オーパはヘルツとともにドイツ物理学会のマックス・プランク・メダルを受賞した。その2年後には、ハイデルベルク大学から名誉博士号を授与されている。[314]ゲッティンゲンの名誉市民権を授けられた際には、ナチスの犠牲者に敬意を表するものとして、ボルンやクーラントと一緒にこれを受け入れた。[313]そして1964年5月21日、ハーンとボルンを訪ねてゲッティンゲンに滞在していたときに、オーパは亡くなった。

ここまで、いくつかの逸話を通じて、20世紀の化学の物語が私の心にどのような形で刻まれているかを紹介させてもらった。私の家族は、第一次世界大戦のガス戦から第二次世界大戦の核兵器に至るまで、そのすべてに深く関わっていた。本書に登場するハーバーやアインシュタインといった20世紀の科学者たちの話、ガス兵器を使った塹壕戦の話、IGファルベンの純朴な始まりと邪悪な結末の話、ナチズムの台頭とアメリカへの移住の話を聞かされながら、私は育った。そして、曽祖父のオーパと祖父のアーサーに関する物語から、自分の家族と何百万もの人々が嵐のなかの小舟のように翻弄された世界の出来事について理解した。その嵐には、大量虐殺、飢饉、世界大戦のほか、媒介性感染症による被害や難民生活も含まれていた。

こうした出来事を経験したのは、父の家族だけではなかった。私の母はウィーンで生まれた。両親はフロイト派の著名な精神分析医だったが、ユダヤ人であったため、1938年のオーストリア併合直後に必死で逃げ出した。その後、アメリカにいた同僚の助けを借りて、ヨーロッパにいたユダヤ人の多くがたどった運命から逃れることができた。

私は、レイチェル・カーソンが亡くなった3年後にアラスカで生まれた。家族は当時、町外れの森に隣接した質素な家に住んでいた。テレビはなく、私と3人の兄弟は、近所の子どもたちと一緒に森の中を自由に歩き回っていた。空気は澄み渡り、水は清らかで、家の小さな農場には家畜がいた。私が農薬の無差別使用がもたらす人間の感情に初めて接したのも、この頃であった。

ある夏の日、私たちが庭で遊んでいると、隣の家の敷地からガスの雲が風に乗って流れてきた。隣人がアブラムシを駆除するために害虫駆除業者を雇ったのだ。父が44口径のリボルバーを腰に下げ、散布を続けるなら撃つぞと脅すと、その駆除業者は逃げ去った。またほかの駆除業者がやってきたが、同じことが繰り返され、ついには隣人の庭に散布してくれる町の業者はいなくなってしまった。手っ取り早い解決策ではあったが、これが通用するのは、当時のアラスカのような、銃による脅しが容認されていたアナログ時代の辺境地だけだろう。

父の影響で、私は早くから農薬に興味を抱くようになった。小さなガスの雲があれほどの騒ぎを引き起こすのだから、ガスには何か重要な意味があるに違いなかった。今思えば、隣人がアブラムシを殺すために毒ガスを使ったことが、父の神経を逆なでしたのだろう。母親がユダヤ人であっただけで、父は5歳までに4カ国を渡り歩くことになったし、父方の親戚にも母方の親戚にも、ナチスのガス室で殺された者がいたのだから。そう考えると、『沈黙の春』が出版された直後の時期に、そのような毒物から子どもたちを守ろうとした父の反応は、至極もっともだったように思える。実際、世界中の人々が『沈黙の春』に感情的に反応したが、それも当然のことだった。結局のところ、自分の子どもたちの健康と、自然のバランスのなかでの人類の居場所に関すること以上に、私たちを感情的にするものなどあるだろうか？

# 謝辞

２０１１年９月、私は楽観的な考えに基づき、18カ月でこの本を書く契約をシカゴ大学出版局と交わした。結局、18カ月は８年に延びた。その間、編集を担当してくれたクリスティ・ヘンリーの忍耐強さに感謝したい。また、彼女がこの企画に最初に興味をもち、第１章で語り口を決める手助けをしてくれたことにも、大いに感謝している。兄のビル・フォン・ヒッペル、妻のキャシー・フォン・ヒッペル、叔父のフランク・Ｎ・フォン・ヒッペルは、草稿の段階で有益なコメントを寄せてくれた。丁寧なコメントをくれた匿名の査読者二人にも、お礼を申し上げる。北アリゾナ大学の科学専門司書メアリー・デヨングは、最近機密解除された文書などの厄介な資料の探索を手伝ってくれた。文体を改善し、本書の刊行に尽力してくれた新しい編集者のスコット・ガストにも感謝を伝えたい。丁寧に校正してくれたポストホック・アカデミック・パブリッシング・サービス社のリス・ウェイス博士にも感謝している。

# 地　図

〔本書に登場する国名・地名のみ記載（著者作成）〕

A（左ページの範囲）
1 アラスカ州
2 アリューシャン列島
3 イギリス領北アメリカ（カナダ）
4 ノースダコタ州
5 アイダホ州
6 アメリカ合衆国
7 ユタ州
8 コロラド州
9 バークレー、サンフランシスコ
10 カリフォルニア州
11 テキサス州
12 バミューダ諸島
13 ジャマイカ
14 ハバナ、キューバ
15 真珠湾（パールハーバー）、ハワイ
16 メキシコ
17 サン・ドマング（ハイチ）
18 イギリス領ホンジュラス
19 カリブ海
20 マルティニーク
21 コロン、パナマ
22 ボゴタ
23 フランス領ギアナ
24 コロンビア
25 ペルー
26 ブラジル
27 ボリビア
28 チリ

地　図

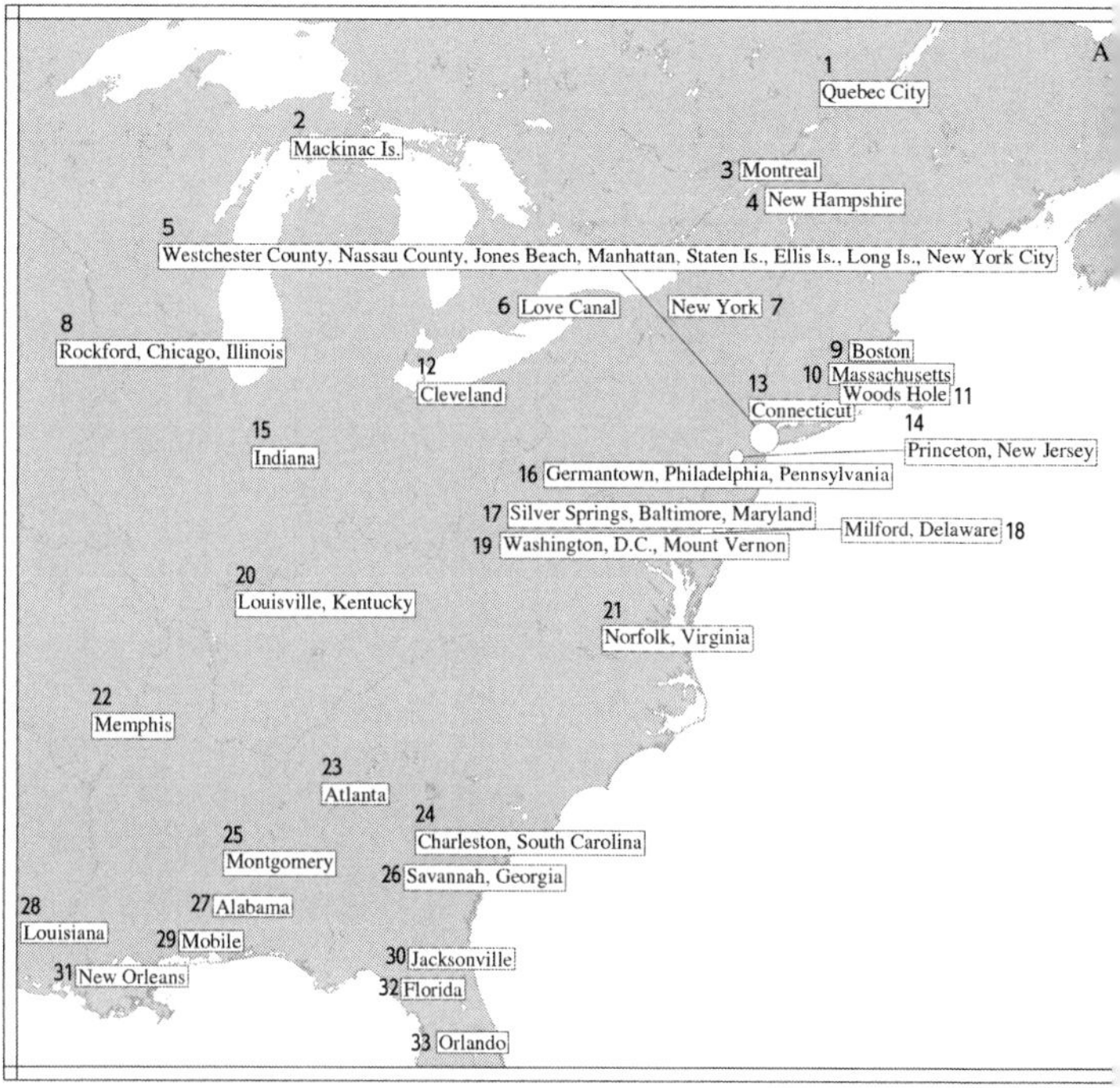

1 ケベックシティ
2 マキノー島
3 モントリオール
4 ニューハンプシャー州
5 ウェストチェスター郡、ナッソー郡、ジョーンズ・ビーチ、マンハッタン、スタテン島、エリス島、ロングアイランド、ニューヨーク市
6 ラブキャナル
7 ニューヨーク州
8 ロックフォード、シカゴ、イリノイ州
9 ボストン
10 マサチューセッツ州
11 ウッズホール
12 クリーブランド
13 コネチカット州
14 プリンストン、ニュージャージー州
15 インディアナ州
16 ジャーマンタウン、フィラデルフィア、ペンシルベニア州
17 シルバースプリング、ボルチモア、メリーランド州
18 ミルフォード、デラウェア州
19 ワシントン市、マウント・バーノン
20 ルイビル、ケンタッキー州
21 ノーフォーク、バージニア州
22 メンフィス
23 アトランタ
24 チャールストン、サウスカロライナ州
25 モンゴメリー
26 サバンナ、ジョージア州
27 アラバマ州
28 ルイジアナ州
29 モービル
30 ジャクソンビル
31 ニューオリンズ
32 フロリダ州
33 オーランド

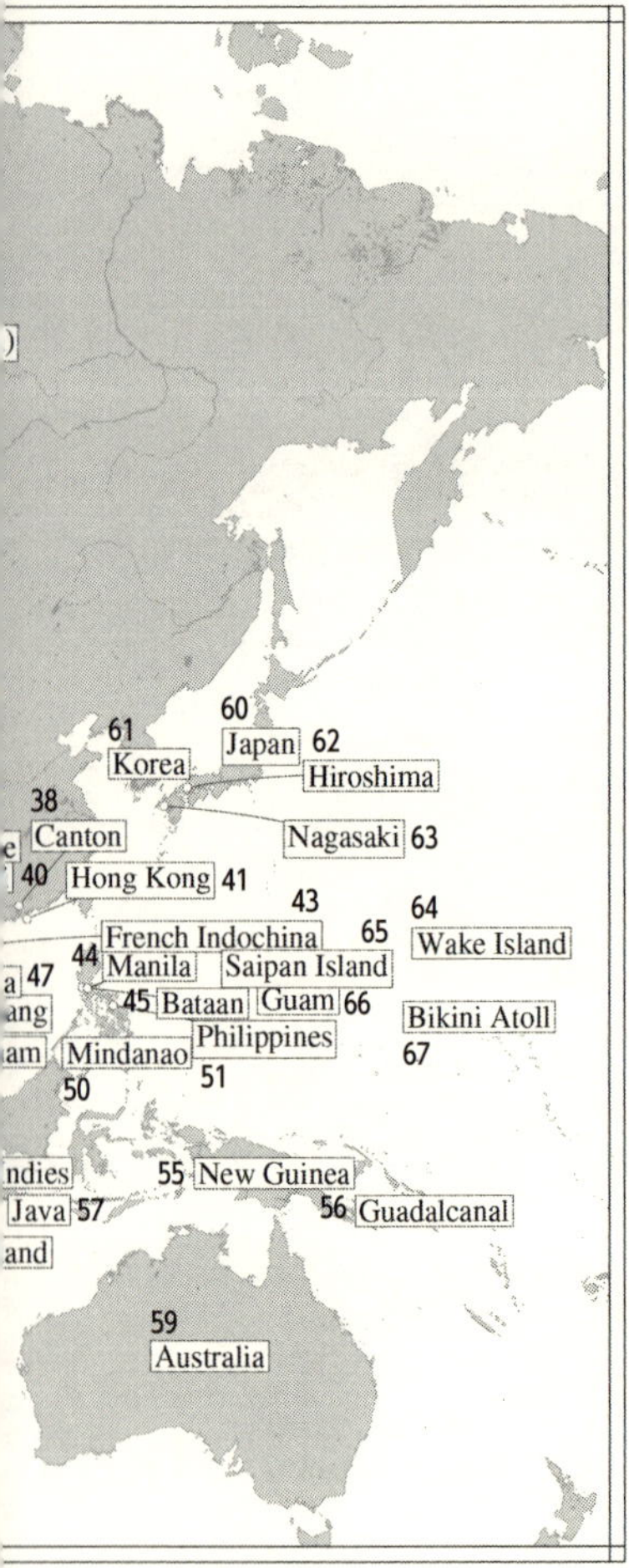


B（564～565ページの範囲）
1 バレンツ海
2 ロシア（ソビエト連邦）
3 ノルウェー
4 モスクワ
5 ウクライナ
6 スターリングラード
7 カッファ、セヴァストポリ、クリミア
8 コンスタンティノープル（イスタンブール）、トルコ
9 アッシリア
10 地中海
11 アレッポ
12 バグダッド
13 チュニス、チュニジア
14 エルサレム、パレスチナ（イスラエル）
15 アフガニスタン
16 モロッコ
17 カイロ
18 アルジェリア
19 エジプト
20 カタール
21 アラビア
22 シエラレオネ
23 ナイジェリア
24 アクラ、ゴールドコースト（ガーナ）
25 エチオピア
26 ケニヤ
27 ドイツ領東アフリカ
28 マダガスカル
29 カラチ
30 ボパール
31 カルカッタ
32 ボンベイ
33 インド
34 バンガロール
35 ニルゲリーヒルズ
36 セイロン（スリランカ）
37 中国
38 広東
39 雲南省
40 ハノイ
41 香港
42 ラオス
43 フランス領インドシナ
44 マニラ
45 バターン
46 ビルマ
47 カンボジア
48 スオイダウ、ニャチャン
49 ベトナム
50 ミンダナオ
51 フィリピン
52 マラヤ
53 シンガポール
54 オランダ領東インド
55 ニューギニア
56 ガダルカナル島
57 ジャワ島
58 クリスマス島
59 オーストラリア
60 日本
61 韓国
62 広島
63 長崎
64 ウェーク島
65 サイパン島
66 グアム島
67 ビキニ環礁

1 Barents Sea
2 Russia (Sovi
3 Norway
B
4 Moscow
5 Ukraine
6 Stalingrad
7 Caffa, Sebastopol, Crimea
8 Constantinople (Istanbul), Turkey
9 Assyria
10 Mediterranean Sea
11 Aleppo
12 Baghdad
13 Tunis, Tunisia
14 Jerusalem, Palestine (Israel)
15 Afghanistan
16 Morocco
17 Cairo
18 Algeria
19 Egypt
20 Qatar
21 Arabia
22 Sierra Leone
23 Nigeria
24 Accra, the Gold Coast (Ghana)
25 Ethiopia
26 Kenya
27 German East Africa
28 Madagascar
29 Karachi
30 Bhopal
31 Calcutta
32 Bombay
33 India
34 Bangalore
35 Nilgherry Hills
36 Ceylon (Sri Lanka)
37
39 Yunan
42
46 Burma
Suoi Dau,
48
52
53 Si
54 Dut
58 Chris

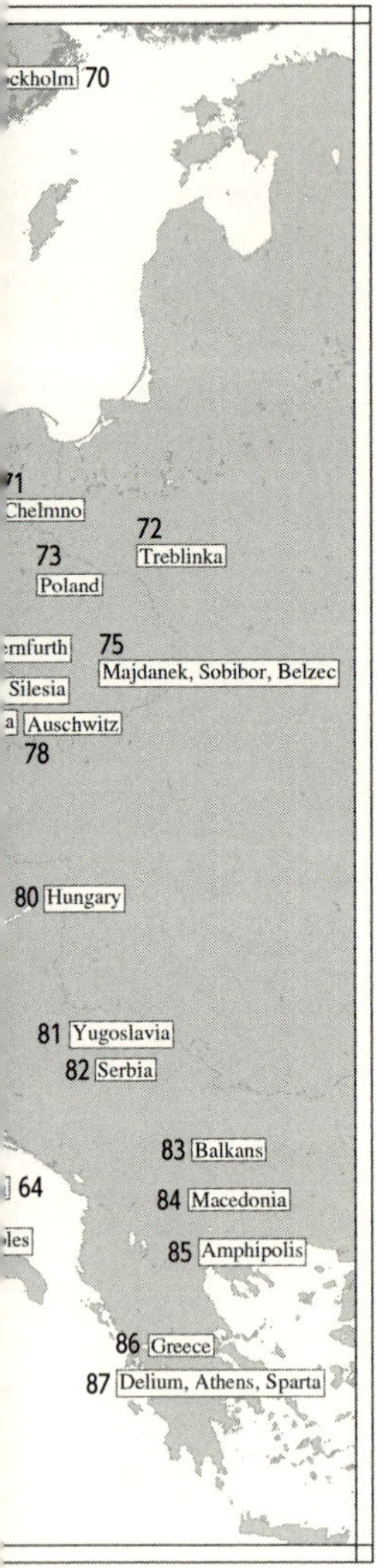


1 スコットランド
2 グラスゴー
3 マン島、イギリス
4 イングランド
5 リバプール
6 アイルランド
7 ウェールズ
8 ケンブリッジ
9 コーク
10 オックスフォード
11 ロンドン
12 カンタベリー
13 トーントン
14 ポーツマス
15 ポートンダウン
16 エクセター、ランストン
17 ワイト島
18 チャネル諸島、ジャージー島
19 ノルマンディー、
ヴェルサイユ、ルーアン
20 パリ
21 フランス
22 ボルドー
23 アヴィニョン
24 マルセイユ
25 スペイン
26 グラナダ
27 デンマーク
28 コペンハーゲン
29 フレンスブルク
30 ハンブルク
31 オランダ
32 ベルゲン・ベルゼン
33 ベルリン
34 アムステルダム
35 ハーグ
36 ミュンスター倉庫
37 ゲッティンゲン
38 ライプツィヒ
39 レバークーゼン、
エルバーフェルト
40 ドイツ
41 ベルギー
42 フランクフルト
43 ニーウポールト、イーペル
44 ルクセンブルグ
45 ニュルンベルク
46 オッパウ、ハイデルベルク
47 ナンシー
48 ヴュルテンベルク
49 ストラスブール、
ナッツヴァイラー
50 アルザス、ロレーヌ
51 ダッハウ、ミュンヘン
52 バーゼル
53 フライブルク
54 オーストリア
55 スイス
56 アルヴァノイ
57 ジュネーブ
58 ヴェネツィア
59 ジェノヴァ
60 フィレンツェ
61 シエナ
62 イタリア
63 コルシカ
64 バーリ
65 ローマ、テヴェレ川の三角州
66 カステル・ヴォルトゥルノ、
ポンティーネ沼沢地、ナポリ
67 サルデーニャ
68 シチリア
69 スウェーデン
70 ストックホルム
71 ヘウムノ
72 トレブリンカ
73 ポーランド
74 ブレスラウ、
デュヘルンファース
75 マイダネク、ソビボル、
ベウジェツ
76 上シレジア
77 ズデーテン地方、
チェコスロバキア
78 アウシュビッツ
79 ウィーン
80 ハンガリー
81 ユーゴスラビア
82 セルビア
83 バルカン半島
84 マケドニア
85 アンフィポリス
86 ギリシャ
87 デリオン、アテナイ、スパルタ

B
1 Scotland
2 Glasgow
3 Isle of Man, Great Britain (United Kingtom)
4 England
5 Liverpool
6 Ireland
7 Wales
8 Cambridge
9 Cork
10 Oxford
11 London
12 Canterbury
13 Taunton
14 Portsmouth
15 Porton Down
16 Exeter, Lanceton
17 Isle of Wight
18 Channel Islands, Is. of Jersey
19 Normandy, Versailles, Rouen
20 Paris
21 France
22 Bordeaux
23 Avignon
24 Marseilles
25 Spain
26 Granada
27 Denmark
28 Copenhagen
29 Flensburg
30 Hamburg
31 Holland (Netherlands)
32 Bergen–Belsen
33 Berlin
34 Amsterdam
35 The Hague
36 Munster–lager
37 Gottingen
38 Leipzig
39 Leverkusen, Elberfeld
40 Germany
41 Belgium
42 Frankfurt
43 Nieuport, Ypres
44 Luxembourg
45 Nuremberg
46 Oppau, Heidelberg
47 Nancy
48 Wurtemberg
49 Strassburg, Natzweiler
50 Alsace, Lorraine
51 Dachau, Munich
52 Basel
53 Freiburg
54 Austria
55 Switzerland
56 Alvaneu
57 Geneva
58 Venice
59 Genoa
60 Florence
61 Siena
62 Italy
63 Corsica
65 Rome, Tiber Delta
66 Castel Volturno, Pontine Mar
67 Sardinia
68 Sicily
69 Sweder
74 Bres
77 Sudetenland, Czec
79

# 引用文献


1. Loeb, A. P. Birth of the Kettering Doctrine: Fordism, Sloanism and the discovery of tetraethyl lead. *Business and Economic History* 24, 72–87 (1995).
2. Thomas Midgley, Jr., American chemical engineer. *Encyclopædia Britannica*. https://www.britannica.com/biography/Thomas-Midgley-Jr (2018).
3. Needleman, H. L. The removal of lead from gasoline: historical and personal reflections. *Environmental Research Section A* 84, 20–35 (2000).
4. McNeill, J. R. *Something New under the Sun: An Environmental History of the Twentieth-Century World.* (W. W. Norton & Co., 2000).
5. Hernberg, S. Lead poisoning in a historical perspective. *American Journal of Industrial Medicine* 38, 244–54 (2000).
6. Byers, R. K., & Lord, E. E. Late effects of lead poisoning on mental development. *American Journal of Diseases of Children* 66, 471–94 (1943).
7. Nevin, R. How lead exposure relates to temporal changes in IQ, violent crime, and unwed pregnancy. *Environmental Research* 83, 1–22 (2000).
8. Nevin, R. Understanding international crime trends: the legacy of preschool lead exposure. *Environmental Research* 104, 315–36 (2007).
9. Needleman, H. L., McFarland, C., Ness, R. B., Fienberg, S. E., & Tobin, M. J. Bone lead levels in adjudicated delinquents: a case control study. *Neurotoxicology and Teratology* 24, 711–17 (2002).
10. Wright, J. P., et al. Association of prenatal and childhood blood

lead concentrations with criminal arrests in early adulthood. *PLoS Medicine* 5, e101 (2008).
11. Fergusson, D. M., Boden, J. M., & Horwood, L. J. Dentine lead levels in childhood and criminal behaviour in late adolescence and early adulthood. *Journal of Epidemiology & Community Health* 62, 1045–50 (2008).
12. Hall, W. Did the elimination of lead from petrol reduce crime in the USA in the 1990s? *F1000Research* 2, 156 (2013).
13. Reyes, J. W. Environmental policy as social policy? The impact of childhood lead exposure on crime. *B. E. Journal of Economic Analysis & Policy* 7 (2007).
14. Boutwell, B. B., et al. The intersection of aggregate-level lead exposure and crime. *Environmental Research* 148, 79–85 (2016).
15. Mielke, H. W., & Zahran, S. The urban rise and fall of air lead (Pb) and the latent surge and retreat of societal violence. *Environment International* 43, 48–55 (2012).
16. Thompson, R. J. Freon, a refrigerant. *Industrial and Engineering Chemistry* 24, 620–23 (1932).
17. Wang, L. 1941: Thomas Midgley Jr. (1889–1944). *Chemical and Engineering News* 86 (2008).
18. Molina, M. J., & Rowland, F. S. Stratospheric sink for chlorofluoromethanes: chlorine atom-catalysed destruction of ozone. *Nature* 249, 810–12 (1974).
19. The Nobel Prize in Chemistry 1995. NobelPrize.org. https://www.nobelprize.org/prizes/chemistry/1995/summary/ (1995).
20. Ramanathan, V. Greenhouse effect due to chlorofluorocarbons: climatic implications. *Science* 190, 50–52 (1975).
21. O'Rourke, J. *The History of the Great Irish Famine of 1847, with Notices of Earlier Irish Famines.* (James Duffy & Co., Ltd., 1902).
22. *Lost Crops of the Incas.* (National Research Council, National Academy Press, 1989).
23. Grubb, E. H., & Guilford, W. S. *The Potato: A Compilation of*

*Information from Every Available Source.* (Doubleday, Page & Co., 1912).
24. Wright, W. P., & Castle, E. J. *Pictorial Practical Potato Growing.* (Cassell & Co., Ltd., 1906).
25. Warolin, C. Homage to Antoine-Augustin Parmentier (1737–1813), first president of the Pharmacy Society of Paris in 1803. *Annales pharmaceutiques françaises* 63, 340–42 (2005).
26. Block, B. P. Antoine-Augustin Parmentier: pharmacist extraordinaire. *Pharmaceutical Historian* 38, 6–14 (2008).
27. Woodham-Smith, C. *The Great Hunger, Ireland 1845–1849.* (Hamish Hamilton, 1962).
28. Andrivon, D. The origin of *Phytophthora infestans* populations present in Europe in the 1840s: a critical review of historical and scientific evidence. *Plant Pathology* 45, 1027–35 (1996).
29. Gibbs, C. R. V. *Passenger Liners of the Western Ocean: A Record of North Atlantic Steam and Motor Passenger Vessels from 1838 to the Present Day.* (Staples Press, 1952).
30. Jones, L. R., Giddings, N. J. & Lutman, B. F. Investigations on the potato fungus *Phytophthora infestans. Vermont Agricultural Experiment Station Bulletin* 168 (1912).
31. Jensen, J. L. Moyens de combattre et de détruire le *Peronospora* de la pomme de terre. *Mémoires Société Nationale d'Agriculture de France* 131, 31–156 (1887).
32. Trevelyan, C. E. *The Irish Crisis.* (Longman, Brown, Green & Longmans, 1848).
33. Berkeley, M. J. Observations, botanical and physiological, on the potato murrain. *Journal of the Horticultural Society of London* 1, 9–34 (1846).
34. Solly, E. Chemical observations on the cause of potato murrain. *Journal of the Horticultural Society of London* 1, 35–42 (1846).
35. Townley, J. *The Potato.* (Benjamin Lepard Green, 1847).
36. Large, E. C. *The Advance of the Fungi.* (Jonathan Cape, 1940).
37. Fabricius, J. C. Forsøg til en abhandling om planternes

sygdomme. *Det Kongelige Norske Videnskabers Selskabs Skrifter* 5, 431–92 (1774).
38. Whetzel, H. H. An *Outline of the History of Phytopathology.* (W. B. Saunders Co., 1918).
39. Vallery-Radot, R. Louis *Pasteur, His Life and Labours.* (D. Appleton & Co., 1885).
40. Zinsser, H. *Rats, Lice and History: Being a Study in Biography, which, after Twelve Preliminary Chapters Indispensable for the Preparation of the Lay Reader, Deals with the Life History of Typhus Fever.* (Little, Brown & Co., 1934).〔ハンス・ジンサー『ネズミ・シラミ・文明：伝染病の歴史的伝記（新装版）』橋本雅一訳、みすず書房、2020年〕
41. Darwin, C. *On the Origin of Species by Means of Natural Selection, or the Preservation of Favoured Races in the Struggle for Life.* (John Murray, 1859).〔チャールズ・ダーウィン『種の起源（上・下）』渡辺政隆訳、光文社古典新訳文庫、2009年〕
42. Dubos, R. J. *Louis Pasteur, Free Lance of Science.* (Little, Brown & Co., 1950).
43. Ullmann, A. Pasteur-Koch: distinctive ways of thinking about infectious diseases. *Microbe* 2, 383–87 (2007).
44. Lister, J. On the antiseptic principle of the practice of surgery. *British Medical Journal* 21, September, 246–48 (1867).
45. De Bary, H. A. *Die gegenwärtig herrschende Kartoffelkrankheit, ihre Ursache und ihre Verhütung.* (Förstner, 1861).
46. Margulis, L., Corliss, J. O., Melkonian, M., & Chapman, D. J. *Handbook of Protoctista.* (Jones & Bartlett, 1990).
47. Compton, D. A. *Potato Culture.* (Orange Judd Co., 1870).
48. Millardet, P. M. A. Traitement du mildiou et du rot. *Journal d'agriculture pratique* 2, 513–16 (1885). Trans. Felix John Schneiderhan, Phytopathological Classics 3, 7–11. Ithaca, NY: Cayuga Press for American Phytopathological Society, 1933.
49. Gayon, U., & Sauvageau, C. Notice sur la vie et les travaux de A. Millardet. *Mémoires de la Société des Sciences Physiques et*

*Naturelles de Bordeaux* 6, 9–47 (1903).

50. Schneiderhan, F. J. Pierre Marie Alexis Millardet. *Phytopathological Classics* 3, 4 (1933).
51. Ayres, P. G. Alexis Millardet: France's forgotten mycologist. *Mycologist* 18, 23–26 (2004).
52. Millardet, P. M. A. Traitement du mildiou par le mélange de sulphate de cuivre et de chaux. *Journal d'agriculture pratique* 2, 707–10 (1885). Trans. Felix John Schneiderhan, Phytopathological Classics 3, 12–17. Ithaca, NY: Cayuga Press for American Phytopathological Society, 1933.
53. Millardet, P. M. A. Sur l'histoire du traitement du mildiou par le sulfate de cuivre. *Journal d'agriculture pratique* 2, 801–5 (1885). Trans. Felix John Schneiderhan, Phytopathological Classics 3, 18–25. Ithaca, NY: Cayuga Press for American Phytopathological Society, 1933.
54. King, A. F. A. Insects and disease: mosquitoes and malaria. *Popular Science Monthly* 23 (1883).
55. Cox, F. E. G. History of human parasitology. *Clinical Microbiology Reviews* 15, 595–612 (2002).
56. Webb, J. L. A., Jr. *Humanity's Burden: A Global History of Malaria.* (Cambridge University Press, 2009).
57. Hippocrates. *Of the Epidemics (trans. Francis Adams). (400 BCE). In The Genuine Works of Hippocrates, Translated from the Greek with a Preliminary Discourse and Annotations by Francis Adams.* (Printed for the Sydenham Society, C. & J. Adlard, Printers, 1849).
58. Manson-Bahr, P. The jubilee of Sir Patrick Manson (1878–1938): a tribute to his work on the malaria problem. *Post-Graduate Medical Journal* November, 345–57 (1938).
59. Shakespeare, W. *The Tempest.* (Isaac Iaggard & Ed. Blount, 1623). In *The Works of William Shakespeare, the Text Revised by the Rev. Alexander Dyce, In Ten Volumes,* vol. 1. 4th ed. (Bickers & Son, 1880).

60. Hempelmann, E., & Krafts, K. Bad air, amulets and mosquitoes: 2,000 years of changing perspectives on malaria. *Malaria Journal* 12, 1–13 (2013).
61. Duffy, J. *Epidemics in Colonial America.* (Kennikat Press, 1972).
62. Melville, C. H. The prevention of malaria in war. In *The Prevention of Malaria* (ed. R. Ross). (John Murray, 1910).
63. Russell, P. F. Introduction. In *Preventive Medicine in World War II, Vol. 6: Communicable Diseases: Malaria* (ed. J. Boyd). (Office of the Surgeon General, Department of the Army, 1963).
64. Malaria and the progress of medicine. *Popular Science Monthly* 24, 238–43 (1884).
65. Ross, R. Researches on malaria. Nobel lecture, December 12. (1902).
66. Torti, F. *Therapeutice specialis ad febres quasdam periodicas perniciosas.* (B. Soliani, 1712).
67. Jackson, R. A *Treatise on the Fevers of Jamaica, with Some Observations on the Intermitting Fever of America, and an Appendix, Containing Some Hints on the Means of Preserving the Health of Soldiers in Hot Climates.* (J. Murray, 1791).
68. Pelletier, P. J., & Caventou, J. B. *Recherches chimiques sur les quinquinas.* (Crochard, 1820).
69. *Nobel Lectures, Physiology or Medicine, 1901–1921.* (Elsevier Publishing Co., 1967).
70. Laveran, A. Note sur un nouveau parasite trouvé dans le sang de plusieurs malades atteints de fièvre palustre. *Bulletin de l Académie Nationale de Medicine (Paris)* 9, 1235–36 (1880).
71. Laveran, A. *Traité des fièvres palustres avec la description des microbes du paludisme.* (Octave Doin, 1884).
72. Manson, P. On the development of *Filaria sanguinis* hominis and on the mosquito considered as a nurse. *Journal of the Linnean Society (Zoology)* 14, 304–11 (1878).
73. Manson-Bahr, P. H., & Alcock, A. *The Life and Work of Sir Patrick Manson.* (Cassell & Co., Ltd., 1927).

74. Manson, P. On the nature and significance of crescentic and flagellated bodies in malarial blood. *British Medical Journal* 2, 1306–8 (1894).
75. Nuttall, G. H. F. On the role of insects, arachnids and myriapods, as carriers in the spread of bacterial and parasitic diseases of man and animals: a critical and historical study. *Johns Hopkins Hospital Reports* 8, 1–155 (1899).
76. Roos, C. A. Physicians to the presidents, and their patients: a biobibliography. *Bulletin of the Medical Library Association* 49, 291–360 (1961).
77. Howard, L. O. Dr. A. F. A. King on mosquitoes and malaria. *Science* 41, 312–15 (1915).
78. Ross, R. *The Prevention of Malaria.* (E. P. Dutton & Co., 1910).
79. Bynum, W. The art of medicine: experimenting with fire: giving malaria. *Lancet* 376, 1534–35 (2010).
80. Ross, R. Fever with intestinal lesions. *Transactions of the South Indian Branch of the British Medical Association* (1892).
81. Ross, R. Cases of febricula with abdominal tenderness. *Indian Medical Gazette*, 166 (1892).
82. Ross, R. Entero-septic fevers. *Indian Medical Gazette*, 230 (1892).
83. Ross, R. A study of Indian fevers. *Indian Medical Gazette*, 290 (1892).
84. Ross, R. Some observations on haematozoic theories of malaria. *Medical Reporter*, 65 (1893).
85. Ross, R. Inaugural lecture on the possibility of extirpating malaria from certain localities by a new method. *British Medical Journal* July 1, 1–4 (1899).
86. Ross, R. Observations on the crescent-sphere flagella metamorphosis of the malarial parasite within the mosquito. *Transactions of the South Indian Branch of the British Medical Association* December (1895).
87. Ross, R. Some experiments in the production of malarial fever by

means of the mosquito. *Transactions of the South Indian Branch of the British Medical Association* (1896).

88. Guillemin, J. Choosing scientific patrimony: Sir Ronald Ross, Alphonse Laveran, and the mosquito-vector hypothesis for malaria. *Journal of the History of Medicine and Allied Sciences* 57, 385–409 (2002).
89. Ross, R. On some peculiar pigmented cells found in two mosquitoes fed on malarial blood. *British Medical Journal*, 1786 (1897).
90. Manson, P. Surgeon-Major Ronald Ross's recent investigations on the mosquito-malaria theory. *British Medical Journal* June 18, 1575–77 (1898).
91. Ross, R. *Preliminary Report on the Infection of Birds with Proteosoma by the Bites of Mosquitoes.* (Government Press, 1898).
92. Manson, P. The mosquito and the malaria parasite. *British Medical Journal* 2, 849–53 (1898).
93. Bignami. Come si prendone le febri malariche. *Bull. Accad. Med. Roma* November 15 (1898). Translation: The inoculation theory of malarial infection: account of a successful experiment with mosquitoes. *Lancet* 152, 1461–63 (1898).
94. Manson, P. Experimental proof of the mosquito-malaria theory. *British Medical Journal* 2, 949–51 (1900).
95. Manson, P. T. Experimental malaria: recurrence after nine months. *British Medical Journal* July 13, 77 (1901).
96. G. H. F. N. In memoriam: Patrick Thurburn Manson. *Journal of Hygiene* 2, 382–83 (1902).
97. Marotel, G. The relation of mosquitoes, flies, ticks, fleas, and other arthropods to pathology. *United States Congressional Serial Set, Annual Report Smithsonian Institution*, 1909, 703–22 (1910).
98. Koch, R. Zweiter Bericht über die Thatigkeit der Malaria-Expedition. *Deutsche medizinische Wochenschrift* 26, 88–90

(1900).
99. Annett, H. E., *Dutton, J. E., & Elliott, J. H. Report of the Malaria Expedition to Nigeria of the Liverpool School of Tropical Medicine and Medical Parasitology.* (University Press of Liverpool, 1901).
100. Ross, R. The malaria expedition to Sierra Leone. *British Medical Journal* September 9, 16, 30; October 14 (1899).
101. Ross, R., Annett, H. E., & Austen, E. E. *Report of the Malaria Expedition of the Liverpool School of Tropical Medicine and Medical Parasitology.* (University Press of Liverpool, 1900).
102. Dunlap, T. R. *DDT, Silent Spring, and the Rise of Environmentalism.* (University of Washington Press, 2008).
103. Rush, B. *An Account of the Bilious Remitting Yellow Fever, as it Appeared in the City of Philadelphia, in the Year 1793.* (Thomas Dobson, 1794).
104. Carter, H. R. *Yellow Fever: An Epidemiological and Historical Study of Its Place of Origin.* (Williams & Wilkins Co., 1931).
105. Creighton, C. The origin of yellow fever. *North American Review* 139, 335–47 (1884).
106. Murphy, J. *An American Plague.* (Clarion Books, 2003).
107. Carey, M. *A Short Account of the Malignant Fever, Lately Prevalent in Philadelphia: with a Statement of the Proceedings that Took Place on the Subject, in Different Parts of the United States.* (Mathew Carey, 1793).
108. Jones, A., & Allen, R. *A Narrative of the Proceedings of the Black People, During the Late Awful Calamity in Philadelphia, in the Year 1793: and a Refutation of Some Censures, Thrown upon Them in Some Late Publications.* (William W. Woodward, 1794).
109. Otter, S. *Philadelphia Stories: America's Literature of Race and Freedom.* (Oxford University Press, 2010).
110. Washington, G. To James Madison from George Washington. October 14, 1793. Founders Online, National Archives. (1793). https://founders.archives.gov/documents/Madison/

01-15-02-0081.
111. *Minutes of the Proceedings of the Committee, Appointed on the 14th September, 1793, by the Citizens of Philadelphia, the Northern Liberties, and the District of Southwark, to Attend to and Alleviate the Sufferings of the Afflicted with the Malignant Fever, Prevalent in the City and its Vicinity.* (City of Philadelphia, 1848).
112. Jefferson, T. Letter to Benjamin Rush. September 23, 1800. Founders Online, National Archives. (1800). https://founders.archives.gov/documents/Jefferson/01-32-02-0102.
113. Adams, J. Letter to Thomas Jefferson. June 30, 1813. Founders Online, National Archives. (1813). https://founders.archives.gov/documents/Jefferson/03-06-02-0216.
114. Stapleton, D. H., & Carter, E. C. I. "I have the itch of botany, of chemistry, of mathematics . . . strong upon me": the science of Benjamin Henry Latrobe. *Proceedings of the American Philosophical Society* 128, 173–92 (1984).
115. Sherman, I. W. *Twelve Diseases That Changed Our World.* (ASM Press, 2007).
116. Choppin, S. History of the importation of yellow fever into the United States, from 1693–1878. *Public Health Papers, American Public Health Association* 4, 190–206 (1878).
117. The burning of the quarantine hospital on Staten Island. *Harper's Weekly* September 11 (1858).
118. Message from the president of the United States, transmitting certain papers in regard to experiments conducted for the purpose of coping with yellow fever. Senate Document No. 10, 59th Congress, 2d Session (1907).
119. Faust, E. C. History of human parasitic infections. *Public Health Reports* 70, 958–65 (1955).
120. Souchon, E. Educational points concerning yellow fever, to be spread broadcast by the press, pulpit, school-teachers and others, and by all men of good will. Louisiana State Board of

Health (1898).
121. The yellow fever plot. *New York Times* May 16, 4 (1865).
122. Segel, L. "The yellow fever plot": germ warfare during the Civil War. *Canadian Journal of Diagnosis* September, 47–50 (2002).
123. Quinn, D. A. Heroes and *Heroines of Memphis, or Reminiscences of the Yellow Fever Epidemics that Afflicted the City of Memphis During the Autumn Months of 1873, 1878, and 1879, to Which is Added a Graphic Description of Missionary Life in Eastern Arkansas.* (E. L. Freeman & Son, 1887).
124. Ffirth, S. *A Treatise on Malignant Fever; with an Attempt to Prove its Non-contagious Nature.* (B. Graves, 1804).
125. Michel, R. F. Epidemic of yellow fever in Montgomery, Alabama, summer of 1873. *Transactions of the Medical Association of the State of Alabama* 1874, 84–111 (1874).
126. Dromgoole, J. P. Dr. *Dromgoole's Yellow Fever Heroes, Honors, and Horrors of 1878.* (John P. Morton & Co., 1879).
127. Mitchell, J. Account of the yellow fever which prevailed in Virginia in the years 1737, 1741, and 1742, in a letter to the late Cadwallader Colden, Esq. of New-York. *American Medical and Philosophical Register* 4, 181–215 (1814).
128. Rush, B. Letter to Julia Rush. October 27, 1793. In *Letters of Benjamin Rush, Volume 2:* 1793–1813 (ed. L. H. Butterfield). (Princeton University Press, 1951).
129. Holt, J. Analysis of the records of yellow fever in New Orleans, in 1876. *New Orleans Medical and Surgical Association* November 11 (1876).
130. Erskine, J. H. A report on yellow fever as it appeared in Memphis, Tenn., in 1873. *Public Health Papers and Reports* 1, 385–92 (1873).
131. *Conclusions of the Board of Experts Authorized by Congress to Investigate the Yellow Fever Epidemic of 1878.* (Judd & Detweiler, 1879).
132. Agramonte, A. The inside history of a great medical discovery.

*Scientific Monthly* 1, 209–37 (1915).
133. Reed, W. Letter from Walter Reed to Emilie Lawrence Reed. December 31, 1900. Philip S. Hench Walter Reed Yellow Fever Collection, University of Virginia.
134. Nott, J. C. The cause of yellow fever. *New Orleans Medical and Surgical Journal* 4, 563–601 (1848).
135. Agramonte, A. An account of Dr. Louis-Daniel Beauperthuy, a pioneer in yellow fever research. *Boston Medical and Surgical Journal June* 18, 927–30 (1908).
136. Finlay, C. The mosquito hypothetically considered as an agent in the transmission of yellow fever poison. *New Orleans Medical and Surgical Journal* 1881–82, 601–16 (1882).
137. Reed, W., Carroll, J., Agramonte, A., & Lazear, J. W. The etiology of yellow fever: a preliminary note. *Philadelphia Medical Journal* October 27, 37–53 (1900).
138. Finlay, C. *Selected Papers of Dr. Carlos J. Finlay.* (Republica de Cuba, Secretaria de Sanidad y Beneficencia, 1912).
139. Sternberg, G. M. The transmission of yellow fever by mosquitoes. *Popular Science Monthly* 59 (1901).
140. Kelly, H. A. *Walter Reed and Yellow Fever.* (McClure, Phillips & Co., 1906).
141. Smith, T., & Kilborne, F. L. Investigations into the nature, causation, and prevention of southern cattle fever. In *Bureau of Animal Industry, Eighth and Ninth Annual Reports for the Years 1891–1892,* 177–304. (US Government Printing Office, 1893).
142. Bruce, D. *Preliminary Report on the Tsetse Fly Disease or Nagana.* (Bennett & Davis, 1895).
143. Crosby, M. C. *The American Plague.* (Berkley Books, 2006).
144. Sanarelli, G. A lecture on yellow fever, with a description of the *Bacillus icteroides. British Medical Journal July* 3, 7–11 (1897).
145. Carroll, J. A brief review of the aetiology of yellow fever. *New York Medical Journal and Philadelphia Medical Journal, Consolidated* February 6, 13 (1904).

146. Reed, W., & Carroll, J. A comparative study of the biological characters and pathogenesis of *Baccillus* X (Sternberg), *Baccillus icteroides* (Sanarelli), and the hog-cholera *Bacillus* (Salmon and Smith). *Journal of Experimental Medicine* 5, 215–70 (1900).
147. Reed, W. Recent researches concerning the etiology, propagation, and prevention of yellow fever, by the United States Army Commission. *Journal of Hygiene* 2, 101–19 (1902).
148. Craig, S. C. *In the Interest of Truth: The Life and Science of Surgeon General George Miller Sternberg.* (Office of the Surgeon General, Borden Institute, 2013).
149. Petri, W. A. J. America in the world: 100 years of tropical medicine and hygiene. *American Journal of Tropical Medicine and Hygiene* 71, 2–16 (2004).
150. Lazear, M. H. Letter from Mabel Houston Lazear to James Carroll. November 10, 1900. Philip S. Hench Walter Reed Yellow Fever Collection, University of Virginia.
151. Reed, W., Carroll, J., & Agramonte, A. The etiology of yellow fever: an additional note. *Journal of the American Medical Association* 36, 431–40 (1901).
152. Moran, J. J. Memoirs of a human guinea pig. Philip S. Hench Walter Reed Yellow Fever Collection, University of Virginia (1948).
153. Carey, F. 50 years ago Reed faced "yellow jack" in Havana. Associated Press June 25 (1950).
154. Reed, W. *The Propagation of Yellow Fever—Observations Based on Recent Researches.* (US Government Printing Office, 1911).
155. Reed, W., Carroll, J., & Agramonte, A. Experimental yellow fever. *American Medicine* 2, 15–23 (1901).
156. Finlay, C. E. Dr. Carlos J. Finlay's positive cases of experimental yellow fever. *New Orleans Medical and Surgical Journal* 69, 333–43 (1917).
157. Agramonte, A. Finlay and Delgado's experimental yellow fever (a reply to Dr. C. E. Finlay). *New Orleans Medical and Surgical*

*Journal* 69, 344–51 (1917).
158. Guiteras, J. Experimental yellow fever at the inoculation station of the Sanitary Department of Havana with a view to producing mmunization. *American Medicine* 3, 809–17 (1901).
159. Reed, W., & Carroll, J. The etiology of yellow fever: a supplemental note. *American Medicine* February 22, 301–5 (1902).
160. Adams, C. F. The Panama Canal Zone: an epochal event in sanitation. *Proceedings of the Massachusetts Historical Society* 17, 1–38 (1911).
161. Halstead, M. *The Illustrious Life of William McKinley our Martyred President.* (By the author, 1901).
162. *Discussion of the Paper of Drs. Reed and Gorgas.* (Berlin Printing Company, 1902).
163. One of McKinley's surgeons passes away. *Hawaiian Star* December 6, 2 (1911).
164. Gorgas, W. C. *A Few General Directions with Regard to Destroying Mosquitoes, Particularly the Yellow Fever Mosquito.* (US Government Printing Office, 1904).
165. Gorgas, W. C. *Sanitation in Panama.* (Appleton, 1915).
166. Gorgas, M. D., & Hendricks, B. J. *William Crawford Gorgas: His Life and Work.* (Doubleday, Page & Co., 1924).
167. *The Rockefeller Foundation Annual Report 1926.* (Rockefeller Foundation, 1926).
168. Stokes, A., Bauer, J. H., & Hudson, N. P. Experimental transmission of yellow fever virus to laboratory animals. *American Journal of Tropical Medicine* 8, 103–64 (1928).
169. Bryan, C. S. Discovery of the yellow fever virus. *International Journal of Infectious Diseases* 2, 52–54 (1997).
170. *The Rockefeller Foundation Annual Report 1927.* (Rockefeller Foundation, 1927).
171. Hudson, N. P. Adrian Stokes and yellow fever research: a tribute. *Transactions of the Royal Society of Tropical Medicine and*

*Hygiene* 60, 170–74 (1966).

172. Porterfield, J. S. Yellow fever in west Africa: a retrospective glance. *British Medical Journal* 299, 1555–57 (1989).
173. Berry, G. P., & Kitchen, S. F. Yellow fever accidentally contracted in the laboratory. *American Journal of Tropical Medicine* 11, 365–434 (1931).
174. Bauer, J. H. Transmission of yellow fever by mosquitoes other than *Aedes aegypti. American Journal of Tropical Medicine* 8, 261–82 (1928).
175. Delatte, H., et al. The invaders: phylogeography of dengue and chikungunya virus Aedes vectors, on the south west islands of the Indian Ocean. *Infection, Genetics and Evolution* 11, 1769–81 (2011).
176. Pialoux, G., Gaüzère, B. A., Jauréguiberry, S., & Strobel, M. Chikungunya, an epidemic arbovirosis. *Lancet Infectious Diseases* 7, 319–27 (2007).
177. Bergstrand, H. *The Nobel Prize in Physiology or Medicine 1951, Award Ceremony Speech.* (Elsevier Publishing Co., 1951).
178. Theiler, M. Susceptibility of white mice to the virus of yellow fever. *Science* 71, 367 (1930).
179. Theiler, M. Studies on the action of yellow fever virus on mice. *Annals of Tropical Medicine & Parasitology* 24, 249–72 (1930).
180. Smith, H. H. Yellow fever vaccination with cultured virus (17D) without immune serum. *American Journal of Tropical Medicine and Hygiene* 18, 437–68 (1938).
181. Theiler, M., & Smith, H. H. The effect of prolonged cultivation in vitro upon the pathogenicity of yellow fever virus. *Journal of Experimental Medicine* 65, 767–86 (1937).
182. Frierson, J. G. The yellow fever vaccine: a history. *Yale Journal of Biology and Medicine* 83, 77–85 (2010).
183. Cirillo, V. J. Two faces of death: fatalities from disease and combat in America's principal wars, 1775 to present. *Perspectives in Biology and Medicine* 51, 121–33 (2008).

184. Peltier, M. Vaccination mixte contre la fièvre jaune et la variole sur des populations indigènes du Sénégal. *Annales de l Institut Pasteur (Dakar)* 65, 146–69 (1940).
185. Durieux, C. Mass yellow fever vaccination in French Africa south of the Sahara. In *Yellow Fever Vaccination* (ed. K. Smithburn), 115–21. (World Health Organization, 1956).
186. Norrby, E. Yellow fever and Max Theiler: the only Nobel Prize for a virus vaccine. *Journal of Experimental Medicine* 204, 2779–84 (2007).
187. Mathis, C., Sellards, A. W., & Laigret, J. Sensibilité du Macacus rhesus au virus fièvre jaune. *Comptes rendus de l'Académie des Sciences* 186, 604–6 (1928).
188. Rice, C. M. Nucleotide sequence of yellow fever virus: implications for flavivirus gene expression and evolution. *Science* 229, 726–33 (1985).
189. Snyder, J. C. The typhus fevers. In *Viral and Rickettsial Infections of Man* (ed. T. M. Rivers & F. L. Horsfall). (J. B. Lippincott Co., 1959).
190. Howard, J. *The State of the Prisons in England and Wales.* (Warrington, 1777).
191. *Encyclopedia of Plague and Pestilence from Ancient Times to the Present.* (Facts on File, 2008).
192. Ackerknecht, E. H. *History and Geography of the Most Important Diseases.* (Hafner Publishing Co., Inc., 1965).
193. Cartwright, F. F., & Biddiss, M. *Disease & History,* 2d ed. (Sutton Publishing, 2004).
194. Schultz, M. G., & Morens, D. M. Charles-Jules-Henri Nicolle. *Emerging Infectious Diseases* 15, 1520–22 (2009).
195. *Nobel Lectures, Physiology or Medicine, 1922–1941.* (Elsevier Publishing Co., 1965).
196. Gross, L. How Charles Nicolle of the Pasteur Institute discovered that epidemic typhus is transmitted by lice: reminiscences from my years at the Pasteur Institute in Paris. *Proceedings of the*

*National Academy of Sciences USA* 93, 10539–40 (1996).

197. Nicolle, C., Comte, C., & Conseil, E. Transmission expérimentale du typhus exanthématique par le pou du corps. *Comptes-rendus hebdomadaires des séances de l'Académie des Sciences* 149, 486–89 (1909).

198. Ricketts, H. T., & Wilder, R. M. The transmission of the typhus fever of Mexico (Tabardillo) by means of the louse (*Pediculus vestimenti*). *Journal of the American Medical Association* 54, 1304–7 (1910).

199. Da Rocha-Lima, H. Zur aetiologie des fleckfiebers. *Berliner Klinische Wochenschrift* 53, 567–69 (1916).

200. Von Prowazek, S. Ätiologische Untersuchungen über den Flecktyphus in Serbien 1913 und Hamburg 1914. *Beitrage zur Klinik der Infektionskrankheiten und zur Immunitätsforschung* 4, 5–31 (1914).

201. Paape, H. Imprisonment and deportation. In *The Diary of Anne Frank: The Critical Edition* (Doubleday, 1986).

202. Zinsser, H. Varieties of typhus virus and the epidemiology of the American form of European typhus fever (Brill's disease). *American Journal of Hygiene* 20, 513–32 (1934).

203. *The Jerusalem Bible*. (Koren Publishers, 1983).〔『口語訳聖書』日本聖書協会、1955年〕

204. Rosen, W. *Justinian's Flea—Plague, Empire, and the Birth of Europe*. (Viking, 2007).

205. Mommsen, T. E. Petrarch's conception of the "Dark Ages." *Speculum* 17, 226–42 (1942).

206. Kitasato, S., & Nakagawa, A. Plague. In *Twentieth Century Practice: An International Encyclopedia of Modern Medical Science by Leading Authorities of Europe and America, Vol. 15: Infectious Diseases* (ed. T. L. Stedman). (William Wood & Co., 1898).

207. Aberth, J., ed. *The Black Death: The Great Mortality of 1348–1350: A Brief History with Documents*. (Bedford/St. Martin's,

2005).
208. Gregoras, N. *Byzantine History.* (1359). In *The Black Death: The Great Mortality of 1348–1350: A Brief History with Documents* (ed. J. Aberth). (Bedford/St. Martin's, 2005).
209. Derbes, V. De Mussis and the Great Plague of 1348: a forgotten episode of bacteriological warfare. *Journal of the American Medical Association* 196, 59–62 (1966).
210. Ibn al-Wardī, A. H. U. *Essay on the Report of the Pestilence.* (1348). In *The Black Death: The Great Mortality of 1348–1350: A Brief History with Documents* (ed. J. Aberth). (Bedford/St. Martin's, 2005).
211. Petrarch, F. *Letters on Familiar Matters.* (1349). In *The Black Death: The Great Mortality of 1348–1350: A Brief History with Documents* (ed. J. Aberth). (Bedford/St. Martin's, 2005).
212. Boccaccio, G. *The Decameron.* (1349–51). In *The Black Death: The Great Mortality of 1348–1350: A Brief History with Documents* (ed. J. Aberth). (Bedford/St. Martin's, 2005).
213. D'Agramont, J. *Regimen of Protection against Epidemics.* (1348). In *The Black Death: The Great Mortality of 1348–1350: A Brief History with Documents* (ed. J. Aberth). (Bedford/St. Martin's, 2005).
214. Pedro IV of Aragon. *Response to Jewish Pogrom of Tárrega.* (1349). In *The Black Death: The Great Mortality of 1348–1350: A Brief History with Documents* (ed. J. Aberth). (Bedford/St. Martin's, 2005).
215. *Takkanoth (Accord) of Barcelona.* (1354). In *The Black Death: The Great Mortality of 1348–1350: A Brief History with Documents* (ed. J. Aberth). (Bedford/St. Martin's, 2005).
216. *Interrogation of the Jews of Savoy.* (1348). *In The Black Death: The Great Mortality of 1348–1350: A Brief History with Documents* (ed. J. Aberth). (Bedford/St. Martin's, 2005).
217. Mathias of Neuenburg. *Chronicle.* (1349–50). In *The Black Death: The Great Mortality of 1348–1350: A Brief History with*

*Documents* (ed. J. Aberth). (Bedford/St. Martin's, 2005).
218. Konrad of Megenberg. *Concerning the Mortality in Germany.* (1350). In *The Black Death: The Great Mortality of 1348–1350: A Brief History with Documents* (ed. J. Aberth). (Bedford/St. Martin's, 2005).
219. Pope Clement VI. *Sicut Judeis (Mandate to Protect the Jews).* (1348). In *The Black Death: The Great Mortality of 1348–1350: A Brief History with Documents* (ed. J. Aberth). (Bedford/St. Martin's, 2005).
220. Closener, F. *Chronicle.* (1360–62). In *The Black Death: The Great Mortality of 1348–1350: A Brief History with Documents* (ed. J. Aberth). (Bedford/St. Martin's, 2005).
221. Medical Faculty of the University of Paris. *Consultation.* (1348). In *The Black Death: The Great Mortality of 1348–1350: A Brief History with Documents* (ed. J. Aberth). (Bedford/St. Martin's, 2005).
222. Sanctus, L. Letter. (1348). In *The Black Death: The Great Mortality of 1348–1350: A Brief History with Documents* (ed. J. Aberth). (Bedford/St. Martin's, 2005).
223. Villani, G. *Chronicle.* (1348). In *The Black Death: The Great Mortality of 1348–1350: A Brief History with Documents* (ed. J. Aberth). (Bedford/St. Martin's, 2005).
224. Di Tura, A. *Sienese Chronicle.* (1348–51). *In The Black Death: The Great Mortality of 1348–1350: A Brief History with Documents* (ed. J. Aberth). (Bedford/St. Martin's, 2005).
225. Ibn al-Khatīb, L. A. I. *A Very Useful Inquiry into the Horrible Sickness.* (1349–52). In *The Black Death: The Great Mortality of 1348–1350: A Brief History with Documents* (ed. J. Aberth). (Bedford/St. Martin's, 2005).
226. Da Foligno, G. *Short Casebook.* (1348). *In The Black Death: The Great Mortality of 1348–1350: A Brief History with Documents* (ed. J. Aberth). (Bedford/St. Martin's, 2005).
227. Ibn Khātima, A. J. A. *Description and Remedy for Escaping the*

*Plague.* (1349). In *The Black Death: The Great Mortality of 1348–1350: A Brief History with Documents* (ed. J. Aberth). (Bedford/St. Martin's, 2005).

228. Shakespeare, W. *The Most Excellent and Lamentable Tragedie of Romeo and Juliet.* (Thomas Creede & Cuthbert Burby, 1599). In *The Works of William Shakespeare, the Text Revised by the Rev. Alexander Dyce, In Ten Volumes,* vol. 1. 4th ed. London: Bickers & Son, 1880.〔ウィリアム・シェークスピア『ロミオとジュリエット』松岡和子訳、ちくま文庫、1996年〕
229. Liston, W. G. Plague, rats and fleas. *Journal of the Bombay Natural History Society* 16, 253–74 (1905).
230. Cantlie, J. The plague in Hong Kong. *British Medical Journal* 2, 423–27 (1894).
231. The plague at Hong Kong. *British Medical Journal* 2, 201 (1894).
232. The plague at Hong Kong. *Lancet* 2, 269–70 (1894).
233. Solomon, T. Hong Kong, 1894: the role of James A. Lowson in the controversial discovery of the plague bacillus. *Lancet* 350, 59–62 (1997).
234. Lagrange, E., Liège, M. D., & Paris, D. T. M. Concerning the discovery of the plague bacillus. *Journal of Tropical Medicine and Hygiene* 29, 299–303 (1926).
235. Plague in the Far East. *British Medical Journal* August 22, 460 (1896).
236. The plague in Hong-Kong in 1894: a story of Chinese antipathies. *Lancet* April 4, 936 (1896).
237. Lowson, J. A. *The Epidemic of Bubonic Plague in Hong Kong 1894.* (Government Printer, 1895).
238. Lee, P.-T. Colonialism versus nationalism: the plague of Hong Kong in 1894. *Journal of Northeast Asian History* 10, 97–128 (2013).
239. Obituary: Baron Shibasaburo Kitasato. *British Medical Journal* June 27, 1141–42 (1931).
240. Kitasato, S. The bacillus of bubonic plague. *Lancet* 2, 428–30

(1894).

241. Gross, L. How the plague bacillus and its transmission through fleas were discovered: reminiscences from my years at the Pasteur Institute in Paris. *Proceedings of the National Academy of Sciences USA* 92, 7609–11 (1995).

242. Hawgood, B. J. Alexandre Yersin (1863–1943): discoverer of the plague bacillus, explorer and agronomist. *Journal of Medical Biogeography* 16, 167–72 (2008).

243. Schwartz, M. The Institut Pasteur: 120 years of research in microbiology. *Research in Microbiology* 159, 5–14 (2008).

244. Kousoulis, A. A., Karamanou, M., Tsoucalas, G., Dimitriou, T., & Androutsos, G. Alexandre Yersin's explorations (1892–1894) in French Indochina before the discovery of the plague bacillus. *Acta Medico-Historica Adriatica* 10, 303–10 (2012).

245. The plague at Hong Kong. *Lancet* 1, 1581–82 (1894).

246. Yersin, A. Le peste bubonique à Hong-Kong. *Annales de l'Institut Pasteur* 8, 662–67 (1894).

247. Crawford, E. A. J. Paul-Louis Simond and his work on plague. *Perspectives in Biology and Medicine* 39, 446–58 (1996).

248. The plague in China. *Lancet* August 4, 266 (1894).

249. The plague at Hong Kong. *Lancet* 2, 325 (1894).

250. The bacillus of plague. *British Medical Journal* 2, 369–70 (1894).

251. The plague in Hong-Kong. *Lancet* 2, 391–92 (1894).

252. Yabe, T. The microbe of plague. *Journal of Tropical Medicine* 4, 59–60 (1901).

253. The late Baron Shibasaburo Kitasato. *Canadian Medical Association Journal* August, 206 (1931).

254. Millott Severn, A. G. A note concerning the discovery of the *Bacillus pestis. Journal of Tropical Medicine and Hygiene* August 15, 208–9 (1927).

255. Biographical sketch: Alexandre Yersin (1863–1943). Pasteur Institute Archives and Collection. http://www.pasteur.fr/infosci/archives/e_yer0.html.

256. Hawgood, B. J. Alexandre Yersin MD (1863–1943); Suoi Dau near Nha Trang, Vietnam. *Journal of Medical Biogeography* 19, 138 (2011).
257. Simond, P.-L. La propagation de la peste. *Annales de l'Institut Pasteur* 12, 625–87 (1898).
258. Köhler, W., & Köhler, M. Plague and rats, the "Plague of the Philistines," and: what did our ancestors know about the role of rats in plague. *International Journal of Medical Microbiology* 293, 333–40 (2003).
259. Lowson, J. A. The bacteriology of plague. *British Medical Journal* January 23, 237–38 (1897).
260. Reports on plague investigations in India. *Journal of Hygiene* 6, 421–536 (1906).
261. Rennie, A. The plague in the East. *British Medical Journal* September 15, 615–16 (1894).
262. Low, B. Report upon the progress and diffusion of bubonic plague from 1879–1898. In *Twenty-eighth Annual Report of the Local Government Board 1898–1899. Supplement Containing the Report of the Medical Officer for 1898–1899.* (Darling & Son, Ltd., 1899).
263. Ogata, M. Ueber die Pestepidemie in Formosa. *Centralblatt für Bakteriologie und Parasitenkunde* 21, 774 (1897).
264. Biographical sketch: Paul-Louis Simond (1858–1947). Pasteur Institute Archives and Collection. http://www.pasteur.fr/infosci/archives/e_sim0.html.
265. Simond, M., Godley, M. L., & Mouriquand, P. D. E. Paul-Louis Simond and his discovery of plague transmission by rat fleas: a centenary. *Journal of the Royal Society of Medicine* 91, 101–4 (1998).
266. Simond, P.-L. Comment fut mis en évidence le rôle de la puce dans la transmission de la peste. *Revue d'hygiène* 58, 5–17 (1936).
267. Gauthier, J. O., & Raybaud, A. Recherches expérimentales sur le

rôle des parasites du rat dans la transmission de la peste. *Revue d'hygiène* 25, 426–38 (1903).

268. Löwy, I., & Rodhain, F. Paul-Louis Simond and yellow fever. *Bulletin de la Société de Pathologie Exotique* 92, 392–95 (1999).
269. Bacot, A. W., & Martin, C. J. Observations on the mechanism of the transmission of plague by fleas. *Journal of Hygiene* 13 (Plague supplement 3), 423–39 (1914).
270. Obituary. Arthur Bacot. *Nature* 109, 618–20 (1922).
271. Chouikha, I., & Hinnebusch, B. J. Yersinia-flea interactions and the evolution of the arthropod-borne transmission route of plague. *Current Opinion in Microbiology* 15, 239–46 (2012).
272. Bacot, A. W. A study of the bionomics of the common rat fleas and other species associated with human habitations, with special reference to the influence of temperature and humidity at various periods of the life history of the insect. *Journal of Hygiene* 13 (Plague supplement 3), 447–653 (1914).
273. Perry, R. D., & Fetherson, J. D. *Yersinia pestis*-etiologic agent of plague. *Clinical Microbiology Reviews* 10, 35–66 (1997).
274. Raoult, D., et al. Molecular identification by "suicide PCR" of *Yersinia pestis* as the agent of Medieval Black Death. *Proceedings of the National Academy of Sciences USA* 97, 12800–803 (2000).
275. Haensch, S., et al. Distinct clones of *Yersinia pestis* caused the black death. *PLoS Pathogens* 6, e1001134 (2010).
276. Harbeck, M., et al. *Yersinia pestis* DNA from skeletal remains from the 6th century AD reveals insights into Justinianic Plague. *PLoS Pathogens* 9, e1003349 (2013).
277. Achtman, M., et al. Microevolution and history of the plague bacillus, *Yersinia pestis*. *Proceedings of the National Academy of Sciences USA* 101, 17837–42 (2004).
278. Bos, K. I., et al. A draft genome of *Yersinia pestis* from victims of the Black Death. *Nature* 478, 506–10 (2011).

**279**. Bos, K. I., et al. Eighteenth-century *Yersinia pestis* genomes reveal the long-term persistence of an historical plague focus. *eLife* 5, e12994 (2016).

**280**. Wagner, D. M., et al. *Yersinia pestis* and the Plague of Justinian 541–43 AD: a genomic analysis. *Lancet Infectious Diseases* 14, 319–26 (2014).

**281**. Montenegro, J. V. *Bubonic Plague: Its Course and Symptoms and Means of Prevention and Treatment.* (William Wood & Co., 1900).

**282**. Kupferschmidt, H. History of the epidemiology of plague: changes in the understanding of plague epidemiology since the discovery of the plague pathogen in 1894. *Antimicrobics and Infectious Diseases Newsletter* 16, 51–53 (1997).

**283**. Doriga, Dr. The prevention of plague through the suppression of rats and mice. *Public Health* 12, 92–98 (1899).

**284**. Pelletier, P. J., & Caventou, J. B. Note sur un nouvel alkalai. *Annales de chimie et de physique* 8, 323–24 (1818).

**285**. Bacot, A. W. The effect of the vapours of various insecticides upon fleas (*Ceratophyllus fasciatus and Xenopsylla cheopis*) at each stage in their life-history and upon the bed bug (*Cimex lectularius*) in its larval stage. *Journal of Hygiene* 13 (Plague supplement 3), 665–81 (1914).

**286**. Runge, F. F. Ueber einige Produkte der Steinkohlendestillation. *Annalen der Physik und Chemie* 31, 65–78 (1834).

**287**. *Trials of War Criminals before the Nuernberg Military Tribunals, Vol. 1: The Medical Case.* (US Government Printing Office, 1946–49).

**288**. Richardson, B. W. Greek fire: its ancient and modern history. *Popular Science Review* 3, 164–77 (1864).

**289**. Biographical note, Thucydides, c. 460–c. 400 B.C. In *Great Books of the Western World, Vol. 6: The History of Herodotus and The History of the Peloponnesian War of Thucydides* (ed. R. M. Hutchins). (William Benton; Encyclopaedia Britannica, Inc.,

1952).
290. Thucydides. *The History of the Peloponnesian War* (trans. R. Crawley; rev. R. Feetham). In *Great Books of the Western World, Vol. 6: The History of Herodotus and The History of the Peloponnesian War of Thucydides* (ed. R. M. Hutchins). (William Benton; Encyclopaedia Britannica, Inc., 1952).〔トゥキュディデス『歴史（上・下）』小西晴雄訳、ちくま学芸文庫、2013年〕
291. Joy, R. J. T. Historical aspects of medical defense against chemical warfare. In *Medical Aspects of Chemical and Biological Warfare* (ed. F. R. Sidell, E. T. Takafuji & D. R. Franz). (Office of the Surgeon General at TMM Publications, 1997).
292. Gibbon, E. *The History of the Decline and Fall of the Roman Empire, Volume the Tenth.* (Luke White, 1788).〔エドワード・ギボン『ローマ帝国衰亡史（10）』中野好夫訳、ちくま学芸文庫、1996年〕
293. Lloyd, C. *Lord Cochrane: Seaman—Radical—Liberator.* (Longmans, Green & Co., 1947).
294. *The Panmure Papers.* Vol. 1. (Hodder & Stoughton, 1908).
295. Mendelssohn, K. *The World of Walther Nernst: The Rise and Fall of German Science 1864–1941.* (University of Pittsburgh Press, 1973).〔クルト・メンデルスゾーン『ネルンストの世界：ドイツ科学の興亡』藤井かよ、藤井昭彦訳、岩波書店、1976年〕
296. Reid, W. *Memoirs and Correspondence of Lyon Playfair.* (Cassell & Co., Ltd., 1899).
297. Fries, A. A., & West, C. J. *Chemical Warfare.* (McGraw-Hill Book Co., Inc., 1921).
298. Waitt, A. H. *Gas Warfare: The Chemical Weapon, Its Use, and Protection against It.* (Duell, Sloan & Pearce, 1942).
299. Miles, W. D. The idea of chemical warfare in modern times. *Journal of the History of Ideas* 31, 297–304 (1970).
300. Wöhler, F. Ueber künstliche Bildung des Harstoffs. *Annalen der Physik und Chemie* 88, 253–56 (1828).
301. Goran, M. *The Story of Fritz Haber.* (University of Oklahoma

Press, 1967).

302. Joy, C. A. Biographical sketch of Frederick Wöhler. *Popular Science Monthly* 17 (1880).

303. Russell, E. *War and Nature.* (Cambridge University Press, 2001).

304. *Nobel Lectures, Chemistry, 1922–1941.* (Elsevier Publishing Co., 1966).

305. Willstätter, R. *From My Life: The Memoirs of Richard Willstätter* (trans. L. Hornig). (Verlag Chemie, GmbH, 1949).

306. Renn, J. Introduction. In *One Hundred Years of Chemical Warfare: Research, Deployment, Consequences* (ed. B. Friedrich et al.). (SpringerOpen, 2017).

307. Ertle, G. Fritz Haber and his institute. In *One Hundred Years of Chemical Warfare: Research, Deployment, Consequences* (ed. B. Friedrich et al.). (Springer-Open, 2017).

308. Lemmerich, J. *Science and Conscience: The Life of James Franck.* (Stanford University Press, 2011).

309. Friedrich, B., & Hoffmann, D. Clara Immerwahr: a life in the shadow of Fritz Haber. In *One Hundred Years of Chemical Warfare: Research, Deployment, Consequences* (ed. B. Friedrich et al.). (SpringerOpen, 2017).

310. Friedrich, B., & James, J. From Berlin-Dahlem to the fronts of World War I: the role of Fritz Haber and his Kaiser Wilhelm Institute in German chemical warfare. In *One Hundred Years of Chemical Warfare: Research, Deployment, Consequences* (ed. B. Friedrich et al.). (SpringerOpen, 2017).

311. Hill, B. A. History of the medical management of chemical casualties. In *Medical Aspects of Chemical Warfare* (ed. S. D. Tuorinsky). (Borden Institute, Walter Reed Army Medical Center, 2008).

312. Szöllösi-Janze, M. The scientist as expert: Fritz Haber and German chemical warfare during the First World War and beyond. In *One Hundred Years of Chemical Warfare: Research, Deployment, Consequences* (ed. B. Friedrich et al.). (SpringerOpen, 2017).

**313**. von Hippel, F. James Franck: science and conscience. *Physics Today* June 2010, 41–46 (2010).

**314**. Rice, S. A., & Jortner, J. *James Franck 1882–1964*. (National Academy of Sciences, 2010).

**315**. Smart, J. K. History of chemical and biological warfare: an American perspective. In *Medical Aspects of Chemical and Biological Warfare* (ed. F. R. Sidell, E. T. Takafuji & D. R. Franz) (Office of the Surgeon General at TMM Publications, 1997).

**316**. Haber, F. Chemistry in war (a translation of Fünf Vorträge, aus den Jahren 1920–1923). *Journal of Chemical Education* November, 526–29, 553 (1945).

**317**. Carter, C. F. Growth of the chemical industry. *Current History* 15, 423–28 (1922).

**318**. Baker, N. D. Chemistry in warfare. *Journal of Industrial and Engineering Chemistry* 11, 921–23 (1919).

**319**. Higgs, R. The boll weevil, the cotton economy, and black migration 1910–1930. *Agricultural History* 50, 335–50 (1976).

**320**. Dunlap, T. R. DDT: *Scientists, Citizens, and Public Policy*. (Princeton University Press, 1981).

**321**. Howard, L. O., & Popenoe, C. H. Hydrocyanic-acid gas against household insects. *US Department of Agriculture, Bureau of Entomology Circular* 163, 1–8 (1912).

**322**. Howard, L. O. Entomology and the war. *Scientific Monthly* 8, 109–17 (1919).

**323**. Had deadliest gas ready for Germans; "Lewisite" might have killed millions. *New York Times* May 25 (1919).

**324**. The fly must be exterminated to make the world safe for habitation. *American City* 19, 12 (1918).

**325**. Broadberry, S., & Harrison, M. The economics of World War I: an overview. In *The Economics of World War* I (ed. S. Broadberry & M. Harrison). (Cambridge University Press, 2005).

**326**. Borkin, J. *The Crime and Punishment of I. G. Farben*. (Free Press, 1978).

**327**. Churchill, W. *Thoughts and Adventures.* (Odhams Press Ltd., 1932).

**328**. Man versus insects: the next great war. *Advertiser* August 21, 18 (1915).

**329**. Forbes, S. A. The insect, the farmer, the teacher, the citizen, and the state. (Illinois State Laboratory of Natural History, 1915).

**330**. Arrhenius, S. On the influence of carbonic acid in the air upon the temperature of the ground. *London, Edinburgh, and Dublin Philosophical Magazine and Journal of Science* 5, 237–76 (1896).

**331**. *Nobel Lectures, Chemistry, 1901–1921.* (Elsevier Publishing Co., 1966).

**332**. Arrhenius, G., Caldwell, K., & Wold, S. A tribute to the memory of Svante Arrhenius (1859–1927). *Annual Meeting of the Royal Swedish Academy of Engineering Sciences* (2008).

**333**. Weindling, P. The uses and abuses of biological technologies: Zyklon B and gas disinfestation between the First World War and the Holocaust. *History and Technology* 11, 291–98 (1994).

**334**. Stoltzenberg, D. *Fritz Haber: Chemist, Nobel Laureate, German, Jew.* (Chemical Heritage Press, 2004).

**335**. *The Treaty of Peace between the Allied and Associated Powers and Germany, the Protocol Annexed Thereto, the Agreement respecting the Military Occupation of the Territories of the Rhine, and the Treaty between France and Great Britain respecting Assistance to France in the Event of Unprovoked Aggression by Germany. Signed at Versailles, June 28th, 1919.* (His Majesty's Stationery Office, 1919).

**336**. *Nobel Lectures, Physics, 1901–1921.* (Elsevier Publishing Co., 1967).

**337**. Born, M. Arnold Johannes Wilhelm Sommerfeld, 1868–1951. *Obituary Notices of Fellows of the Royal Society* 8, 274–96 (1952).

**338**. *Nobel Lectures, Physics, 1922–1941.* (Elsevier Publishing Co.,

1965).
339. The Nobel medals and the medal for the prize in economic sciences. http://www.nobelprize.org/nobel_prizes/about/medals/.
340. Hevesy, G. *Adventures in Radioisotope Research.* (Pergamon Press, 1962).
341. Allen, S. R. *Niels Bohr: The Man, His Science, and the World They Changed.* (Alfred A. Knopf, 1966).
342. Dawidowicz, L. S. *The War against the Jews 1933–1945.* (Holt, Rinehart & Winston, 1975).
343. Tenenbaum, J. Auschwitz in retrospect: the self-portrait of Rudolf Hoess, Commander of Auschwitz. *Jewish Social Studies* 15, 203–36 (1953).
344. Witschi, H. Some notes on the history of Haber's Law. *Toxicological Sciences* 50, 164–68 (1999).
345. *Law Reports of Trials of War Criminals: Case No. 9 The Zyklon B Case, Trial of Bruno Tesch and Two Others, British Military Court, Hamburg, 1st–8th March, 1946.* (United Nations War Crimes Commission, 1947).
346. *Convention (IV) respecting the Laws and Customs of War on Land and Its Annex: Regulations concerning the Laws and Customs of War on Land. The Hague, 18 October 1907.* (1907).
347. Lutz F. Haber (1921–2004). Division of History of Chemistry of the American Chemical Society (2006).
348. Haber, L. F. *The Poisonous Cloud: Chemical Warfare in the First World War.* (Oxford University Press, 1986).
349. Simmons, J. S. How magic is DDT? *Saturday Evening Post* 217 (1945).
350. *Pearl Harbor: America's Call to Arms.* (Life Books, 2011).
351. Leuchtenburg, W. E. *The Life History of the United States, Vol. 11: 1933–1945: New Deal and War.* (Time-Life Books, 1964).
352. *Reports of General MacArthur: The Campaigns of MacArthur in the Pacific, Vol. 1.* (General Headquarters, US Army Forces, Far

East, 1966).
353. Leckie, R. *Strong Men Armed: The United States Marines against Japan.* (Da Capo Press, 1962).
354. Bray, R. S. *Armies of Pestilence: The Impact of Disease on History.* (Barnes & Noble, 1996).
355. *Encyclopedia of Pestilence, Pandemics, and Plagues.* (Greenwood Press, 2008).
356. Greenwood, J. T. The fight against malaria in the Papua and New Guinea campaigns. *Army History* 59, 16–28 (2003).
357. Joy, R. J. T. Malaria in American troops in the South and Southwest Pacific in World War II. *Medical History* 43, 192–207 (1999).
358. Griffin, A. R. *Out of Carnage.* (Howell, Soskin, Publishers, 1945).
359. Laurence, W. L. New drugs to combat malaria are tested in prisons for Army. *New York Times* March 5 (1945).
360. Geissler, E., & Guillemin, J. German flooding of the Pontine Marshes in World War II: biological warfare or total war tactic? *Politics and the Life Sciences* 29, 2–23 (2010).
361. McCormick, A. O. Undoing the German campaign of the mosquito. *New York Times* September 13 (1944).
362. Jacobsen, A. *Operation Paperclip.* (Little, Brown & Co., 2014).
363. Perkins, J. H. Reshaping technology in wartime: the effect of military goals on entomological research and insect-control practices. *Technology and Culture* 19, 169–86 (1978).
364. Kaempffert, W. DDT, the Army's insect powder, strikes a blow against typhus and for pest control. *New York Times* June 4 (1944).
365. Zeidler, O. Verbindungen von Chloral mit Brom- und Chlorbenzol. *Berichte der deutschen chemischen Gesellschaft* 7, 1180–81 (1874).
366. *Nobel Lectures, Physiology or Medicine, 1942–1962.* (Elsevier Publishing Co., 1964).
367. Müller, P. H. Dichloro-diphenyl-trichloroethane and newer

insecticides. Nobel Lecture December 11 (1948).

**368**. Knipling, E. F. DDT insecticides developed for use by the armed forces. *Journal of Economic Entomology* 38, 205–7 (1945).

**369**. Annand, P. N. Tests conducted by the Bureau of Entomology and Plant Quarantine to appraise the usefulness of DDT as an insecticide. *Journal of Economic Entomology* 37, 125–26 (1944).

**370**. Gardner, L. R. Fifty years of development in agricultural pesticidal chemicals. *Industrial and Engineering Chemistry* 50, 48–51 (1958).

**371**. Gahan, J. B., Travis, B. V., & Lindquist, A. W. DDT as a residual-type spray to control disease-carrying mosquitoes: laboratory tests. *Journal of Economic Entomology* 38, 236–40 (1945).

**372**. DDT for peace. *New York Times* July 15 (1945).

**373**. Bishopp, F. C. Present position of DDT in the control of insects of medical importance. *American Journal of Public Health and the Nation's Health* 36, 593–606 (1946).

**374**. Kaempffert, W. The year saw many discoveries and advances hastened by the demands of the war. *New York Times* December 31 (1944).

**375**. Typhus in Naples checked by Allies. *New York Times* February 22 (1944).

**376**. The conquest of typhus. *New York Times* June 4 (1944).

**377**. Simmons, J. S. Preventive medicine in the Army. In *Doctors at War* (ed. M. Fishbein). (E. P. Dutton & Co., Inc., 1945).

**378**. Typhus blockade is set up at Rhine. *New York Times* April 10 (1945).

**379**. Long, T. Child evacuation stirs Berlin fear. *New York Times* October 29 (1945).

**380**. Gahan, J. B., Travis, B. V., Morton, P. A., & Lindquist, A. W. DDT as a residual-type treatment to control *Anopheles quadrimaculatus*: practical tests. *Journal of Economic Entomology* 38, 231–35 (1945).

**381**. Soper, F. L., Knipe, F. W., Casini, G., Riehl, L. A., & Rubino, A.

Reduction of *Anopheles* density effected by the preseason spraying of building interiors with DDT in kerosene, at Castel Volturno, Italy, in 1944–45 and in the Tiber Delta in 1945. *American Journal of Tropical Medicine and Hygiene* 27, 177–200 (1947).

382. Army to use DDT powder on malaria mosquitos. *New York Times* August 1 (1944).
383. Kirk, N. T. School of battle for doctors. *New York Times* November 26 (1944).
384. Montagu, M. F. A. Calling all doctors. *New York Times* May 20 (1945).
385. Text of the review by Prime Minister Churchill on military and political situations, speech in the House of Commons, September 28, 1944. *New York Times* September 29 (1944).
386. Spraying an island. *New York Times* December 24 (1944).
387. Saipan cleansed. Airplanes spraying island with DDT, killing every insect. *New York Times* December 3 (1944).
388. Shalett, S. Plane's-eye view of the Pacific War. *New York Times* January 14 (1945).
389. Container outlook for 1945 improved. *New York Times* December 6 (1944).
390. More woolens set for civilian use. *New York Times* June 30 (1945).
391. DDT cost cut 40% since July. *New York Times* December 29 (1944).
392. Russell, P. F. Lessons in malariology from World War II. *American Journal of Tropical Medicine and Hygiene* 26, 5–13 (1946).
393. Pacific bugs face rain of DDT bombs. *New York Times* August 18 (1945).
394. Fishbein, M. *Doctors at War.* (E. P. Dutton & Co., Inc., 1945).
395. Planes to fight malaria. *New York Times* August 9 (1945).
396. Chemists say DDT could save 1 to 3 million lives each year. *New York Times* August 29 (1945).

397. Insect-killing fog is tested at beach. *New York Times* July 9 (1945).
398. Long Island beaches rid of insects by DDT. *New York Times* July 25 (1945).
399. Public to receive DDT insecticide. *New York Times* July 27 (1945).
400. Russell, E. P. "Speaking of annihilation": mobilizing for war against human and insect enemies, 1914–1945. *Journal of American History* 82, 1505–29 (1996).
401. DDT mixed in wall paint keeps flies from rooms. *New York Times* August 23 (1945).
402. DDT repels barnacles. *New York Times* July 17 (1945).
403. Notes of science: DDT spray. *New York Times* July 22 (1945).
404. Use of big guns urged to kill Jersey "skeeters." *New York Times* March 31 (1945).
405. Flies on Mackinac Island extinguished with DDT. *New York Times* August 10 (1945).
406. Spray DDT in polio area. *New York Times* August 14 (1945).
407. DDT sprayed over Rockford, Ill., in test of power to halt polio. *New York Times* August 20 (1945).
408. Use of DDT plane sought by Jersey. *New York Times* August 21 (1945).
409. Macy's display advertisement. *New York Times* August 19 (1945).
410. Bloomingdale's Sky Greenhouse display advertisement. *New York Times* September 9 (1945).
411. This time it is the elephant that gets a spraying. *New York Times* September 13 (1945).
412. Bomb-type insecticide dispensers slated to be more available in the stores here. *New York Times* September 18 (1945).
413. U.S. tells how to use DDT against insects; plans drive on fraudulent mixtures. *New York Times* September 25 (1945).
414. Advertising news and notes. *New York Times* October 15 (1945).

415. Spollen, P. Choosing gifts for gardeners. *New York Times* November 25 (1945).
416. Macy's display advertisement. *New York Times* October 1 (1945).
417. Mayor gets fund for Morris talk. *New York Times* October 14 (1945).
418. Tojo's jail. *New York Times* October 14 (1945).
419. Lyle, C. Achievements and possibilities in pest eradication. *Journal of Economic Entomology* 40, 1–8 (1947).
420. Rudd, R. *Pesticides and the Living Landscape.* (University of Wisconsin Press, 1964).
421. Davis, F. R. *Banned: A History of Pesticides and the Science of Toxicology.* (Yale University Press, 2014).
422. Garnham, C., Heisch, R. B., Harper, J. O., & Bartlett, D. DDT versus malaria: a successful experiment in malaria control by the Kenya Medical Department. Film. East African Sound Studios (1947).
423. Macchiavello, A. Plague control with DDT and "1080": results achieved in a plague epidemic at Tumbes, Peru, 1945. *American Journal of Public Health* 36, 842–54 (1946).
424. Lal, H. Of men and mosquitoes. *Scientist and Citizen* 8, 1–5 (1965).
425. MacGillivray, A. *Words That Changed the World: Rachel Carson's Silent Spring.* (Ivy Press, Ltd., 2004).
426. *Trials of War Criminals before the Nuernberg Military Tribunals under Control Council Law No. 10, Vol. 7: Nuernberg, October 1946–April 1949.* (US Government Printing Office, 1953).
427. *Arms and the Men.* (Doubleday, Doran & Co., Inc., 1934).
428. Engelbrecht, H. C., & Hanighen, F. C. *Merchants of Death.* (Dodd, Mead & Co., 1934).
429. Barnard, E. Academic freedom demanded by NEA. *New York Times* July 5, 5 (1935).
430. Roosevelt moves to gain control of arms traffic. *Spokane Daily Chronicle* May 18, 1 (1934).

431. Harris, R., & Paxman, J. A *Higher Form of Killing: The Secret History of Chemical and Biological Warfare.* (Random House Trade Paperbacks, 2007).

432. Military Tribunal VI, Judgment of the Tribunal, Trial 6—I. G. Farben Case. (1948).

433. Bacon, R. *De secretis operibus artis et naturae et de nullitate magiae.* (Frobeniano, 1618).

434. Timperley, C. M. *Best Synthetic Methods Organophosphorus (V) Chemistry.* (Academic Press, 2015).

435. Schrader, G. *The Development of New Insecticides and Chemical Warfare Agents.* British Intelligence Objectives Sub-Committee (B.I.O.S.) Final Report No. 714, Item No. 8, Presented by S. A. Mumford and E.A. Perren, Black List Item 8, Chemical Warfare (BIOS Trip No. 1103). (1945).

436. Baader, G., Lederer, S. E., Low, M., Schmaltz, F., & von Schwerin, A. Pathways to human experimentation, 1933–1945: Germany, Japan, and the United States. Osiris, 2d series, 20 (*Politics and Science in Wartime: Comparative International Perspectives on the Kaiser Wilhelm Institute*), 205–31 (2005).

437. Preuss, J. The reconstruction of production and storage sites for chemical warfare agents and weapons from both world wars in the context of assessing former munitions sites. In *One Hundred Years of Chemical Warfare: Research, Deployment, Consequences* (ed. B. Friedrich et al.). (SpringerOpen, 2017).

438. Perry, M., & Schweitzer, F. M. *Antisemitism: Myth and Hate from Antiquity to the Present.* (Palgrave Macmillan, 2002).

439. Better pest control. *Science News Letter* 60, 340 (1951).

440. Sidell, F. R. Nerve agents. In *Medical Aspects of Chemical and Biological Warfare* (ed. F. R. Sidell, E. T. Takafuji, & D. R. Franz). (Office of the Surgeon General, Department of the Army, United States of America, 1997).

441. Schrader, G. The development of new insecticides. British Intelligence Objectives Sub-Committee (B.I.O.S.), B.I.O.S. Trip

No. 1103: B.I.O.S. Target Nos. 08/85, 8/12, 08/159, 8/59(B). (1945).

442. Robinson, J. P. *The Problem of Chemical and Biological Warfare, Vol. 1: The Rise of CB Weapons.* (Stockholm International Peace Research Institute, 1971).

443. Schmaltz, F. Chemical weapons research on soldiers and concentration camp inmates in Nazi Germany. In *One Hundred Years of Chemical Warfare: Research, Deployment, Consequences* (ed. B. Friedrich et al.). (SpringerOpen, 2017).

444. Corey, R. A., Dorman, S. C., Hall, W. E., Glover, L. C., & Whetstone, R. R. Diethyl 2-chlorovinyl phosphate and dimethyl 1-carbomethoxy-1-propen-2-yl phosphate—two new systemic phosphorus pesticides. *Science* 118, 28–29 (1953).

445. Metcalf, R. L. The impact of the development of organophosphorus insecticides upon basic and applied science. *Bulletin of the Entomological Society of America* 5.1, 3–15 (1959).

446. Shaw, G. B. *Man and Superman: A Comedy and a Philosophy.* (Archibald Constable & Co., Ltd., 1903).〔ジョージ・バーナード・ショー「人と超人」(『バーナード・ショー名作集』所収)喜志哲雄訳、白水社、2012年〕

447. Carson, R. *Silent Spring.* (Houghton Mifflin Co., 1962).〔レイチェル・カーソン『沈黙の春(改版)』青樹簗一訳、新潮文庫、2004年〕

448. Howard, L. O. The war against insects. *Chemical Age* 30, 5–6 (1922).

449. Russell, L. M. Leland Ossian Howard: a historical review. *Annual Review of Entomology* 23, 1–15 (1978).

450. Howard, L. O. *Mosquitoes, How They Live; How They Carry Disease; How They Are Classified; How They May Be Destroyed.* (McClure, 1901).

451. Andrews, J. M., & Simmons, S. W. Developments in the use of the newer organic insecticides of public health importance. *American Journal of Public Health* 38, 613–31 (1948).

452. De Bach, P. The necessity for an ecological approach to pest control on citrus in California. *Journal of Economic Entomology* 44, 443–47 (1951).
453. Melander, A. L. Can insects become resistant to sprays? *Journal of Economic Entomology* 7, 167–72 (1914).
454. Quayle, H. J. The development of resistance to hydrocyanic acid in certain scale insects. *Hilgardia* 11, 183–210 (1938).
455. Quayle, H. J. Are scales becoming resistant to fumigation? *California University Journal of Agriculture* 3, 333–34, 358 (1916).
456. Livadas, G. A., & Georgopoulos, G. Development of resistance to DDT by *Anopheles sacharovi* in Greece. *Bulletin of the World Health Organization* 8, 497–511 (1953).
457. *Conference on Insecticide Resistance and Insect Physiology.* (Division of Medical Sciences, National Research Council at the request of the Army Medical Research and Development Board, 1952).
458. Clement, R. C. The pesticides controversy. *Boston College Environmental Affairs Law Review* 2, 445–68 (1972).
459. Curran, C. H. DDT: the atomic bomb of the insect world. *Natural History* 54, 401–5, 432 (1945).
460. Teale, E. W. DDT: it can be a boon or a menace. *Nature Magazine* 38, 120 (1945).
461. Cottam, C., & Higgins, E. *DDT: Its Effects on Fish and Wildlife. US Department of the Interior, Fish and Wildlife Service, Circular* 11 (1946).
462. Barker, R. J. Notes on some ecological effects of DDT sprayed on elms. *Journal of Wildlife Management* 22, 269–74 (1958).
463. Graham, F. J. *Since Silent Spring.* (Houghton Mifflin Co., 1970).
464. Strother, R. S. Backfire in the war against insects. *Reader's Digest* 74, 64–69 (1959).
465. Pesticides are good friends, but can be dangerous enemies if used by zealots. *Saturday Evening Post* September 2, 8 (1961).

466. Murphy, P. C. *What a Book Can Do: The Publication and Reception of Silent Spring.* (University of Massachusetts Press, 2005).
467. Lytle, M. H. The *Gentle Subversive.* (Oxford University Press, 2007).
468. Tennyson, A. *Poems.* (W. D. Ticknor, 1842).
469. Lear, L. ed. *Lost Woods: The Discovered Writing of Rachel Carson.* (Beacon Press, 1998).〔リンダ・リア編『レイチェル・カーソン遺稿集：失われた森』古草秀子訳、集英社文庫、2000年〕
470. Carson, R. *Under the Sea-Wind: A Naturalist's Picture of Ocean Life.* (Simon & Schuster, 1941).〔レイチェル・カーソン『潮風の下で』上遠恵子訳、ヤマケイ文庫、2022年〕
471. Brooks, P. *The House of Life: Rachel Carson at Work.* (Houghton Mifflin Co., 1972).〔ポール・ブルックス『レイチェル・カーソン（上・下）』上遠恵子訳、新潮文庫、2007年〕
472. Carson, R. *The Sea around Us.* (Oxford University Press, 1951).〔レイチェル・カーソン『われらをめぐる海』日下実男訳、ハヤカワ文庫、1977年〕
473. Leonard, J. N. And his wonders in the deep. *New York Times* July 1 (1951).
474. Quaratiello, A. R. *Rachel Carson: A Biography.* (Greenwood Press, 2004).〔アーリーン・クオラティエロ『レイチェル・カーソン 自然への愛』今井清一訳、鳥影社、2006年〕
475. Carson, R. *The Edge of the Sea.* (Houghton Mifflin, 1955).〔レイチェル・カーソン『海辺 生命のふるさと』上遠恵子訳、平凡社ライブラリー、2000年〕
476. Poore, C. Books of the Times. *New York Times* October 26, 29 (1955).
477. Galbraith, J. K. *The Affluent Society.* (Hamish Hamilton, 1958).〔ガルブレイス『ゆたかな社会（決定版）』鈴木哲太郎訳、岩波現代文庫、2006年〕
478. Japanese bid U.S. curb atom tests. *New York Times* April 1, 26 (1954).

479. Cow contamination by fall-out studied. *New York Times* April 14, 6 (1959).
480. Reiss, L. Z. Strontium-90 absorption by deciduous teeth. *Science* 134, 1669–73 (1961).
481. New group to seek "SANE" atom policy. *New York Times* November 15, 54 (1957).
482. Hunter, M. Arms race opposed—response cheers head of "strike." *New York Times* November 22, 4 (1961).
483. Finney, J. W. U.S. atomic edge believed in peril. *New York Times* October 27, 1, 7 (1962).
484. Dean, C. Cranberry sales curbed; U.S. widens taint check. *New York Times* November 11, 1, 29 (1959).
485. Text of Eisenhower's farewell address. *New York Times* January 18, 22 (1961).
486. Mintz, M. "Heroine" of FDA keeps bad drug off market. *Washington Post* July 15, 1 (1962).
487. Diamond, E. The myth of the "Pesticide Menace." *Saturday Evening Post* 28 September, 16, 18 (1963).
488. Decker, G. C. Pros and cons of pests, pest control and pesticides. *World Review of Pest Control* 1, 6–18 (1962).
489. Keats, J. *The Poetical Works of John Keats.* (DeWolfe, Fiske & Co., 1884).
490. President's Science Advisory Committee. *Use of Pesticides.* (US Government Printing Office, 1963).
491. Lee, J. M. "Silent Spring" is now noisy summer. *New York Times* July 22, 87, 97 (1962).
492. Rachel Carson's warning. *New York Times* July 2, 28 (1962).
493. Lear, L. *Rachel Carson: Witness for Nature.* (Henry Holt & Co., 1997).〔リンダ・リア『レイチェル：レイチェル・カーソン「沈黙の春」の生涯』上遠恵子訳、東京書籍、2002年〕
494. Lutts, R. H. Chemical fallout: *Silent Spring*, radiactive fallout, and the environmental movement. In *And No Birds Sing: Rhetorical Analyses of Rachel Carson's Silent Spring* (ed. C. Waddell).

(Southern Illinois University Press, 2000).
495. The desolate year. *Monsanto Magazine* October, 4–9 (1962).
496. Bean, W. B. The noise of *Silent Spring*. *Archives of Internal Medicine* 112, 308–11 (1963).
497. Darby, W. J. Silence, Miss Carson. *Chemical and Engineering News* October 1, 60–63 (1962).
498. Stare, F. J. Some comments on *Silent Spring*. *Nutrition Reviews* 21, 1–4 (1963).
499. Wyant, W. K. J. Bug and weed killers: blessings or blights? *St. Louis Post Dispatch July* 28, 2–3 (1962).
500. White-Stevens, R. H. Communications create understanding. *Agricultural Chemicals* 17, 34 (1962).
501. Biology: pesticides: the price for progress. *Time* September 28, 45–47 (1962).
502. Hayes, W. J. J., Durharm, W. F., & Cueto, C. J. The effect of known repeated oral doses of chlorophenothane (DDT) in man. *Journal of the American Medical Association* 162, 890–97 (1956).
503. Vogt, W. On man the destroyer. *Natural History* 72, 3–5 (1963).
504. Hawkins, T. R. Re-reading *Silent Spring*. *Environmental Health Perspectives* 102, 536–37 (1994).
505. Leonard, J. N. Rachel Carson dies of cancer; "Silent Spring" author was 56. *New York Times* April 15 (1964).
506. Critic of pesticides: Rachel Louise Carson. *New York Times* June 5, 59 (1963).
507. Kraft, V. The life-giving spray. *Sports Illustrated* November 18, 22–25 (1963).
508. Agassiz, L. Professor Agassiz on the *Origin of Species*. *American Journal of Science* 30, 143–47, 149–50 (1860).
509. Paine, T. *Rights of Man: Answer to Mr. Burke's Attack on the French Revolution*. (J. S. Jordan, 1791).〔トマス・ペイン『人間の権利』西川正身訳、岩波文庫、1971年〕
510. Atkinson, B. Rachel Carson's "Silent Spring" is called "The Rights of Man" of our time. *New York Times* April 2, 44 (1963).

511. *CBS Reports: The Silent Spring of Rachel Carson*. TV program. (1963).
512. Vollaro, D. R. Lincoln, Stowe, and the "little woman/great war" story: the making, and breaking, of a great American anecdote. *Journal of the Abraham Lincoln Association* 30, 18–34 (2009).
513. Carson, R. Rachel Carson answers her critics. *Audubon Magazine* September, 262–65 (1963).
514. Free, A. C. *Animals, Nature & Albert Schweitzer*. (Flying Fox Press, 1982).
515. White, E. B. Notes and comment. *New Yorker* May 2 (1964).
516. Lear, L. Introduction. In *Silent Spring* (R. Carson). (Houghton Mifflin Company, 2002).
517. Kinkela, D. *DDT and the American Century.* (University of North Carolina Press, 2011).
518. Cecil, P. F. *Herbicidal Warfare. The Ranch Hand Project in Vietnam*. (Praeger Scientific, 1986).
519. *Veterans and Agent Orange: Health Effects of Herbicides Used in Vietnam*. (National Academy Press, 1994).
520. Meselson, M. From Charles and Francis Darwin to Richard Nixon: the origin and termination of anti-plant chemical warfare in Vietnam. In *One Hundred Years of Chemical Warfare: Research, Deployment, Consequences* (ed. B. Friedrich et al.). (Springer Open, 2017).
521. Lewis, J. G. On Smokey Bear in Vietnam. *Environmental History* 11, 598–603 (2006).
522. Primack, J., & von Hippel, F. *Advice and Dissent: Scientists in the Political Arena*. (Basic Books, Inc., 1974).
523. Meselson, M. S., Westing, A. H., Constable, J. D., & Cook, J. E. Preliminary report of the Herbicide Assessment Commission of the American Association for the Advancement of Science. December 30 (1970).
524. Westing, A. H. Herbicides as agents of chemical warfare: their impact in relation to the Geneva Protocol of 1925. *Boston*